W0390718

Braun/Gawlas/Maywald

■

Führen ohne Drama

Roman Braun ■ Helmut Gawlas ■
Fritz Maywald

Führen ohne Drama

Die 8 größten Führungsirrtümer
gelöst durch Trinergy®–Strategien

Linde
international

Bibliografische Information Der Deutschen Bibliothek

Die Deutsche Bibliothek verzeichnet diese Publikation in der Deutschen Nationalbibliografie; detaillierte bibliografische Daten sind im Internet über http://dnb.ddb.de abrufbar.

Das Werk ist urheberrechtlich geschützt. Alle Rechte, insbesondere die Rechte der Verbreitung, der Vervielfältigung, der Übersetzung, des Nachdrucks und die Wiedergabe auf fotomechanischem oder ähnlichem Wege, durch Fotokopie, Mikrofilm oder andere elektronische Verfahren sowie der Speicherung in Datenverarbeitungsanlagen, bleiben, auch bei nur auszugsweiser Verwertung, dem Verlag vorbehalten.

ISBN 3-7093-0085-1

Es wird darauf verwiesen, dass alle Angaben in diesem Buch trotz sorgfältiger Bearbeitung ohne Gewähr erfolgen und eine Haftung der Autoren oder des Verlages ausgeschlossen ist.

Trinergy® ist eine eingetragene Wortmarke von Roman Braun.

Kontakt: Trinergy International, Linzer Straße 77, A-1140 Wien, Österreich.
Tel.: (+43)1 985 10 60, Homepage: www.trinergy.at

Umschlag: AG MEDIA GmbH
Grafik: Fritz Maywald

LINDE VERLAG WIEN Ges.m.b.H., Wien 2005
1210 Wien, Scheydgasse 24, Tel.: +43/1/24 630
www.lindeverlag.at

Druck: Hans Jentzsch & Co. GmbH., 1210 Wien, Scheydgasse 31

Inhalt

1 EINLEITUNG

Vier Fragen an eine Führungskraft

DIE MITARBEITER

WENN DIE OBEREN BEI IHRER
REGIERUNGSAUSÜBUNG DIE GEFÜHLE
IHRER UNTERGEBENEN ZUR KENNTNIS NEHMEN,
DANN WIRD ORDNUNG HERRSCHEN.
MO-TI

Sylvia ist auf Urlaub. Als begeisterte Taucherin ist sie auf einer kleinen Insel, die gerade Platz für ein Hotel und etliche Bungalows hat. Das Hotel ist ein Spitzenhotel und hat viele Mitarbeiter, die für das Wohl der Gäste sorgen. Da es für die vielen Mitarbeiter keinen Platz auf dieser kleinen Insel gibt, wohnen sie alle auf einer anderen Insel, die man von der Hotelinsel gerade noch sehen kann. Von dieser Insel fahren sie täglich mit dem Schiff zur Arbeit. Es geht allen gut auf ihrer Insel, eigentlich könnten sie auch von den Früchten und dem Gemüse leben, das auf dieser Insel wächst, sogar Schweine und Hühner gibt es und frisches Wasser. Aber sie arbeiten gerne auf der Hotelinsel, denn sie freuen sich über die Abwechslung und den Kontakt mit den Fremden. Manchmal gibt es trotzdem Ärger – erst gestern musste Peter, der Manager des Hotels, den Gärtner Bruno lautstark zurechtweisen, der abgefallene Blätter nicht ordentlich entfernt hatte.

Am Morgen des dritten Tages, als Sylvia wieder einmal beim Frühstück sitzt, ist alles anders als sonst: Das Frühstück wird vom Hotelmanager und den anderen Managern serviert, es dauert daher viel länger als am Tag vorher, und meist werden Speisen gebracht, die gar nicht bestellt worden sind. Das ist allerdings egal, denn alle Speisen wurden auch von den Managern gekocht und schmecken dementsprechend schlecht. Sogar der Orangensaft ist weder frisch gepresst noch eingekühlt. Die Gäste beschweren sich natürlich darüber, einige drohen sogar mit der Abreise.

Peter ist verzweifelt: Das Meer ist ruhig, die Insel, auf der die Mitarbeiter leben, ist auch noch da, das kann er deutlich sehen. Er lässt sich mit dem Boot des Hotels hinüberfahren und findet dort eine große Versammlung der Ältesten vor, die mit besorgten Gesichtern im Kreis sitzen. Er fragt den Inselältesten: „Was ist passiert? Und warum seid ihr nicht zur Arbeit gekommen?“ Hugo, der Inselälteste, antwortet: „Wir sind in großer Sorge und haben diesen Ältestenrat einberufen, um darüber zu beraten. Bruno, dein Gärtner, hat uns berichtet, dass du dich ganz eigenartig benimmst und offensichtlich von Dämonen besessen oder schwer krank bist. Wir wollen dir helfen – deswegen beratschlagen wir. Das ist viel wichtiger, als zur Arbeit zu fahren.“

Peter muss all seine Überredungskunst aufwenden, um die Ältesten davon zu überzeugen, dass er weder krank noch besessen ist. Schließlich gelingt ihm das sogar, denn er kennt die Ältesten schon lange, aber erst muss er mit dem ganzen Ältestenrat und besonders mit Bruno eine Pfeife rauchen. Der legt ihm sogar die Hand auf die Stirn, um ganz sicher zu gehen, dass es Peter gut geht.

Schließlich fahren alle gemeinsam auf die Hotelinsel zurück, und auch für die Gäste ist in kurzer Zeit alles in Ordnung.

Frage 1: Stellen Sie sich vor, Ihre Angestellten arbeiten nicht, um den Lebensunterhalt zu verdienen, sondern weil es ihnen Spaß macht. Wie viele Ihrer Mitarbeiter wären morgen trotzdem an ihrem Arbeitsplatz?

Frage 2: Wären Sie selbst überhaupt da?

Die Führungskraft

Wer sich darauf versteht, jene Menschen,
die er in den Dienst nimmt,
durch ihr eigenes Handeln zu Ansehen zu bringen,
in dem finden sie ihre Freude.
Hsün-Tsu

Die Technik AG hat heuer beschlossen, das jährliche Meeting des Topmanagements auf eine andere Art abzuhalten als jedes Jahr. Die Manager werden nicht in ein Luxushotel, sondern in eine Garage am Rande der

Stadt eingeladen, wo sie pünktlich, aber etwas verunsichert zusammentreffen. Was mag dem CEO und seinen Beratern denn da wieder eingefallen sein? Ratlos stehen sie herum, denn da gibt es weder Tische noch Sessel, sondern nur einen Autobus.

Erleichterung: Der zuletzt angekommene Manfred, Chef der Finanzabteilung, hat ein Memo des CEO mitgebracht. Alle drängen darauf, dass er es vorliest – was er auch tut:

„Liebe Management-Kollegen! Ich habe beschlossen, dass das diesjährige Meeting der Generaldirektion außerhalb der Stadt stattfindet. Dieses Meeting ist – wie Sie wissen – sehr wichtig für die Festlegung der strategischen Ausrichtung unseres Unternehmens im nächsten Jahr. Sie sind unsere Top-Manager, es sollte für Sie eigentlich kein Problem bedeuten, herauszufinden, wo unser Meeting stattfindet. Es ist äußerst wichtig, dass Sie alle spätestens um 17:00 vor Ort sind, um Ihren Beitrag zu den anstehenden Entscheidungen – die natürlich auch Ihren Arbeitsplatz betreffen – zu leisten. Ein Bus steht für Sie bereit. Mit kollegialen Grüßen – der CEO."

Eine schöne Bescherung! Es ist schon 16:00, also an der Zeit, wegzufahren. Der Bus ist da, und drei von ihnen haben sogar einen Führerschein, der sie berechtigt, ihn zu fahren. Aber wohin? Paul weiß, dass der CEO unlängst mit einem Mitarbeiter gesprochen hat, der ihm ein Hotel im Süden der Stadt empfohlen hat. Aber welches? Monika kennt einige der Hotels rund um die Stadt, hat aber keine Ahnung, wie man hinkommt. Sogar einen erfahrenen Mechaniker hätte man in der Gruppe: Manuel ist Chef des technischen Services und hat – vor vielen Jahren – in der größten Busfabrik des Landes gearbeitet. Und Maria hat – ordentlich wie immer – eine genaue Straßenkarte der Umgebung dabei. Aber was nützt das, wenn keiner weiß, wohin? Aber Martin war dabei, wie sich der CEO letzte Woche ein Stück des Weges zu diesem Hotel hat erklären lassen. Aber zu welchem? Da jeder von ihnen nur ein kleines Stück der notwendigen Information besitzt, schweigen alle lieber.

Nachdem schweigend und ratlos eine Viertelstunde vergangen ist, gibt sich Hubert einen Ruck, öffnet die Tür des bereitstehenden Autobusses, setzt sich ans Steuer und bedeutet den Kolleginnen und Kollegen, einzusteigen, was diese auch machen. Er startet den Bus und fährt aus der Garage. Alle seine Mitfahrer sehen einander noch ratloser an. Wo wird Hubert wohl hinfahren?

Am Ende der Garagenausfahrt angelangt, hält Hubert den Bus an, dreht sich um und sagt: „Wer von euch hat eine Information darüber, wie ich weiterfahren soll? Norden oder Süden?“ Sofort sagt Paul: „Auf jeden Fall nach Süden, der Chef hat nach einem Hotel im Süden gesucht!“, und Maria bringt ihm die Straßenkarte nach vorn. Da meldet sich auch Monika: „Auf der Karte sind sicher einige Hotels eingezeichnet, die ich kenne!“ Darauf sagt Martin: „Kurz bevor wir zu dem Hotel kommen, muss ein Fluss sein, das habe ich gehört!“

Hubert fährt weiter, nach Süden ... und in 20 Minuten haben alle Manager den Platz des diesjährigen Meetings pünktlich erreicht.

Frage 3: Wäre die Gruppe ans Ziel gekommen, wenn Hubert nicht mit dem Bus aus der Garage gefahren wäre?

Frage 4: Wäre die Gruppe ans Ziel gekommen, wenn Hubert nicht seine Mitfahrer gefragt, sondern einfach weitergefahren wäre?

2 DIE ACHT GRÖSSTEN FÜHRUNGSIRRTÜMER

Irren Sie – aber richtig! Irren statt Dramatisieren.

DER MEISTER REDET NICHT, ER HANDELT.
WENN SEIN WERK GETAN IST,
SAGT DAS VOLK: „UNGLAUBLICH:
WIR HABEN ES GANZ ALLEIN VOLLBRACHT!"
TAO TE KING

Richtig irren will gelernt sein. Management by Objectives, führen durch das Wort oder als Charaktersache, Charisma zeigen oder doch lieber militärisch autoritär führen? Ratsuchende Führungskräfte stehen angesichts der Vielfalt von Führungskonzepten vor der Qual der Wahl. Hat man sich für eine Theorie entschieden, entsteht rasch der Eindruck, die Theorie würde den Chef führen und nicht der Chef durch die Theorie. Ist es also doch besser, nur der Intuition zu folgen? Die besten Führungskräfte – CEOs, Clanchefs, Staatslenker, Eltern und die großen Denker und Manager aller Zeiten legten für uns den Kern exzellenten Führens frei. Die Quintessenz: Keiner dieser Großen verschwor sich einer Theorie, doch sie verwarfen auch keine. Der erfolgreichste Ansatz scheint zu sein: „Lerne aus den eigenen Erfahrungen und dem Wissen anderer, schaffe dir so viel Handlungsoptionen wie möglich und nütze sie zum richtigen Zeitpunkt." Begeben wir uns auf die Reise ins Land der Führungstheorien und der größten Irrtümer. Wenn Sie es sich als Chef leicht machen wollen, ohne Drama zu führen, nützen Sie die Erkenntnisse und irren Sie – aber richtig!

IRRTUM NR. 1: AUTORITÄT IST AUTORITÄR

Befehlen Sie und schaffen Sie Spielraum

Militärische Führung. Die Boston Consulting Group, ein weltweit anerkanntes Strategie-Institut, gab im Jahr 2001 das Buch „Strategie denken" heraus, in dem der preußische Generalmajor und Militärtheoretiker Carl von Clausewitz (1780 bis 1831) mit seinen Thesen umfangreich zitiert wird. Unter anderem werden darin die von ihm beschriebenen Führungsstärken (Ehre, Kühnheit und Ausdauer) herausgearbeitet. Militärisch autoritäre Führung hat trotz moderner Management-Theorien offensichtlich nach wie vor Bedeutung. Seit es kriegerische Auseinandersetzungen gibt, denken Menschen darüber nach, wie sie ihre eigenen Krieger lenken können, um zu siegen. Militärische Führung wurde anhand der kriegerischen Erfahrungen über die Jahrhunderte durch Militär-Strategen perfektioniert. Die Leitlinien sind:

- Der Führer hat alle Informationen.
- Der Führer gibt Aufträge und trägt die volle Verantwortung.
- Die Krieger sind bedingungslos gehorsam.
- Der Führer ist gerecht und streng.

Befehlen kann nur einer. Militärische Führung wurde für Krisen entwickelt. Eine militärische Einheit überlebt, wenn der Chef alle Informationen hat und Befehle erteilt, die von seinen Soldaten unmittelbar und präzise ausgeführt werden. Für Fragen oder Diskussionen über Ideen und Aufgabenverteilung ist keine Zeit. Diese Art des Führens hat auch heute dort Gültigkeit, wo Krisen zu meistern sind. Dann gilt der Grundsatz: Die beste Entscheidung ist eine rasche Entscheidung. Alles, was diesem Grundsatz zuwider läuft, bringt das Vorhaben und die Menschen in Gefahr. Bei einem Großbrand hat ein Mensch das Kommando; Motivation der Mitarbeiter, Mitbestimmung, andere Meinungen oder Selbstverwirklichung sind da kein Thema. Das hat vielleicht später Raum, zunächst ist aber die Krise zu bewältigen.

Unternehmen im Krieg. Doch Unternehmen stehen nicht im Krieg, auch wenn häufig Kriegsvokabular benutzt wird. Dennoch folgen Führungskräfte diesem Konzept nach wie vor, mit dem Wunsch, ihre Autorität zu erhalten. Die Theorie dahinter ist: „Die Mitarbeiter müssen wissen, wer der Chef ist, daher muss ich Stärke zeigen – ich kann mir doch von meinen Leuten nichts anschaffen lassen."

> *Klaus, der Inhaber einer Bäckerei wird von einem seiner zwölf Mitarbeiter angesprochen:*
>
> *„Chef, ich hab da eine Idee: Der Food&Beverage-Chef des Hotels im Nachbarort ist mit der Qualität der Backwaren, die er einkauft,*

nicht zufrieden. Wir könnten ihn beliefern, wenn wir eine Hilfskraft dazunehmen. Was halten Sie davon?"

Klaus schüttelt den Kopf: „Vergessen Sie das, so was kommt bei mir nicht in Frage." Ein paar Wochen später verkündet er den Mitarbeitern, er habe beschlossen, eine Hilfskraft einzustellen und einen weiteren Ofen zu erwerben: „Dank meiner Initiative ist es gelungen, einige Hotels in der Region als Kunden zu gewinnen. Ihr seht: Ich schau drauf, dass eure Arbeitsplätze gesichert bleiben."

Fürs Vaterland. Wenn man zu wenig eigene Ideen hat, kann man sich immer noch die Ideen der Mitarbeiter an die eigenen Fahnen heften. Mit der Devise, als Chef bloß niemanden hochkommen zu lassen, wird Klaus von seinen Leuten bald mehr ver- als geachtet. Die Motivation der Soldaten im Krieg ist die Verteidigung der Familie und von Grund und Boden. Motivation und Eigeninitiative sind daher in kriegerischen Auseinandersetzungen kein Führungsthema. Im Frieden wird das Motto: „Nur der Chef sagt, wo es lang geht", zur Führungskatastrophe. Eigentlich hätte Klaus seinem Mitarbeiter für die Idee danken sollen, aber dazu hat ihm offensichtlich der Mut gefehlt. Lesen Sie in Kapitel 7, wie Chefs danken. Unbedankt wird sich der Mitarbeiter künftig hüten, dem Chef seine Ideen zu erzählen, und breitet seine Unzufriedenheit über seine Kollegen aus. Damit hat Klaus den Handlungsspielraum seines Unternehmens mit einem unbedachten Satz nachhaltig reduziert.

Autorität ist nicht autoritär. Manche Führungskräfte glauben, sich Autorität zu erwerben, indem sie den einzig befehlenden Kriegsherrn mimen. Die Angst dahinter ist: Mitarbeiter könnten groß werden, indem sie selbständig eigene Ideen entwickeln und vielleicht sogar erfolgreicher sind als der Chef. Das Missverständnis dabei ist die Verwechslung von „autoritär" und „Autorität": Autoritäres Führen reduziert die Zahl möglicher Handlungsoptionen (der engagierte Mitarbeiter des Bäckermeisters wird sich in Zukunft Vorschläge verkneifen). Autorität ordnet an, um die eigenen Handlungsoptionen und die der Mitarbeiter zu vermehren. Eine Führungsautorität hat im Krieg nicht das Ziel, zu zeigen, dass sie Recht hat; ihr Ziel ist, den Handlungsspielraum der Truppe zu erhalten oder zu vergrößern. Um eine Autorität zu sein, sollten Sie sich daher folgende Fragen stellen:

- Braucht die Situation meinen Auftrag (oder können das die Mitarbeiter alleine entscheiden)?

- Erweitere ich mit dem Auftrag meinen Handlungsspielraum?
- Erweitere ich mit dem Auftrag den Handlungsspielraum meiner Mitarbeiter?

Wenn Sie nur Aufträge erteilen, wenn Sie die drei Fragen mit JA beantworten, werden Sie in den Augen Ihrer Mitarbeiter zur Autorität.

Es hat die ganze Nacht wie aus Kübeln geschüttet. Am Morgen sind Teile des Campingplatzes überschwemmt. Ein Parkwächter hält mit seinem Auto an und fordert die Camper auf, den Platz rasch zu räumen: „In spätestens zwei Stunden ist das ganze Areal überschwemmt. Schaut, dass ihr wegkommt!"

Gerda, eine Mutter von drei Kindern, übernimmt das Regiment: „Kinder, kommt rasch her! Anna, du räumst das Geschirr in den Wohnwagen. Herman und Herta, ihr beide lasst die Luft aus dem Boot und verstaut es im Kofferraum. Und wir beide, lieber Mann, bauen das Vorzelt ab und verstauen die Gartenmöbel. Und dann nichts wie weg hier."

Effekt. Die Familie weiß, was zu tun ist, hat rasch gepackt und die Flucht ergriffen. Wenn rasches Handeln Schaden abwenden soll, muss jemand das Kommando übernehmen und eindeutige Aufträge erteilen. Gerdas Ziel war nicht, den Chef zu markieren, sondern dass die Familie mit ihrem Hab und Gut in Sicherheit kommt, um den Urlaub anderswo fortsetzen zu können. Das haben die anderen rasch erkannt und dadurch Gerdas Autorität akzeptiert. In Kapitel 6 erfahren Sie, wie Sie auch unangenehme Aufträge erteilen können, so dass sie akzeptiert und ohne Drama ausgeführt werden. Die Auflösung des Irrtums lautet also: Wenn Sie Befehle erteilen wollen, tun Sie es nicht autoritär, sondern als Autorität mit Chef-Kompetenz und schaffen Sie damit mehr Handlungsoptionen oder lassen Sie es bleiben!

Irrtum Nr. 2: Funktionen sind zu fixieren

Setzen Sie Regeln – und lassen Sie sie brechen

Der Mensch als Maschine. John Bond, Spitzenmanager der HSBC (Hongkong Shanghai Banking Co.) sagte in einem Interview: „Wir sind gewohnt, dass die Mitarbeiter machen, was wir von ihnen erwarten. Die Vorgaben von HSBC führen zu einer Einheitlichkeit der Leistungen von Schalterangestellten und Kreditsachbearbeitern – von Filiale zu Filiale, von Land zu Land, von Jahr zu Jahr –, und diese Einheitlichkeit weckt Vertrauen." Regeln zu setzen ist Alltagsgeschäft von Managern. Frederick Winslow Taylor entwickelte Anfang des 20. Jahrhunderts die Methode der „wissenschaftlichen Betriebsführung". Taylors Ziel war, den Produktionsprozess zu beschleunigen. Er beobachtete Menschen, die eine Aufgabe effektiv und effizient erledigten, und analysierte ihr Tun im Detail. Daraus entwickelte er den optimalen Standardablauf, den die Mitarbeiter minutiös zu befolgen hatten. Im besten Fall funktionierten die Mitarbeiter exakt nach diesem Muster und lieferten in möglichst kurzer Zeit möglichst gute Ergebnisse.

Die Führungsgrundsätze lauteten:

- Nur der Chef kennt den gesamten Produktionsprozess.
- Jeder Mitarbeiter funktioniert wie eine Maschine und folgt exakt dem Ablaufplan.
- Die Funktion der „Maschine" Mensch wird laufend überwacht und bei Bedarf neu justiert.

Der Chef als Maschinenwart. Der Beginn industrieller Entwicklung prägte auch die Entwicklung von Führungsverhalten. Ingenieursdenken wurde 1:1 auf Führungsdenken übertragen. Das Ergebnis war ein Führungsstil, der die Beziehung zwischen Chef und Mitarbeiter auf die Interaktion zwischen Auftraggeber und Auftragnehmer reduzierte. Motivation und Selbstbestimmung wurden nicht gesehen. Das Ergebnis:

- Das Funktionieren der Abläufe steht im Vordergrund. Weder Chef noch Mitarbeiter sind am Unternehmenserfolg und am Kunden ausgerichtet. Jeder trägt Verantwortung für die Funktion und nicht für die Zielerreichung.
- Die interne Kommunikation wird durch die Funktionen bestimmt und nicht durch den Informationsbedarf.
- Exakte Arbeitsplatzbeschreibungen lassen flexibles Reagieren auf neue Herausforderungen nicht zu.

Ein Call-Center hatte den Auftrag übernommen, Privatadressen anzurufen und Termine für Außendienst-Mitarbeiter zu vereinbaren, die dort eine teure und aufwändig gestaltete Buchreihe verkaufen sollten. Die Auftraggeber befürchteten, dass die Angerufenen kaum bereit wären, einen Termin zu vereinbaren, wenn sie wissen, was das Produkt ist. Testanrufer umschrieben das Produkt gefinkelt und erhielten auch Termine. Die besten Umschreibungen wurden in einem Gesprächsleitfaden zusammengefasst. Die Mitarbeiter des Call-Centers wurden geschult und angewiesen, sich exakt an den Leitfaden zu halten.

Die Telefon-Kampagne war ein herber Misserfolg. Die Kunden gaben sich mit den wenigen Informationen nicht zufrieden und fragten weiter, worum es geht. Selten reichten die im Leitfaden fixierten Argumente, um die Angerufenen zu interessieren. Dann hatten die Mitarbeiter des Call-Centers allerdings bereits ihr antrainiertes Pulver verschossen und gerieten ins Stocken. Die Kunden spürten die Unsicherheit und legten spätestens da auf.

Geregelte Realität. Beobachtbares Handeln zu kopieren ist bloß die halbe Miete. Die Testanrufer hatten auch nur vage Angaben über das Produkt gegeben. Der relevante Unterschied: sie waren sich sicher, auch vage bleiben zu können, wenn der Kunde nachhakt. Sie hatten als Testanrufer alle Freiheitsgrade, auf Fragen einzugehen. Diese Freiheit wurde den anderen genommen. Sobald die Realität mit dem Leitfaden nicht deckungsgleich war, fehlten den Anrufern die Prozessvorgaben. Sich vollständig auf die Sinnhaftigkeit des Leitfadens verlassend, fühlten sich die Mitarbeiter bald verlassen und verunsichert. Nach demselben Irrtum schicken viele Unternehmen noch immer ihre Verkäufer und Führungskräfte zum Skills-Training, um dort nach Taylorschem Muster exzellentes Verhalten zu kopieren (Gesprächsleitfaden für Verkaufsgespräche, Einwand- und Vorwandbehandlung, Mitarbeitergespräche, Feedback usw.). Diese Methode scheitert, wenn der Leitfaden zur Bibel gemacht wird, die gnadenlos heruntergebetet werden soll. Die Realität ist immer flexibler als jede Regel.

Regeln sind da, um gebrochen zu werden. Taylor hatte schon recht mit seiner Idee, Mitarbeitern, die im Rahmen einer Organisation zusammenarbeiten, präzise Teilaufgaben zu geben. Heute formulieren das Führungskräfte anhand von Arbeitsplatz- und Prozessbeschreibungen. Mitarbeiter müssen Aufgaben, Ziele, zur Verfügung stehende Ressourcen, organisatorische Strukturen sowie Entscheidungs- und Kommunikationswege kennen, um arbeiten zu können. Sie müssen aber auch wissen, welche Freiheiten sie haben, wie weit sie alleine segeln können, wenn der Wind der Realität sie verbläst, und wo die Regeln ihnen Grenzen setzen. Wenn Sie als Chef Ihren Mitarbeitern Aufgaben und Regeln vorgeben, bedenken Sie dabei:

- Dient die Vorgabe der Sicherheit des Unternehmens?
- Ist die Vorgabe Unterstützung für den Mitarbeiter?
- Versteht der Mitarbeiter den Sinn der Regeln, um sie gegebenenfalls auch brechen zu können?

Mündige Mitarbeiter. Wenn der Mitarbeiter weiß, wozu die Regel eingeführt wurde, kann er auch selbst entscheiden, ob die Regel in einer neuen Situation ihren Zweck noch erfüllt. Die Konsequenz, wenn die Mitarbeiter des Call-Centers den Leitfaden als Argumentationsunterstützung betrachtet hätten: Sie hätten gleich mit Situationen gerechnet, in denen sie durch den Leitfaden nicht unterstützt werden und sich vorab über Handlungsalternativen Gedanken gemacht. Denn die Freiheit, Regeln zu brechen, impliziert auch die Verantwortung über den Regelbruch. Wenn Menschen wissen, dass sie die Freiheit haben, werden sie mündig und übernehmen die Verantwortung.

Die Situation war kritisch. Werner, der Sachbearbeiter eines Speditionsunternehmens, fiel nach einer Herzattacke für einige Wochen aus. Dummerweise war Werner der Einzige, der sich mit der Logistik temperaturkritischer Güter im Unternehmen auskannte. Er hatte dieses Nischenprodukt selbst entwickelt und niemanden in die Abläufe eingeweiht. Kurt, der Abteilungsleiter, musste jemanden bestimmen, der für den Spezialisten einsprang. Kurt entschied sich für Gerhard, einen der jüngsten Mitarbeiter, weil er ihn als ehrgeizigen und hartnäckigen Menschen schätzen gelernt hatte.

Kurt durchforstete Werners Unterlagen, um die wichtigsten Abläufe zu dokumentieren. Mit Hilfe dieser Beschreibungen vereinbarte er mit Gerhard, was er zu tun habe. „Wenn Sie bemerken, dass etwas nicht diesem Ablauf entspricht, rufen Sie mich sofort an, entscheiden Sie nicht ohne mich. Mir ist wichtig, dass die Transporte weiterhin ohne Zwischenfälle und zur Zufriedenheit der Kunden laufen wie bisher.“ Wie vereinbart rief Gerhard den Abteilungsleiter an, wenn er sich nicht zurecht fand. Doch dann kam folgende Situation: Ein Lkw wurde unterwegs defekt. Gerhard stand vor der Entscheidung zwischen der kostengünstigen, aber zeitintensiven Variante, die Reparatur abzuwarten, und der teuren, aber schnellen Variante, mit einem anderen Lkw nachzukommen und umzuladen. Kurt war nicht erreichbar. Gerhard erinnerte sich daran, worum es dem Chef ging, und wartete nicht, bis er Kurt an der Strippe hatte, sondern entschied sich für das Umladen.

Effekt. Selbst unsicher, war Gerhard dankbar über die präzisen Ablaufbeschreibungen und froh darüber, dass sein Chef in kniffligen Situationen half. Da er wusste, was seinem Chef wichtig war, konnte er auch die Verantwortung tragen, die Regel zu brechen, und Kurt war mit der Entscheidung zufrieden. Nach einigen Wochen nahm Kurt die Einschränkung zurück: Gerhard agierte bereits so selbständig, dass er Kurts Hilfe nicht mehr brauchte. Weiter in Sonderfällen anrufen zu müssen, wäre für Gerhard einschränkend gewesen. Er hatte ausreichend Erfahrung, um zu wissen, worauf zu achten ist. In Kapitel 7 erfahren Sie mehr darüber, wie Sie mit Ihren Mitarbeitern in vollständigen Botschaften kommunizieren können, so dass ihnen klar ist, worum es Ihnen geht. Wenn Sie also Regeln aufstellen, sagen Sie alles, was Ihr Mitarbeiter wissen muss, und geben Sie ihnen auch die Freiheit und das Know-how, sie zu brechen.

Irrtum Nr. 3: Motivation ist alles

Schaffen Sie den Rahmen, der Motivation nicht verhindert.

Benefit oder Zuwendung. Von 1927 bis 1932 untersuchte Elton Mayo, Professor der Harvard Business School, in der Hawthorne Fabrik der Western Electric Company in Cicero, Illinois, im Rahmen eines Forschungsprojektes die Einflüsse des Arbeitsplatzes auf die Leistung der Mitarbeiter. Als im Lauf des Projektes die Leistung der Mitarbeiter stieg, obwohl die Arbeitsplatzsituation verschlechtert wurde, war rasch klar, dass nicht die Arbeitsbedingungen den größeren Einfluss auf die Leistung der Mitarbeiter hatten, sondern die Zuwendung und das Interesse der Forschungsleiter am Befinden der Mitarbeiter. Trotz dieser frühen Erkenntnis werden heute noch Benefits für die Mitarbeiter weiterhin als Motivator gesehen.

Zuckerbrot oder Peitsche. Manager, die Führen als technische Wissenschaft sahen, stießen bald an Grenzen, die sie sich nicht erklären konnten. Manche Mitarbeiter erfüllten die Erwartungen; und wenn sie es mal nicht taten und ihnen das vorgehalten wurde, funktionierten sie rasch wieder. Andere funktionierten nicht so: Sie verbesserten trotz Drohungen ihre Ergebnisse nicht wesentlich oder hatten mal einen guten und mal einen schlechten Tag. Erklärungsmodelle mussten her, die Psychologie trat auf den Plan. Ab den 20er Jahren boomte die Motivationsforschung. Die Grundfrage kam nach wie vor aus der technischen Ecke: Welchen Knopf muss ich bei Menschen drücken, damit sie ausreichend motiviert sind? Das erste Forschungsergebnis war das Konzept von Belohnung und Bestrafung. Anfangs noch uneins, was der wirksamere Knopf sei, erkannten die Forscher bald, dass manche Menschen eher auf Belohnung ansprechen und andere auf Bestrafung. Doch auch mit diesem Konzept waren bald Grenzen erreicht: Mehrmalige Bestrafung stumpft ab und mehrmalige Belohnung ist ökonomisch nicht leistbar.

Motiv Selbstverwirklichung. Der Psychologe Abraham Maslow rettete die Situation durch seine Bedürfnis-Pyramide. Er beschrieb das Bedürfnis der Selbstverwirklichung als Spitze der Pyramide. Das Konzept wurde von den Managern zunächst dankbar angenommen, denn Selbstverwirklichung kostet kein Geld. Bald stellte sich aber die Frage: Wie befriedige ich als Chef das Bedürfnis der Selbstverwirklichung meiner Mitarbeiter, ohne dabei den Unternehmenserfolg aufs Spiel zu setzen? Erst Anfang der 90er Jahre entlarvte Reinhard K. Sprenger den mechanistischen Motivationsansatz als Mythos und Fehlentwicklung und machte das Konzept der Selbstverantwortung und Selbstverwirklichung hoffähig. Doch die Frage blieb: Was ist mein Beitrag als Chef, damit sich meine Mitarbeiter selbst verwirklichen?

Mensch sein. Nicht alle Manager sind mit der jüngsten Antwort der Systemtheoretiker und Soziologen zufrieden: Diese sehen das Bewusstsein des Menschen als autopoietisches und selbstreferenzielles System. Grob gesprochen heißt das: Der Einfluss von außen ist kein zwingender; das menschliche Bewusstsein hat Entscheidungsfreiheit und kann Interaktions-Angebote annehmen, ablehnen oder was ganz anderes tun. Demzufolge muss das Angebot des Chefs an seine Mitarbeiter hinreichend verlockend sein, damit sie bereit sind, es anzunehmen. Um erraten zu können, was verlockend ist, muss sich der Chef über seine Mitarbeiter Gedanken machen: Wie muss mein Angebot sein, damit es angenommen wird?

Motivationsgeschichten. Noch immer beschäftigen sich zahllose Bücher und Studien mit dem Thema Motivation. Manche erzählen Geschichten, wie das Buch „Fish“ von Stephen C. Lundin, Harry Paul und John Christensen, in dem Fischverkäufer auf einem stinkenden und nasskalten Fischmarkt zeigen, wie es geht, bei der Arbeit glücklich zu sein. Oder Spencer Johnsons Buch „Die Mäuse-Strategie für Manager“, in dem uns Mäuse lehren, selbst den Käse zu suchen und nicht darauf zu warten, gefüttert zu werden. Bei all dem geht es um die Idee der Selbstverantwortung auch für die Freude an der Arbeit und wie wir als Führungskräfte diese Idee verbreiten können.

Hauptsache motiviert. Motivationstheorien tun so, als wäre das Schaffen von Motivation der Schlüssel erfolgreicher Mitarbeiterführung. Doch Motivation ist kein Führungsinstrument, sondern das Ergebnis allumfassender Führungsarbeit.

> *Das Projekt sollte zwei Jahre laufen. Peter hatte sich Gedanken darüber gemacht, wie er sein Team auf das Projektziel einschwören könnte, die Lagerlogistik neu auszurichten und durch ein modernes EDV-System zu unterstützen. Es gelang ihm auch hervorragend: Innerhalb von drei Monaten hatte das Team eine starke Identität aufgebaut und arbeitete gut zusammen. Er hatte die Mitarbeiter aus mehreren Unternehmensbereichen zusammengezogen und eine neue Organisationseinheit für das Projekt ins Leben gerufen.*
>
> *Nach neun Monaten machte sich Unruhe im Team breit. In kleinen Grüppchen und hinter vorgehaltener Hand sprachen die Mitarbeiter über ihre Zukunft: „Es ist ja toll hier, aber was machen wir, wenn das Projekt abgeschlossen ist? Dort, von wo wir herkommen, nehmen die uns sicher nicht mehr. Unsere Nachfolger haben sich längst eingearbeitet.“ Sorge und Spannung machte sich breit und hemmte den Arbeitsfluss.*

Peter brauchte lange, um das Problem wahrzunehmen. Ein Mitarbeiter, mit dem er befreundet war, steckte es ihm nach Wochen. Peter versicherte den Mitarbeitern, dass sie auch nach Ende des Projektes sicher gebraucht würden; er habe weitere Pläne, die nur noch beschlossen werden müssten. Doch das Vertrauen in ihn als Chef war gebrochen und der Wind aus den Segeln – und nicht nur das: Das Projekt-Team entwickelte alle Spielarten von Drama.

Motivation – und dann? In Kapitel 4 erfahren Sie, wie Sie solche Dramen auflösen und in Stärken transformieren können. Kapitel 5 ist ein Ratespiel, in dem Sie testen können, ob Sie bereits zum Lösungsexperten geworden sind. Für Peter wäre es einfach gewesen, es gar nicht so weit kommen zu lassen. Er hätte nur rechtzeitig erkennen müssen, dass auch Personalentwicklung ein Führungsthema ist. Seine Projektideen brauchen eine starke Mannschaft. Dazu müsste er die Organisationseinheit als Team nicht nur dieses Projektes, sondern aller ähnlich gearteten Projekte installieren. Das bedeutet einerseits Bewusstseinsbildung in den Köpfen aller Entscheidungsträger im Unternehmen und andererseits den Aufbau hochrangiger Kompetenz im Team für diese Aufgabe. Das sind Themen der Organisations- und Personalstrategie, um die Peter als Chef nicht herumkommt, will er weiter erfolgreich sein.

Der Chef als Gärtner. Über Motivationsmethoden nachzudenken ist wie der allnächtliche Versuch des Gärtners, an seinen Pflanzen zu ziehen, damit sie schneller wachsen. Hier liegt es auf der Hand, dass Gießen, Düngen, Jäten und Zurechtschneiden geeignetere Maßnahmen sind, das Wachstum zu fördern. Und bei Mitarbeitern? Ziehen Sie nicht an den Pflanzen, sondern werden Sie zum Gärtner. Als Führungskraft haben Sie drei Hauptaufgaben:

- Stratege: Ideen, Visionen und Ziele entwickeln und kommunizieren
- Manager: Organisieren, Ressourcen schaffen, Aufgaben zuteilen, Ergebnisse kontrollieren
- Coach: Mitarbeiter unterstützen, beraten und fördern

Als Dreifach-Funktionär brauchen Sie sich um die Motivation Ihrer Mitarbeiter keine Gedanken zu machen, doch ohne diese Aufgaben nützt Ihnen die ausgefeilteste, zeitintensivste und teuerste Motivierungsstrategie nichts.

Der Kunde hatte Dieter angerufen und sich über Hans, einen seiner Kundenberater, beschwert. Dieter ist Verkaufsleiter eines Unternehmens, das Gebäudetechnik plant und installiert. Der Kunde war erbost darüber, dass Hans sich schon seit Wochen nicht um den Baufortschritt kümmert. Dieter kennt das: Der Kunde beklagt sich häufig, nicht ausreichend betreut zu werden, ist meist mürrisch und zollt nie Anerkennung, wenn etwas klappt. Dementsprechend gering ist die Begeisterung von Hans, mit ihm in Kontakt zu treten. Hans weiß, dass mindestens ein Anruf fällig ist, doch dann ist alles Mögliche wichtiger als das; und er schiebt das Telefonat auf die lange Bank. Jetzt wird es für Dieter Zeit, etwas zu tun.

Er bittet Hans zu sich und erzählt ihm vom Anruf des Kunden: „Der kam fast durch die Leitung, so zornig war er." Hans senkte den Kopf und erwartete einen Tadel. Doch Dieter sagte: „Hans, ich kenne das gut, jeder hat seinen Kunden, den er am liebsten abgeben würde. Mir geht es genauso. Ich frage mich dann immer: Was hält mich ab? Welche Angst steckt dahinter? Bei mir ist es die Angst, als Gesprächspartner zurückgewiesen zu werden. Und dann frage ich mich, ob die Angst berechtigt ist. Meistens ist sie es nicht. Und dann frage ich mich: Was kann ich tun, um die Aufgabe für mich interessant zu machen? Dann schließe ich zum Beispiel mit jemandem eine Wette ab, dass ich mit diesem Kunden innerhalb von sechs Wochen eine gute Beziehung aufbauen kann." Übergangslos sprach Dieter dann mit Hans über ein anderes Projekt.

Effekt. Dieter hätte Hans auch eine erhöhte Provision für „schwierige Kunden" bieten können oder ihm einen Urlaub auf den Bahamas bezahlen, wenn er dem Kunden einen weiteren Auftrag entlockt. Doch Dieter wusste: „Als Chef habe ich alles getan; Ziele, Vereinbarungen, Aufgaben sind klar. Was noch fehlt, ist mentale Unterstützung." Und die hat er Hans gegeben. Hans beschäftigen die Worte seines Chefs den ganzen restlichen Tag. Am nächsten Morgen spricht er seinen Chef an: „Wetten wir?" Und was hat Dieter dazu beigetragen? Verständnis, eine Methode, damit umzugehen, und das Angebot an Hans, sich selbst zu motivieren. Lesen Sie in Kapitel 3 mehr darüber, welche Aufgaben Sie als Chef haben, welche Stärken Sie brauchen und wie Sie damit messbar Mehrwert erwirtschaften können. Sehen Sie als Chef das Ganze, denn Sie sind niemals Motivator (das können nur die Mitarbeiter selbst), sondern Initiator, Manager und Coach.

Irrtum Nr. 4: Kontrolle schafft Vertrauen

Ohne Vertrauen kein Selbstvertrauen – schenken Sie Kontrolle

Lernen in heißen Küchen. Tom Peters, der Managementguru, der viele Jahre Teilhaber an der Unternehmensberatungsagentur Mc Kinsey & Co. war und in den 90er Jahren dazu überging, die Arbeit in überschaubaren Einheiten mit projektbasierten Strukturen und hierarchiefreien Teams mit intensiver Kommunikation zu propagieren, sagte über TQM: „Ein paar Stunden in einer heißen Küche können dich mehr über Management lehren als die neuesten Bücher über Reengineering oder Total Quality Management."

KAIZEN und das Wirtschaftswunder. Qualitätskontrolle und laufende Verbesserung der Geschäftsprozesse waren bereits in den 50er Jahren ein Thema an US-amerikanischen Universitäten. Die interessiertesten Zuhörer der Entwickler, Edwards Deming und Joseph Juran, waren CEOs großer japanischer Unternehmen. Während die Amerikaner Theorien wälzten, setzten die Japaner das Gehörte in die Praxis um. KAIZEN ist das japanische Wort für Verbesserung. Es wurde von Masaaki Imai auf der Basis der Erkenntnisse von Deming und Juran entwickelt und verhalf Japan zu einem grandiosen Wirtschaftsaufschwung. KAIZEN geht von der Annahme aus, dass jeder Geschäftsprozess verbessert werden kann. Grundlage ist eine Unternehmenskultur, in der jeder alles kontrollieren und ungestraft das Vorhandensein von Problemen und Fehlern eingestehen kann. Geschäftsprozesse werden dokumentiert und durch Mitarbeiter aller Ebenen in problemorientierter Beobachtung laufend verbessert.

Ein bisschen TQM. Die Kontrolle wurde nicht den Chefs alleine überlassen, sondern war Aufgabe jedes Menschen im Unternehmen. Jeder Mitarbeiter ist angehalten, erkannte Fehler und Prozessschwächen aufzudecken, damit sie verbessert werden können. Das braucht ein Klima, in dem so etwas ungestraft möglich ist. Die Aufmerksamkeit hat also nicht der Verursacher, sondern der Aufdecker. Japans Unternehmen erreichten damit Qualitätsstandards, von denen amerikanische und europäische Unternehmen nur träumen konnten. Das Konzept wurde schließlich auch in Europa unter dem Begriff Total Quality Management in vielen Unternehmen eingeführt; in den meisten blieb es beim Versuch – die Mitarbeiter wurden informiert und mussten Seminare besuchen, früher oder später wurde TQM vom Alltagsgeschäft überwuchert und zurück blieben unbenutzte Ordner mit der Aufschrift TQM.

Vertrauen oder Kontrolle. Ungeachtet dieser Entwicklung war und ist Kontrolle ein Führungsinstrument. Sie wird oft in einem Atemzug mit Vertrauen genannt, als wären es polare Führungskonzepte: „Entweder ich vertraue meinem Mitarbeiter oder ich kontrolliere ihn mit dem Ziel, dass mein Vertrauen gegenüber dem Mitarbeiter steigt." Wenn Führungskräfte ihren Mitarbeitern nicht vertrauen, ist vorher schon einiges schief gelaufen: Sie sind als Chef generell oder aus gutem Grund misstrauisch, weil der Mitarbeiter schon viele Fehler gemacht hat. In beiden Fällen kann Kontrolle das Vertrauen nicht stärken, denn Kontrolle schaut in die Vergangenheit, wer weiß schon, ob der Mitarbeiter nicht trotz guter Ergebnisse doch mal wieder Fehler macht.

Der Geschäftsführer eines großen Tischlereibetriebes ließ am PC seiner Sekretären insgeheim ein Überwachungsprogramm installieren, das auflisten konnte, welche Programme sie wie lange benutzt hatte. Er fühlte sich in seiner Sorge bestätigt, als die Auflistung ergab, dass sie durchschnittlich eine Stunde am Tag das Kartenspiel Solitär spielte. Er zeigte ihr die Auflistung und forderte sie auf, das zu erklären.

Die Sekretärin zeigte ihm anhand der Auflistung: Sie spielte das Spiel meistens, während sie die Außendienst-Mitarbeiter anrief, um die aktuelle Auftragslage zu erfassen. Das tat sie täglich und nützte die Gespräche auch, um die Leute über Kundenanrufe zu informieren oder ihnen zu sagen, wann etwas ausgeliefert werden konnte. Dabei spielte sie das Spiel. Der Geschäftsführer nahm die Auflistung an sich und ging peinlich berührt davon.

Transparenz. Es war nicht das erste Mal, dass die Sekretärin dem Misstrauen ihres Chefs ausgesetzt war. Die Ungewissheit des Chefs bleibt auch nach dieser peinlichen Aktion bestehen. Denn eigentlich hatte er die Vermutung, seine Sekretärin sei nicht genügend ausgelastet. Mit solchen Praktiken wird er diese Frage nicht beantworten können. Auf dieser Basis lässt sich auch keine Arbeitsbeziehung aufrechterhalten.

Selbstvertrauen durch Kontrolle. Kontrolle ist ein Teil des Steuerungskreises, ein Werkzeug, das die geplanten Ergebnisse und Qualität sicherstellen soll. Doch sie fördert nicht das Vertrauen des Chefs in die Mitarbeiter, sondern das Vertrauen der Mitarbeiter in sich selbst. Kontrolle ist dann ein nützliches Führungsinstrument, wenn

- sie angemessen erfolgt, das heißt dem Kontrollbedarf entspricht (versierte Mitarbeiter brauchen wenig Kontrolle),
- dem Kontrollierten klar ist, was kontrolliert wird und was ein gutes Ergebnis ist, und
- der Mitarbeiter das Ergebnis der Kontrolle als Feedback erhält.

Karl hatte schon vier Nachhilfelehrer verbraucht. Die verzweifelten Eltern machten sich auf die Suche nach dem fünften Lehrer. Georg, ein Publizistik-Student, ließ sich durch die Vorgeschichte nicht abschrecken. Er sprach lange mit Karl über Gott und die Welt und die beiden verstanden sich rasch gut. Karl fiel es schwer, die englische Grammatik zu begreifen, und Vokabeln blieben auch nicht hängen. Sprachen waren nicht sein Ding. Darum tat er Englisch als nutzloses Unterrichtsfach ab. Von den Nachhilfelehrern hatte er umfangreiche Aufgaben bekommen, die Karl selten erledigte. Georg sagte: „Du wirst wahrscheinlich keine Eins in Englisch kriegen, aber ich weiß, dass du für eine Drei gut bist." Beide blickten sich lange schweigend an, Karl spürte das Vertrauen und nickte.

Georg kam täglich und gab Karl kleine Aufgaben. Er erklärte ihm, worauf er dabei besonders achten solle. Dann besprachen sie das Ergebnis und korrigierten gemeinsam die Fehler. Später ließ er Karl seine Aufgaben zuerst selbst kontrollieren. So erarbeitete Karl die Dinge in kleinen Schritten. Georg lobte Karl viel, jedes seiner Worte drückte Georgs Vertrauen in Karl aus. Nach drei Wochen intensiver Zusammenarbeit begann die englische Sprache Karl Spaß zu machen.

Effekt. Georg zerlegte für Karl die Aufgabe in kleine, verdauliche Happen und vereinbarte mit ihm, worauf er beim Korrigieren achten würde. Er korrigierte vor Karls Augen und nahm dabei auf die Vereinbarungen Bezug. Nach einigen Tagen korrigierte er nicht mehr selbst, sondern wiederholte zuerst mit Karl die Vereinbarungen und ließ ihn dann seine Fehler selbst erkennen. So fasste Karl Mut, sich der englischen Sprache selbständig nähern zu können. Schrittweise gestaltete Georg die Aufgaben komplexer und versuchte dabei, den Grad der Herausforderung für Karl gleichzuhalten. Was vier Nachhilfelehrer nicht geschafft hatten, erreichten Georg und Karl mit kleinen Schritten und viel Kontrolle. In Kapitel 7 finden Sie eine einfache Anleitung, nach der Sie Ihren Mitarbeitern vollständiges Feedback geben können, sodass sie lernen sich selbst zu kontrollieren. Stärken auch Sie das Selbstvertrauen Ihrer Mitarbeiter durch Kontrolle, die Lernen möglich macht – auf der Grundlage Ihres Vertrauens.

Irrtum Nr. 5: Vorbilder sind zum Nachahmen da

Kopieren Sie nicht Ihre Vorbilder – lernen Sie daraus!

Von Jesus bis Monroe. Tsunetomo Yamamoto schrieb in seinem Buch „Hagakure, der Weg des Samurai“: „Schüler aller Richtungen neigen dazu, die unfertigen Seiten ihrer Lehrer zu imitieren, statt deren Stärken nachzuahmen. Das führt zu keinen fruchtbaren Ergebnissen.“ Managen wie Bill Gates, Mitmenschen hinter sich scharen wie Jesus seine Apostel, Menschen führen wie Napoleon, Charisma versprühen wie John F. Kennedy, für eine Idee kämpfen wie Mahatma Gandhi oder Nelson Mandela, Visionär sein wie Nostradamus oder vergöttert werden wie Marilyn Monroe. Literatur dazu gibt es in rauen Mengen. Menschen schreiben über ihr Leben als Berühmtheit und wie sie sie erlangten. Die Idee dahinter ist, anhand der Beschreibung von Verhaltensmustern einen Zipfel dieser Berühmtheit zu erlangen. Sie ist nahe liegend, wenn man Management und Führung als reines Handwerk betrachtet; es zu lernen bedeutet dann, Handlungen tayloristisch zu duplizieren.

Führen als Handwerk. Dementsprechend umfangreiche Literatur gibt Auskunft über nützliche Verhaltensmuster von Führungskräften. Dabei werden Aspekte von Führung herausgegriffen und damit exzellentes Führen auf ein Set von Verhaltensweisen oder Eigenschaften reduziert. Rupert Lays „Führen durch das Wort“ dampft Führen ein auf Dialektik und Rhetorik. Reinhard K. Sprenger propagiert Führen durch Vertrauen und Warren Bennis entdeckt vier Schlüsselstrategien erfolgreichen Führens: 1. Mit Visionen Aufmerksamkeit erzielen, 2. Sinn vermitteln durch Kommunikation, 3. eine Position einnehmen und damit Vertrauen erwerben und 4. Entfaltung der Persönlichkeit durch ein positives Selbstwertgefühl. Die geneigten Leser sind aufgefordert, sich die nötigen Verhaltensmuster und Eigenschaften zuzulegen, am besten indem sie die Originale kopieren. Wie man Visionen entwickelt, kann man nötigenfalls in Bill Gates Memoiren nachlesen.

Jetzt ist der Chef dran. Der Fokus der Aufmerksamkeit verschiebt sich mit dieser Entwicklung weg von den Mitarbeitern hin zu den Führungskräften selbst. Eigenschaftstheorien wollen die Manager fit machen für jeden Mitarbeitertyp und übertragen ihm damit weiter die volle Verantwortung für das Gelingen der Zusammenarbeit zwischen Mitarbeiter und Führungskraft.

Führen als Kunstform. Leser einschlägiger Management-Lektüre sind bald enttäuscht, wenn sie versuchen, exzellente Führungskräfte zu kopieren. Sie schaffen es nicht, wie ihre Vorbilder zu sein, wirken dabei imitierend oder handeln zum falschen Zeitpunkt. Erfolg ist nicht kopierbar. Fredmund Malik schreibt über die ideale Führungskraft: „Wirksame Menschen haben keine Gemeinsamkeiten, außer der, dass sie wirksam sind.“ Exzellentes Führen ist kein Handwerk, sondern eine Kunst, sie braucht Hingabe.

Alle nannten ihn „den Alten“. Er war jahrzehntelang Inhaber und Geschäftsführer eines Metallverarbeitungsbetriebes. Er war gefürchtet: wenn der Alte auftauchte, zogen alle die Köpfe ein. Sein Blick für Fehler und Unzulänglichkeiten war so bekannt wie der Tritt in den Hintern, den er Mitarbeitern verabreichte, die etwas verbockt hatten. Doch er war gleichzeitig geachtet. Für seine Leute ging er durch Dick und Dünn und er bezahlte sie anständig.

Als es für ihn Zeit war, abzutreten, übergab er die Geschäfte einem langjährigen Mitarbeiter, der ihn verehrte. Seine Kollegen staunten, als dieser nun im Rang eines Geschäftsführers zu einem rüden Umgangston fand, ähnlich dem des Alten. Die Kollegen, zunächst vollkommen überrascht, witzelten bald über ihn – sie nannten ihn den Mini-Alten. Nach einigen Wochen einigten sie sich, ihn gemeinsam zu einem Gespräch zu bitten, bei dem ihm ihr Sprecher klar machte, dass sie sich das von ihm nicht gefallen lassen würden.

Ich bin, wie ich bin!? Die Frage „Welches Verhalten eines exzellenten Chefs ist entscheidend für seinen Erfolg?“ ist nicht beantwortbar; denn sie ist falsch gestellt. Das rüde Verhalten des „Alten“ war Teil seiner Identität; er wurde als „Gesamtkunstwerk“ akzeptiert und geachtet – und nicht wegen einzelner Komponenten, die losgelöst von ihm keinen Sinn ergaben. Führungskräfte, die für Kopien ihre Identität aufgeben, haben sich als Führungskräfte unbrauchbar gemacht.

Die Basis des Erfolges. Ist es daher sinnlos, Literatur über exzellente Menschen zu lesen? Abgesehen vom Unterhaltungswert: Die Basis des Erfolges guter Chefs sind negative und positive Erfahrungen – selbst oder von anderen erlebte. Permanente Reflexion von Erfahrungen schärft die Sinne in Führungssituationen und erhöht die verfügbaren Handlungsoptionen. Nützen Sie das Potenzial exzellenter Führungskräfte, indem Sie

- Vorbilder wählen, die Sie begeistern,
- das exzellente Verhalten, die Fähigkeit oder Einstellung identifizieren und
- in Ihre Persönlichkeit integrieren, um sie dann zu nützen, wenn es Sinn macht.

Der Lehrling gestand es: Er hatte in die Kassa gegriffen. Kein großer Betrag, doch alle waren geschockt und fragten sich, was ihn dazu bewogen hatte. Dieter, dem Abteilungsleiter, war das Ganze so unangenehm, dass er sich zunächst in sein Büro zurückzog. Was sollte er tun – ihm die Ohren lang ziehen, ihn anzeigen oder ihm noch eine Chance geben? Der Ärger über den jungen Tölpel ließ ihn die Fäuste ballen.

Dieter erinnerte sich allerdings daran, dass er seinen Vater (damals ein recht erfolgreicher Fuhrunternehmer, jetzt schon lange in Pension) einmal in einer ähnlichen Situation erlebt hatte: Ein seit kurzem eingestellter Fahrer hatte heimlich Treibstoff aus LKWs abgezapft. Der Disponent hatte ihn dabei erwischt und ihn brüllend in das Büro seines Vaters gezerrt. Der hatte sich den Bericht seines Disponenten, ohne ein Wort zu sagen, angehört – seine dichten Brauen zogen sich tief über die Augen, während er dem Fahrer ins Gesicht schaute: „Hier ist kein Platz für Diebe! Du hast dich bei uns schuldig gemacht. Wie willst du das wieder gutmachen?“ Sie hatten sich auf drei unbezahlte Sonderschichten und drei Kasten Bier für die Kollegen als Ausgleich geeinigt. Der Fahrer hatte sich damit eine zweite Chance erwirkt.

Dieter war seinem Vater dankbar und glücklich, diese Erfahrung jetzt nützen zu können. Er rief den Lehrling zu sich, schaute ihm lange in die Augen und sagte: „Ich gebe dir noch eine Chance.“ Seine Brauen blieben dabei allerdings – wie immer – ruhig.

Effekt. Dieter hatte nicht versucht, den Stil seines Vaters nachzuahmen, das wäre ihm auch billig erschienen. Doch die Art und Weise, wie er mit der Situation umgegangen war, hatte ihm damals schon imponiert. Vaters damaliges Vorgehen war für ihn auch heute noch die beste Alternative und er nützte sie seiner eigenen Persönlichkeit gemäß. Der Lehrling nahm die Chance wahr und blieb nach Abschluss seiner Lehre im Unternehmen. Sich selbst treu zu bleiben ist eine der wenigen Gemeinsamkeiten exzellenter Chefs. In Kapitel 6 lernen Sie, anhand eines einfachen Modells, unangenehme Aufträge zu erteilen, zu tadeln und unangenehme Nachrichten mitzuteilen, ohne dabei den „bösen Chef“ herauskehren zu müssen, sondern authentisch Sie selbst zu bleiben. Und seien Sie sich nicht zu gut, von anderen zu lernen, das Gelernte in Ihr Handlungsspektrum zu integrieren und daraus ein „Gesamtkunstwerk“ von sich als Chef zu kreieren.

Irrtum Nr. 6: Differenziert ist differenziert genug

Nehmen Sie wahr, bevor Sie Unterscheidungen treffen!

Management by Diversity. In seinem Buch „Führungsmodell, Bessere Führungspraxis durch Stellenplanung“ beschreibt Fritz Markwitz die Einführung von Arbeitsplatzbeschreibungen im Unternehmen: „Sind die Mitarbeiter an eine autoritäre Führung gewöhnt und soll das auch weiterhin so bleiben, dann sollte außer an der Art der Mitwirkung an der Entstehung der Arbeitsplatzbeschreibung auch ihr Gültigwerden diesem Stil entsprechen.“ Er zeigt damit beinharte Konsequenz in der Wahl des Führungsstils. Kenneth Blanchard entwickelte ein etwas flexibleres Modell; er beschrieb in seinem Buch „Der Minuten-Manager. Führungsstile“ ein Modell situativen Führens, das den Mitarbeiter in zwei Dimensionen sieht: Engagement und Kompetenz. Dieses Konzept wurde Führungskräften großer Konzerne als führungstechnisches Allheilmittel verabreicht und je nach Persönlichkeitsstruktur ein bisschen genützt, peinlich genau umgesetzt oder rasch zu den Akten gelegt, um dort zu verstauben.

Dirigent oder Sekundant. Das Konzept geht von dem Standardszenario aus, dass die Kompetenz eines neuen Mitarbeiters anhand der gesammelten Erfahrungen stetig steigt, während das Engagement anfangs groß ist, nach ersten Misserfolgen einbricht und dann ebenfalls kontinuierlich ansteigt. Diese Entwicklung wurde in vier Phasen unterteilt (siehe unten stehende Tabelle). Darauf ausgerichtet wurden zwei Führungsstile zur Auswahl angeboten und in den vier Phasen jeweils unterschiedlich angewendet:

- Dirigierender Stil: präzise Aufträge und häufige Kontrolle
- Sekundierender Stil: der Mitarbeiter hat großen Gestaltungs- und Entscheidungsspielraum, die Führungskraft steht als Mentor zur Verfügung

Übersicht: Die 4 Phasen der Mitarbeiter-Entwicklung und der begleitende Führungsstil

Phase	Engagement	Kompetenz	Führungsstil
Phase 1	Hoch	Gering	Stark dirigierend Wenig sekundierend
Phase 2	Gering	Steigend	Stark dirigierend Stark sekundierend
Phase 3	Steigend	Steigend	Wenig dirigierend Stark sekundierend
Phase 4	Hoch	Hoch	Wenig dirigierend Wenig sekundierend

Neue Mitarbeiter oder Mitarbeiter, die in einer neuen Aufgabe unerfahren sind, werden zunächst dirigierend geführt; mit wachsender Kompetenz löst der dirigierende den sekundierenden Stil ab. Sobald der Mitarbeiter in seiner Tätigkeit routiniert ist, kann der Chef beide Stile auf ein Mindestmaß reduzieren.

Don't simplify too much. Führungskräfte, die das Konzept anwendeten, waren bald überrascht, dass ihre Mitarbeiter ihnen nicht den Gefallen taten, dem Standardszenario zu folgen: Manche sind schon anfangs sehr kompetent oder werden nie selbständig, andere sind zu Beginn wenig engagiert und bleiben dabei. Manche unerfahrenen Mitarbeiter vertragen nicht, dass der Chef ständig in ihrer Nähe ist und sie kontrolliert, andere routinierte Mitarbeiter suchen trotz ihrer hohen Kompetenz häufig die Nähe des Chefs und seinen Rat. Dem reflektierenden Chef war bald klar, dass der größte Mangel des Konzepts dessen zu geringe Komplexität ist. Zu einfache Modelle gaukeln vor, man könne sich damit das Wahrnehmen der Realität und das Denken ersparen. Doch Chef sein hat eben seinen Preis: Man muss seine Mitarbeiter beobachten, mit ihnen reden und bei allem seinen Kopf gebrauchen.

Margot hatte vor kurzem als Außendienstmitarbeiterin eines Telekommunikations-Unternehmens begonnen. Ihre Aufgabe war, Klein- und Mittelbetrieben der Region bedarfsorientierte Kommunikationslösungen anzubieten. Ihre Erfahrungen im Vertrieb beschränkten sich auf den Verkauf im Einzelhandel. Nach technischer Schulung besuchte sie ihre ersten Kunden. Markus, ihr Chef, war angetan von ihrer Euphorie. Er ahnte aber aufgrund eigener Erfahrungen, dass die Euphorie bald verzweifelter Resignation Platz machen würde. Margots Verkaufsziele waren hoch gesteckt und Klein- und Mittelbetriebe waren aufwändige Kunden, die sich trotz mehrfacher Besuche nur schwer entscheiden konnten, Geld auszugeben.

Markus beobachtete ihre Auftragsentwicklung täglich; nach kurzem anfänglichem Höhenflug brachen die Zahlen rasch ein – wie er erwartet hatte. Markus wusste: Jetzt bin ich als Führungskraft gefragt. Das Engagement wird rapide sinken, da muss ich gegensteuern." Getreu dem Konzept des differenzierten Führens begann er, Margot in täglichen Gesprächen Ratschläge zu erteilen und sie zu motivieren.

Margot hörte sich das einige Tage an, bis ihr der Kragen platzte: „Chef, was soll das? Ich komme gut zurecht. Sie brauchen mich nicht mehr zu betreuen als die anderen. Mir ist klar, dass die Zahlen gerade nicht gut ausschauen, aber ich lerne daraus. Ich gehe auch manchmal mit Dieter und Hilde mit, um zu beobachten, wie die das machen. Sie werden sehen, in ein paar Wochen hab ich den Bogen raus, sie können den Sekt jetzt schon kalt stellen."

Modelle sind gut, die Realität ist anders. So sind die Menschen: halten sich einfach nicht an theoretische Modelle, sondern sind, wie sie sind. Mit vorgedachten Konzepten vor dem Kopf kann man eben seine Mitarbeiter nicht mehr gut wahrnehmen. Mit seinen Mitarbeitern oft zu reden, ist eine gute Idee, doch man sollte dabei auch zuhören können, um eine Ahnung davon zu bekommen, was sie von Ihnen als Chef wirklich brauchen. Als Chef sollten Sie erkennen, ob Mitarbeiter gut unterwegs sind oder nicht. In Kapitel 3 lesen Sie unter anderem, was „Gut-unterwegs"-Sein bedeutet, nämlich auf evolutionäre Weise Mehrwert zu schaffen. Dort lesen Sie auch, welche Stärken dafür aktiviert sein sollten.

Alles sehen. Das Konzept des differenzierten Führens ist zumindest der Versuch, Menschen unterschiedlich wahrzunehmen. Ebenso bedeutend wie Kompetenz und Engagement sind aber auch der Umgang mit Herausforderungen, die Art und Weise, wie der Mitarbeiter geführt werden oder wie er Anerkennung empfangen möchte oder welche Arbeits- und sozialen Rahmenbedingungen er gerne hätte. Nur Teilaspekte des Mitarbeiters wahrzunehmen, verfälscht das Verstehen dieses Menschen und behindert Kommunikation und Führung.

Ein Konzept für Newcomer. Ein großes Unternehmen mit weltweiten Standorten gestaltete ein einheitliches Konzept zur Aus- und Weiterbildung von Führungskräften. Erfahrene Manager erhielten jährlich ein 360-Grad-Feedback, dessen Ergebnis und weitere Entwicklungsschritte gemeinsam mit einem persönlichen Mentor besprochen wurden. Junge und unerfahrene Führungskräfte lernten neben einer Reihe persönlichkeitsbildender Maßnahmen das Konzept des differenzierten Führens als Einstiegsdroge. Nach ersten Erfahrungen damit besuchten sie Aufbauseminare, in denen sie sich breites Wissen über Kommunikation und Interaktion aneigneten. Das Konzept des differenzierten Führens ist wie geschaffen für Führungskräfte ohne Erfahrung (großes Engagement und geringe Kompetenz). Mit steigender Kompetenz sollten aber auch die Ansprüche an die Führungskraft steigen. Da verlieren triviale Konzepte ihren Sinn als

Instrument und sollten rasch durch komplexeres Denken und Handeln als Chef abgelöst werden. So gesehen sind die vier Phasen des differenzierten Führens ein Hit für Newcomer.

Manager oder Mentor. Die Unterscheidung zwischen dirigierendem und sekundierendem Führen ist nützlich, doch wir können nicht annehmen, dass sich alle Mitarbeiter in einer neuen Aufgabe gleich verhalten. Als Chef ist es Ihre Aufgabe, die Mitarbeiter in Ihrer Entwicklung zu beobachten. Der Rahmen Ihrer Beobachtung ist: Braucht mich der Mitarbeiter als Manager oder als Mentor?

- Der Manager schafft die Rahmenbedingungen, verteilt die Aufgaben und kontrolliert.
- Der Mentor berät, unterstützt und entwickelt den Mitarbeiter.

Der Manager in Ihnen ist gefragt, wenn der „technische Rahmen", wie Know-how und Rahmenbedingungen, zu verändern ist. Der Mentor wird gebraucht, wenn es um das „Psychotop Mensch" geht. Er bereinigt Konflikte, stärkt das Selbstvertrauen und eröffnet dem Mitarbeiter die Chance zu lernen. Um festzustellen, was Sie tun sollten, damit Ihr Mitarbeiter die erwarteten Ergebnisse erzielt,

- beobachten Sie, ob Handlungsbedarf als Chef gegeben ist,
- nehmen Sie wahr, was der Mitarbeiter jetzt gerade braucht (kann der „technische Rahmen" verbessert werden oder das psychosoziale Gefüge?), und
- vereinbaren Sie mit dem Mitarbeiter die Veränderungsmaßnahmen als Manager oder Mentor.

Ein Chef ist kein Psychologe. Der landläufige Einwand sei vorweggenommen: „Ich bin Manager und habe weder eine Ausbildung als Psychologe noch eine als Psychotherapeut und habe auch keine Zeit, mich mit seelischen Wehwehchen zu beschäftigen." Dieser häufige Versuch, das Kind mit dem Bade auszuschütten, ignoriert die Tatsache, dass Menschen keine Maschinen sind. Führungskräfte, die nur managen, sind langfristig erfolglos, genauso wie Führungskräfte, die sich hauptsächlich als Mentor sehen. Als Chef können Sie sich vor keiner dieser Verantwortungen drücken.

> *Peter ist Geschäftsführer einer Werbe- und Marketingberatung. Bei Besprechungen fällt ihm auf, dass Thomas, sein Prokurist, mehr als*

sonst raucht und Kaffee trinkt. Thomas hat die größte Erfahrung im Unternehmen und ist in seiner Arbeit gewissenhaft wie kein anderer.

Nach einem Meeting mit vollem Aschenbecher spricht Peter seinen Prokuristen darauf an. Nach einigem Herumreden gesteht Thomas, die häufigen öffentlichen Auftritte psychisch nicht verkraften zu können. Das Unternehmen steht immer öfter in der Öffentlichkeit, zuweilen sind diese Auftritte jedoch ungeplant und Thomas muss improvisieren. Er macht das exzellent, jedoch es zehrt an seinen Nerven, so sehr, dass er manchmal nachts schweißgebadet aus Angstträumen erwacht.

Peter vereinbart mit ihm, einen jungen Kollegen für diesen Teil seiner Arbeit aufzubauen. Er soll Thomas anfangs begleiten und sich dann bei den spontanen Auftritten seine Sporen verdienen. Thomas würde mittelfristig nur mehr bei geplanten Auftritten präsent sein.

Der Effekt. Bereits durch diese Vereinbarung wich der Druck von Thomas auch bei spontanen Aktionen. Peter hatte gut beobachtet und mit Thomas das Gespräch gesucht. Als Manager sah er, dass eine geänderte Aufgabenverteilung anstand, die ohnedies im Sinne eines Generationswechsels notwendig geworden war, und zog sie rasch durch. Thomas kann wieder mit Freude seinem Beruf nachgehen und der junge Mitarbeiter hat seine Chance. Seien Sie als Chef wachsam, egal, wie lange die Mitarbeiter ihre Arbeit schon tun, und geben Sie das, was Ihr Mitarbeiter braucht – den Chef als Manager oder Mentor. Und sollte einmal ein Konflikt bereits entstanden sein, weil die Aufgabe für Ihren Mitarbeiter zu groß oder zu einfach war, lesen Sie in Kapitel 4 nach: dort finden Sie die geeignete Strategie, mit der Sie den Konflikt rasch wieder lösen.

Irrtum Nr. 7: Ziele bestimmen die Zukunft

**Bevor Sie sich über falsche Wege ärgern –
zeigen Sie am Anfang auf den rechten.**

Planung versus Flexibilität. Henry Mintzberg, einer der interessantesten Vordenker auf dem Gebiet der Managementtheorien, sagte: „Es liegt in der

Natur der Planung, dass sie Kategorien definiert und erhält. Kreativität dagegen erschafft Kategorien oder ordnet die bestehenden neu an. Strategische Planung kann weder Kreativität hervorbringen, noch kann sie mit ihr umgehen, wenn sie aus anderen Quellen entsteht." Damit beschreibt Mintzberg das scheinbare Dilemma zwischen zielorientierter Planung und Flexibilität. Führen durch Zielvorgaben wurde in den 1990ern modern. Dazu gehört die Festlegung von Zielen und der Strategie, sie zu erreichen. Als Ziele gelten der Abschluss von Aufgaben, das Erreichen von Produktionszahlen, Kundenumsätzen oder Kennzahlen des Unternehmens.

Management by Objectives. Unternehmen dienen einem Zweck und sind an Ergebnissen ausgerichtet. Die Planung der Geschäftsleitung mündet in Unternehmenszielen, die sowohl zeitlich als auch organisatorisch detailliert werden. Das Gehalt von Managern wird oft an den Zielen und ihrem Erreichen ausgerichtet. Unangenehm für Manager dabei ist, dass eine Menge Einflüsse auf die vereinbarten Ziele wirken, die vom Manager so wenig steuerbar sind wie das Wetter (Politik, Steuern, globale und regionale Wirtschaftslage, Konkurrenz). Im Idealfall weiß jeder Mitarbeiter des Unternehmens, was der Chef von ihm kurz- und langfristig erwartet. Bleiben wir beim Idealfall, so wird die Leistung des Mitarbeiters an den Zielen gemessen und er erhält zyklisch Feedback, an dem er sich mit seinem weiteren Handeln orientiert.

Führen als Statistik oder Kunst. Solange das Definieren von Zielen als eine von vielen Führungsaufgaben wahrgenommen wird, bleibt die Kirche im Dorf. Führen durch Zielvorgaben als Führungsinstrument zu betrachten, reduziert Führungskunst auf die handwerkliche Fähigkeit, auf Basis statistischer Daten Ziele zu beschreiben und zu kommunizieren. Führen ist weit mehr als Zahlenspielerei, es ist zuallererst Menschenführung, und dazu brauchte es auch Ideen, Mut, Durchsetzungskraft, Menschenkenntnis, soziale Kompetenz und Menschlichkeit. Das gilt für einen „kleinen" Teamleiter genauso wie für den CEO eines Weltkonzerns.

Wenn nur Ziele wichtig sind. Chefs, die sich auf Führen durch Zielvereinbarungen verlassen, folgt die Rache auf dem Fuß. Mitarbeiter lernen durch das Verhalten der Führungskraft, als Konsequenz ist ihre Aufmerksamkeit einzig darauf gerichtet, die vereinbarten Ziele zu erreichen. Das muss aber nicht immer die sinnvollste und wichtigste Arbeit sein, die zu tun ist. Außerdem verzichten Mitarbeiter, die sich ausschließlich an vorgegebenen Zielen orientieren sollen, rasch darauf, eigene Ideen und Strategien zu entwickeln. Da Zielvereinbarungen nicht tagtäglich abgeändert werden können, sind sie zudem als Führungsinstrument unflexibel. Und manchmal sind Mitarbeiter kreativ, das vorgegebene Ziel auf Wegen zu erreichen, an die der Chef keineswegs dachte und die seinem Plan widersprechen.

Lara, Mutter zweier Söhne, ist verzweifelt: Peter, der Ältere der beiden, ist mit zwölf Jahren ziemlich aufgeweckt, doch dermaßen unordentlich, dass Lara manchmal glaubt, einen Müllwagen organisieren zu müssen, um Peters Zimmer wieder sauber zu bekommen. Er schafft es innerhalb kürzester Zeit, 15 Quadratmeter Wohnfläche zu verwüsten und, so meint Lara, unbewohnbar zu machen. Peter sagt, er braucht das Chaos, um sich wohl zu fühlen, aufgeräumte Zimmer findet er steril.

Lara ist nicht nur die Unordnung unangenehm, sie macht sich auch Sorgen um die Entwicklung ihres Sohnes; sie will ihn zu einem ordentlichen Erwachsenen erziehen. Es ist Zeit, eine Vereinbarung zu treffen: Lara kommt mit Peter überein, dass er sein Zimmer mindestens zweimal in der Woche aufräumt, so dass alle Sachen an ihrem Ort liegen.

Lara ist überrascht, wie gut das funktioniert: Zweimal die Woche lädt Peter seine Mutter ein nachzusehen, dann ist alles tipptopp sauber an seinem Platz. Lara ist zufrieden, bis sie eines Tages bemerkt, wie sich Gerhard, ihr jüngerer Sohn, in Peters Zimmer zu schaffen machte. Gerhard gesteht, dass er zweimal die Woche Peters Zimmer aufräumt und dafür einen Teil von seinem Taschengeld erhält. Lara denkt: In Summe sind meine Söhne ordentlich und geschäftstüchtig. Dennoch ist sie mit dem Ergebnis ihrer Erziehungsarbeit unzufrieden.

Flexibilität siegt. Es ist eben zu wenig, sich über Ziele, nicht aber über den Weg einig zu werden. Lara wollte Peter zur Ordnungsliebe erziehen, doch Peter war flexibel genug, seine Interessen und Mamas Anforderung unter einen Hut zu bringen. Ähnlich handeln Mitarbeiter, deren Chef Führen durch Zielvereinbarungen zum Paradigma erhoben hat und meint, das wäre ausreichend. Zu spät erkennen sie, dass ihnen nicht nur das Ergebnis wichtig ist, sondern auch die Art und Weise, wie die Aufgabe getan wird. Sie überraschen und verunsichern dann die Mitarbeiter mit Vorhaltungen über etwas, das nicht vereinbart war.

Sag mir, was du willst. Zielevereinbaren ist nicht bloß eine nette Idee, ohne Ziele ist Führen nicht möglich. Führen ohne Ziele wäre eine paradoxe Situation – Führen impliziert zumindest eine Ausrichtung. Man sollte nur nicht glauben, damit sei es getan:

- Das große Ganze muss kommuniziert sein: Was ist der Zweck des Unternehmens? Was sind die langfristigen Ziele? Welche Vision leitet alles? Und was hat das alles mit den Mitarbeitern zu tun, wie sind sie in Zweck, Langfristziele und Vision eingebunden?
- Das Ziel sowie die Art und Weise, wie sie erreicht werden sollen – also der Weg –, muss vereinbart sein.
- Die Art und Weise, wie die Ergebnisse kontrolliert werden, müssen dem Mitarbeiter klar sein.

Der Tennisverein beschloss, Viktor zum Sportwart zu ernennen. Viktor war vor kurzem in diese Gegend gezogen und hatte sich gleich im Verein engagiert. Durch seine vielen Ideen, wie man das Vereinsleben für die Mitglieder interessant gestalten kann, war er aufgefallen.

Sebastian, der Obmann, gratuliert ihm zu seiner Aufgabe und bespricht mit ihm bei einem Bier in der Kantine die weiteren Schritte. Der Verein sollte ein Ort sein, an dem sich Tennisbegeisterte jeden Alters wohl fühlen und Spaß haben. Sebastian beschreibt die Aufgaben, die Viktor übernommen hat, und was ihm dabei wichtig ist, und worum sich Viktor im nächsten Sportjahr kümmern soll. Die Errichtung einer Tenniswand ist zu organisieren und Spielgeräte für kleine Kinder sind zu beschaffen, damit die Eltern sie zum Spiel mitnehmen können. Das Budget dafür ist beschlossen.

Sebastian: „Mach bitte für beides einen Projektplan und maile mir monatlich einen Fortschrittsbericht.“ Er gibt Viktor freie Hand, seine Ideen zu verwirklichen, und räumt ihm dafür ein monatliches Budget ein; alles, was diesen Rahmen übersteigt, hat Viktor mit Sebastian zu besprechen.

Der Effekt. Der Vereinsvorstand war mit dem jungen Sportwart höchst zufrieden. Die Sache mit den Spielgeräten lief zwar nicht ganz glatt, weil sich aufgrund von Viktors Projektbeschreibung herausstellte, dass die Vorstandsmitglieder unterschiedliche Auffassungen von Spielgeräten hatten. Doch die Projekte liefen klaglos und Viktors Aktivitäten zogen eine Menge neuer Mitglieder an. Setzen Sie Ihren Mitarbeitern nicht nur Ziele, sondern auch Freiraum, den sie selbstbestimmt ausfüllen können. Bei allem Freiraum muss jedoch stets Einigkeit zwischen Ihnen und Ihren Mitarbeitern herrschen über den Weg, der zu gehen ist. Kapitel 7 gibt Ihnen Aufschluss darüber, wie Sie vollständig kommunizieren können, so dass nicht nur die Ziele klar sind.

Irrtum Nr. 8: Ich brauche eine Vision

Seien Sie visionär – oder lassen Sie es bleiben!

Spartakus' Vision. Peter M. Senge, Direktor am Center für Organizational Learning des MIT und Gründungspartner der Trainings- und Beratungsagentur Innovation Associates, die jetzt zu Arthur D. Little gehört, beschreibt in seinem Buch „Die fünfte Disziplin" die Wirkung von Visionen anhand des Films „Spartakus": Spartakus, der im Jahre 71 vor Christus ein Heer von aufständischen Sklaven anführte, wurde mit seinem Heer nach zwei Siegen vom General Marcus Crassus geschlagen. Crassus bot den überlebenden Sklaven an, Gnade walten zu lassen, wenn sie Spartakus ausliefern. Im Film steht Spartakus daraufhin auf und ruft: „Ich bin Spartakus", worauf der Mann neben ihm auch aufsteht und ruft: „Ich bin Spartakus", was ihm alle übrigen Sklaven einer nach dem anderen gleichtun. Die Loyalität der Männer galt weniger Spartakus selbst als seiner Vision von Freiheit.

Wer Visionen hat, gehört zum Arzt!? Die 90er Jahre waren geprägt von der Diskussion über die Sinnhaftigkeit von Visionen. Braucht ein Unternehmen, brauchen Mitarbeiter eine Vision oder ist die Vision eine Krankheit, die vom Arzt zu behandeln ist, wie ein österreichischer Politiker meinte? Was ist die Idee hinter dem schwer missbrauchten Begriff?

Die Macht der Vision. Peter M. Senge beschreibt in seinem Werk „Die fünfte Disziplin“ die gemeinsame Vision als eine der fünf Disziplinen. „Nur wenige Kräfte im menschlichen Dasein sind so machtvoll wie eine gemeinsame Vision. [...] Eine gemeinsame Vision ist eine Vision, der sich viele Menschen wahrhaft verschrieben haben, weil sie ihre eigene persönliche Vision widerspiegelt.“ Die Basis von Senges Überzeugung über die Kraft einer Vision ist Systemdenken – das sind, wie Senge in einem Interview im Sommer 1995 sagte, die konzeptionellen Fähigkeiten, die notwendig sind, damit man nicht einfach nur lineare Ursache-Wirkungs-Beziehungen wahrnimmt, sondern Feedbackschleifen erkennt und begreift. Feedbackschleifen können abschwächen (zum Beispiel Qualitätsmängel die Absatzzahlen) oder verstärken (Senge: „Visionen geben dem Streben der Menschen Auftrieb.“)

Was das Unternehmen leitet. Führen durch eine Vision heißt somit, als Chef einen persönlichen Leitgedanken, der die Zukunft positiv verändert, an die Mitarbeiter zu kommunizieren, die ihre persönliche Vision daraus entwickeln – ein Gesamtgebilde, das das ganze Unternehmen zum Erfolg trägt. Jedes Ziel, jede Planung, jede Handlung richtet sich nach dieser gemeinsamen Vision aus.

Ein Eldorado für Berater. Kohorten von Unternehmensberatern schwärmten in den 90er Jahren aus, um Unternehmen zu einer Vision zu verhelfen. Sie wurde von der Geschäftsleitung mühselig formuliert und verschwand meist nach zaghaften Versuchen, sie den Mitarbeitern zu kommunizieren, in der Kuriositäten-Schublade des CEO. Außer Spesen war nichts gewesen. Solange eine Vision nicht mit dem tiefen Glauben an sie und dem maßlosen Bedürfnis verbunden ist, sie Wirklichkeit werden zu lassen, sollte man eher von einem Leitsatz reden. Leitsätze sind – wenn sie gut formuliert sind – nett zu lesen und damit ist ihre Wirkung auch schon verpufft. Glaube und Bedürfnisse lassen sich nicht mechanisieren, indem man mit Hilfe externer Beratung ein paar ansprechende Worte zu Papier bringt, die die Mitarbeiter dann ohnedies nicht ernst nehmen (zumal der Chef die Gedanken auch nicht in der Realität lebt).

Die IT-Abteilung eines großen Logistik-Unternehmens hatte intern keinen guten Ruf. Ein neuer Abteilungsleiter sollte dem Abhilfe schaffen. Eine seiner ersten Maßnahmen war, eine Vision zu formulieren und diese mit dem daraus abgeleiteten Mission Statement ein-

gerahmt an allen Gängen des Bürotrakts aufzuhängen. In einigen Besprechungen versuchte er, die Teamleiter darauf einzuschwören. Bald waren die gerahmten Sätze von den Mitarbeitern heimlich mit ergänzenden Kommentaren versehen, die alles andere als Respekt vor den Ergüssen ihres neuen Chefs zeigten. Um sich vor den Firmenvertretern, die zu ihm kamen, um Entwicklungen zu besprechen, nicht zu blamieren, ließ er die gerahmte Vision regelmäßig reinigen.

Lieber gar nicht als konstruiert. Management-Schulen berichten von der sagenhaften Wirkung von Visionen. Gerne wird John F. Kennedy als Beispiel genommen, der in den 60er Jahren mit seiner Vision einen Amerikaner auf den Mond schickte. Senge: „Das führte zu zahllosen kühnen und mutigen Taten." Leicht wird dabei vergessen, dass eine Vision kein technisches Produkt ist und man keine Begeisterung erwarten darf, wenn man von Beratern eingeflüsterte Sätze auf Bürogängen aufhängt. Der Prüfstein sollte sein: Sobald ich darüber nachdenken oder mich beraten lassen muss, was meine Vision ist, habe ich keine und es lässt sich auch keine herausquetschen. Führungskräfte sind daher besser beraten, visionslos und solide ihre Kunst zu betreiben als mit Sätzen, die bestenfalls zum Lacherfolg werden.

Das Begeisterungsvirus. Der Psychologe und Entwickler der Bedürfnis-Pyramide Abraham Maslow widmete sich in späten Jahren dem Studium von Hochleistungsteams. Zu den auffälligsten Merkmalen der Teams gehörte eine gemeinsame Vision und Zielausrichtung. Menschen, die sich für eine Aufgabe begeistern, sind fähig, das Feuer, das in ihnen lodert, weiterzugeben. Begeisterung ist ansteckend! Sobald der Funke überspringt, entsteht Gemeinsamkeit mit der Idee, dass gemeinsames Handeln Sinn macht, nicht nur für sich selbst, sondern auch für die Gemeinschaft. Visionen sind höchst attraktive Zukunftsprognosen. Der Effekt dieser Anziehungskraft sind begeisterte Mitarbeiter, die an einem Strang ziehen.

- Fragen Sie sich selbst: Wovon bin ich begeistert oder wofür kann ich mich begeistern?
- Fassen Sie diese Begeisterung in ein Bild.
- Begeistern Sie damit Ihre Mitarbeiter.

In der Zeit, als die ersten Heimcomputer bereits mehr konnten, als grafisch simple Männchen über den Bildschirm flitzen zu lassen, schenkte Stefan seinem Sohn Bertram eines dieser Geräte zu Weih-

nachten. Einen großen Teil der Ferien verbrachten die beiden damit, ihre Joysticks zu malträtieren. Nach einiger Zeit sagte Stefan zu seinem Sohn: „Weißt du, diese Kiste kann viel mehr als diese Spiele. Es kommt mir fast so vor, als hätten wir einen Ferrari gekauft, um mit der eingebauten CD-Anlage die hippsten Songs anzuhören. Mit dem Ferrari kannst du doch ganz andere Dinge tun."

Tags darauf – die Idee hatte ihn nicht ruhen lassen – sagte er zu Bertram: „Sag mal, was hältst du davon, wenn wir selbst ein Spiel programmieren, eines, das noch toller ist als das, was wir schon haben. Wenn es wirklich gut ist, könnten wir es verkaufen und mit dem Geld bessere Programmier-Software kaufen. Dann programmieren wir was, das die Leute vom Hocker haut. Und deine Schulkollegen werden Augen machen!"

Bertram hörte zu und nickte. Ein paar Tage später kam er mit einigen Büchern aus der Bücherei unterm Arm nach Hause und zeigte sie seinem Vater; es waren Programmierhandbücher.

Der Effekt. Bertrams erste Versuche, mit seinem Vater Computerspiele zu basteln, wurden bald von professionellen Entwicklungen abgelöst. Bertram hatte damit seine Ausbildungsziele und seinen Beruf, eigentlich seine Berufung gefunden und wurde darin höchst erfolgreich. Stefans Interesse an Software-Programmierung wechselte ziemlich bald zu anderen Dingen, doch der Funke war übergesprungen. Darum lassen Sie Ihren Visionen freien Lauf, wenn Sie welche haben, und lassen Sie sich von ihnen zum Erfolg tragen. In Kapitel 3 lesen Sie mehr darüber, wie Sie als Chef es schaffen, Visionen nicht nur Himmelswolken sein zu lassen, sondern sie als konkrete Ergebnisse auf den Boden zu bringen.

Zusammenfassung

Irren Sie – aber richtig! Irren statt Dramatisieren

1. Autorität ist autoritär

Handeln Sie als Autorität. Wenn Sie Befehle erteilen wollen, tun Sie es nicht autoritär, sondern als Autorität mit Chef-Kompetenz, und schaffen Sie damit mehr Handlungsoptionen oder lassen Sie es bleiben!

2. Funktionen sind zu fixieren

Regeln Sie die Freiheit. Wenn Sie Regeln aufstellen, sagen Sie alles, was Ihr Mitarbeiter wissen muss, und geben Sie auch die Freiheit und das Know-how, sie zu brechen.

3. Motivation ist alles

Seien Sie alles. Sehen Sie als Chef das Ganze, denn Sie sind niemals Motivator (das können nur die Mitarbeiter selbst), sondern Initiator, Manager und Coach.

4. Kontrolle schafft Vertrauen

Vertrauen Sie nicht nur der Kontrolle. Stärken Sie das Selbstvertrauen Ihrer Mitarbeiter durch Kontrolle, die Lernen möglich macht – auf der Grundlage Ihres Vertrauens.

5. Vorbilder sind zum Nachahmen da

Machen Sie sich zum Gesamtkunstwerk. Seien Sie sich nicht zu gut, von anderen zu lernen, das Gelernte in Ihr Handlungsspektrum zu integrieren und daraus ein Gesamtkunstwerk von sich als Chef zu kreieren.

6. Differenziert ist differenziert genug

Schauen Sie auf Ihre Leute. Seien Sie als Chef wachsam, egal wie lange die Mitarbeiter ihre Arbeit schon tun, und geben Sie das, was Ihr Mitarbeiter braucht – den Chef als Manager oder Mentor.

7. Ziele bestimmen die Zukunft

Setzen Sie Ziele und reden Sie darüber. Setzen Sie Ihren Mitarbeitern nicht nur Ziele, sondern auch Freiraum, den sie selbstbestimmt ausfüllen können. Bei allem Freiraum muss jedoch stets Einigkeit zwischen Ihnen und Ihren Mitarbeitern herrschen über den Weg, der zu gehen ist.

8. Ich brauche eine Vision

Zwingen Sie sich nicht zu Visionen. Lassen Sie Ihren Visionen freien Lauf, wenn Sie welche haben, und lassen Sie sich von ihnen zum Erfolg tragen.

3 EVOLUTIONIEREN – MANAGER MACHEN MEHRWERT-MÖGLICHKEITEN

Führen Sie evolutionär statt revolutionär

EIN FÜHRER, DAS IST EINER,
DER DIE ANDEREN UNENDLICH NÖTIG HAT.
ANTOINE DE SAINT-EXUPERY

Das Unerwartete. Als Hofarzt bei dem Herrscher Nuhe-Samani nahm Avicena an einem höfischen Fest teil. Eine Hofdame trug eine große Obstschale auf. Als sie sich niederbeugte, um Avicena eine Frucht zu reichen, konnte sie sich plötzlich nicht mehr aufrichten und schrie vor Schmerzen. Der Hexenschuss hatte sie getroffen. Der Herrscher blickte streng zu Avicena und befahl, ihm sofort zu helfen. Avicena dachte krampfhaft nach. Er hatte seine Medikamente zuhause gelassen und musste neue Wege finden. Mit diesem Gedanken griff er in die Bluse des Mädchens. Dieses zog sich empört zurück und jammerte alsdann über die noch unerträglicher gewordenen Schmerzen. Der König war entrüstet über die Frechheit Avicenas. Aber noch bevor er etwas sagen konnte, griff Avicena behände unter den Rock der Hofdame und versuchte, ihr mit einem Ruck den Schlüpfer herunterzuziehen. Das Mädchen wurde rot vor Scham und wehrte sich mit einer heftigen Bewegung. Wie durch ein Wunder fielen die Schmerzen von ihr ab. Sie richtete sich frei von Schmerzen wieder auf. Avicena rieb sich zufrieden die Hände: „Sehr gut, auch ihr konnte geholfen werden."

So etwas wie Führen gibt es nicht. Führen als Begriff für das Ursache-Wirkungs-Prinzip zwischen Führer und Geführtem ist ein Traum. Peter Drucker sagte schon in den 90er Jahren: „Nur wenige Führungskräfte sehen ein, dass sie letztlich nur eine einzige Person führen können und auch müssen. Diese Person sind sie selbst." Trotzdem schossen gerade in diesem Jahrzehnt die Führungstheorien aus dem wissenschaftlichen Boden wie die Pilze. Kybernetik und Systemtheorien beweisen Peter Druckers Aussage: Geführte verhalten sich im Sinne der Systemtheorie als geschlossene Systeme – das heißt: sie haben immer Entscheidungsfreiheit (auch wenn sie selbst daran zweifeln). Mitarbeiter können den Auftrag schnell oder langsam, perfekt oder schlampig erledigen oder ihn ablehnen, sie können sich begeistern, sie können implizit oder explizit kündigen. Wie können wir dann noch immer glauben, dass so etwas wie Führen möglich ist?

Wenn der Preis zu hoch ist. Das Missverständnis erklärt sich durch unsere Geschichte. Seit Menschen miteinander leben, versuchen sie einander zu beeinflussen. Der Anführer der Horde scharte die anderen um sich und sicherte damit der Gruppe das Überleben. Fürsten hatten Hofstaat und Leibeigene. Jahrtausendelang funktionierte diese Art von Hierarchie. Ausschlaggebend war der Preis, den Menschen zu bezahlen hatten, wenn sie dem Auftrag nicht folgten. Eine Horde, die um die Führungsposition ringt, ist im Kampf ums Überleben verloren. Der Leibeigene musste seinen Ungehorsam mit dem Tod bezahlen. Wenn das nackte Überleben der Preis ist, entsteht rasch der Glaube, als Untertan Marionette und als Führer Drahtzieher zu sein.

Schnäppchen-Preise. Was ist heute der Preis für Ungehorsam? Was geschieht, wenn der Mitarbeiter eines Unternehmens seinen Auftrag schlecht oder nicht erfüllt? Die Bandbreite reicht von keiner Konsequenz bis zu Kündigung. Der Preis ist längst nicht mehr hoch genug, um sklavisch folgen zu müssen. Nicht ohne Grund stand zu Beginn der industriellen Entwicklung gleichzeitig die Motivationsforschung in voller Blüte. Die Erfahrungen hunderter Generationen im Hinterkopf, verzweifelten Führungskräfte angesichts des Wortes Motivation. Die Realität beweist ihnen tagtäglich, dass Führen als Ursache von Geführtwerden nicht existiert.

Wozu brauchen wir einen Chef? Was ist Führen, wenn der mechanistische Ansatz von Ursache und Wirkung nicht funktioniert? Und warum gelingt es Menschen dennoch, andere zu begeistern, Abläufe zu ordnen, Fehlentwicklungen gegenzusteuern und bei all dem den Teamgeist zu bewahren? Wenn die Beantwortung dieser Art von Fragen nicht leicht fällt (die Regale der Buchläden sind voll von solchen Versuchen), dann tut es gut, das Thema aus einer höheren Ebene zu betrachten. Dort stellen sich Fragen, die eher zu nützlichen Ergebnissen führen: Wozu braucht ein Unternehmen überhaupt Führungskräfte? Weil jemand sagen muss, wo es lang geht? Weil Menschen Fehler machen und kontrolliert werden müssen? Weil ohne die strenge Hand nichts weitergeht? Das mag alles seine Berechtigung haben. Doch kein Unternehmer engagiert eine Führungskraft, weil er sie als Wegweiser, Kontrollor oder Animateur braucht. Trotzdem zielt vieles, was über Führung geschrieben wird, auf diese Mechanismen ab und greift damit zu kurz.

Der Mehrwert macht's. Organisationen haben die Funktion, materiellen oder ideellen Mehrwert zu schaffen. Unternehmen werden geführt, um den Kunden Nutzen zu stiften und Gewinn zu erwirtschaften, Glaubensgemeinschaften haben den Zweck, Glauben zu verbreiten und zu vertiefen, Gewerkschaften sollen Arbeitnehmer vor den Risiken des kapitalistischen Systems schützen. Selbst der Kegelklub besteht als Verein, damit die Mitglieder Dinge erleben können, die ihnen als Individuum verschlossen blieben. Bilanztechnisch ist dieses Faktum klar definiert: Unternehmer beschaffen Kapital, das sie zu Vermögen aktivieren, und managen dieses so, dass es sich am Ende des Bilanzjahres vermehrt hat und als Gewinn dem Kapital zugeführt werden kann.

Führen heißt Mehrwert-Möglichkeiten entwickeln. In dieser Verantwortung stehen Sie als Chef: Sie tragen die Verantwortung für Mehrwert. Die entscheidende Frage dabei ist: Tun Sie es, indem Sie permanent dafür sorgen, dass Mehrwert produziert wird – das wäre die simple und anstrengende Variante, die noch dazu zwingend von Ihrem ununterbrochenen Engagement abhängt (und früher oder später im Burn-out endet) – oder schaffen Sie Mehrwert, indem Sie die Voraussetzungen dafür herstellen – also Mehrwert-Möglichkeiten entwickeln? Als guter Chef initiieren Sie einen Rahmen von Einstellungen, Fähigkeiten und Strukturen im Unternehmen, innerhalb dessen Mehrwert nicht mehr verhindert werden kann. Die generative Wirkung der Mehrwert-Möglichkeiten erlaubt es Ihnen, als Chef auch mal nicht anwesend zu sein. Das sollten Sie natürlich auch aushalten können. Damit haben Sie jedenfalls den Raum, wichtige Gedanken zu denken, den Sie sich vielleicht schon lange wünschen.

Mehrwert durch Kaffeeplausch? Mit dem Fokus der Mehrwert-Möglichkeiten stellen sich plötzlich andere Fragen als bisher: Wodurch bilden Sie Mehrwert-Möglichkeiten? Durch Kontrolle, das Machtwort, die salbungsvollen Worte zu Weihnachten, die jährlichen Feedback-Gespräche oder den regelmäßigen Kaffeeplausch mit den Mitarbeitern oder …? Wie weiß ich als Chef, Manager, Obmann oder Teamleiter, dass ich mit meiner

Handlung Mehrwert-Möglichkeiten initiiert habe? Das ist somit der ultimative Prüfstein für alles Denken und Handeln als Führungskraft. Wir werden diese Fragen im Folgenden beantworten, so dass sie als Führungskraft jederzeit leicht bestimmen können, ob Sie mit Ihren Taten Ihrer Funktion als Chef gerecht geworden sind.

In diesem Kapitel lernen Sie,

- welche Stärken Sie als Chef brauchen, um Mehrwert-Möglichkeiten zu initiieren,
- wie Sie diese Stärken nützen, optimal zur Geltung bringen und
- wie Sie „nach unten" und „nach oben" Mehrwert-Möglichkeiten sicherstellen können.

Die drei Dimensionen des Führens

Das Tao bringt die Eins hervor.
Die Eins bringt die Zwei hervor,
die Zwei bringt die Drei hervor,
die Drei bringt alle Dinge hervor.

Laotse

Die Mehrwert-Stärken. Stellen wir uns zunächst die Frage: Welche Stärken müssen Sie als Chef aktivieren, um Mehrwert-Möglichkeiten zu erzielen? Damit meinen wir nicht die in der Literatur über Führen genannte Fülle detaillierter Eigenschaftszuschreibungen, wie Teamfähigkeit, unternehmerisches Denken und dergleichen. Auch hier hilft es uns, eine Ebene höher zu gehen und allumfassende Kategorien von Stärken zu bestimmen.

Alles ist drei. Der Universal-Wissenschaftler Charles Sanders Peirce gibt uns den entscheidenden Hinweis zur Zahl dieser Kategorie. Zu Beginn des 20. Jahrhunderts bewies er aufbauend auf Hegels „Phänomenologie des Geistes", dass sich alle Elemente des Geistes auf drei Kategorien aggregieren lassen. Große Philosophen und Psychologen bestätigen diese These: Platon formulierte drei existenzielle Ideen: das Wahre, Schöne und Gute, Aristoteles modifizierte sie zum Nützlichen, Lustvollen und Guten.

Freuds Psychologie kennt die drei Prinzipien von Realität, Empathie und Lust. Die Transaktionsanalyse unterscheidet die drei Ich-Instanzen Erwachsenen-Ich, freies Kind und fürsorgendes Eltern-Ich. Viele Religionen postulieren eine Dreiheit, wie Vater, Sohn und Heiliger Geist im Christentum oder Dharma, Buddha und Sangha im Buddhismus. All diese Ansätze korrespondieren mit der klassischen Trias von Geist, Körper und Seele.

Management durch Steuerung. Wenn die großen Denker dieser Welt alles auf eine Dreiheit zurückführen: Welche drei Stärken sind dann die Komponenten unserer Entwicklung, mit denen wir Mehrwert-Möglichkeiten schaffen? Um diese Frage zu beantworten, bleiben wir zunächst technisch. Die Steuerungstechnik kennt drei Eigenschaften, die sicherstellen, dass ein System trotz sich ändernder Umweltbedingungen seine Funktion aufrechterhält. Betrachten wir diese drei Eigenschaften am Beispiel eines Heizungssystems. Das geplante Ergebnis des Unternehmens „Raumheizung“ ist, die Raumtemperatur zwischen 20° C und 22° C zu halten. Die erste Kraft – die Schaltung – hat die Idee, die Heizung einzuschalten. Die zweite Kraft – die Heizung – vollzieht die Idee und heizt den Raum so lange, bis die dritte Kraft – der Thermostat – erkennt, dass es bereits 23° C im Raum hat. Die Schaltung weiß, was zu verändern ist, und gibt der Heizung den Auftrag: Heizung aus. Nennen wir diese drei Kräfte

1) Flexibilität (Schaltung),
2) Aktivität (Heizung),
3) Sensibilität (Thermostat).

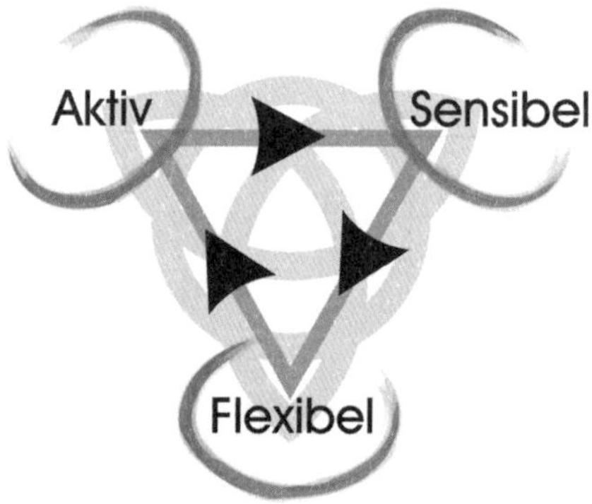

Darwins Dreiheit. Die Evolution macht es nicht anders.

- ***Flexibilität:*** Die Flexibilität der Natur ist grenzenlos: sie generiert Mutationen,
- ***Aktivität:*** die im aktiven Leben durch Selektion ihre Lebensfähigkeit gegenüber Unbilden und Feinden beweisen müssen. Aktive und lebenstüchtige Mutationen überleben,
- ***Sensibilität:*** orientieren sich an der Umwelt und reifen durch Stabilisation damit zu einem Entwicklungsstandard.

Keine der drei Kräfte wäre für sich alleine im Stande, das Leben weiterzuentwickeln. Ohne Mutationen würden auf dieser Welt auch heute bloß Einzeller in der Ursuppe des Lebens schwimmen, sich paaren und sterben. Mutation schuf Artenvielfalt. Doch Mutationen entstehen zufällig, sie müssen den Nutzen ihrer Eigenschaften im täglichen Überleben beweisen. Würde Gott entscheiden, alle Mutationen zu bewahren, wäre alles Leben hilflos und schwach. Selektion und Stabilisation bewahren jene Zufallsmutationen, welche die Krisen des Lebens am besten überstehen.

Der Kreislauf der Unternehmensevolution. Damit haben wir gleichzeitig die Stärken und den Zyklus eines Unternehmens beschrieben.

- ***Flexibilität:*** Die Mutationen, die der Unternehmer initiiert – also die innovativen Ideen, Visionen und Strategien – entstehen allerdings nicht zufällig; ihre Quelle sind Erfahrungen und Know-how.
- ***Aktivität:*** Praxistauglichkeit beweisen die Strategien, wenn sie, in Struktur- und Aktivitätspläne gegossen, in der Praxis umgesetzt und dem Controlling ausgesetzt werden – also Aufgaben des Managements.
- ***Sensibilität:*** Die Führungskraft hat die Aufgabe, Plan und Ist in Kooperation mit ihren Mitarbeitern möglichst zur Deckung zu bringen, dabei Mehrwert zu erwirtschaften und damit das Wachstum zu sichern.

Von den drei Kräften initiatives Unternehmertum, Management und Führung hat das Führen am meisten mit Menschen zu tun. Der Mehrwert, den die Führungskraft generiert, fließt auf vielfache Weise wieder in das Unternehmern ein: Der Gewinn kann für Investition und Innovation genützt werden, der Vorteil der Partner stärkt die Partnerschaft und das finanzielle und persönliche Wachstum der Mitarbeiter stärkt das Unternehmen und erweitert das Spektrum der Möglichkeiten. Der Unternehmer kann auf dieser gehobenen Basis seine Visionen und Strategien ausbauen und setzt damit die Initialzündung für weiteren Mehrwert. Der Kreislauf der Unternehmensevolution ist damit geschlossen.

Eva, die Leiterin eines kleinen Privatkindergartens, will sich mit der Betreuung der Kinder nicht zufrieden geben. Sie startet mehrere Projekte, deren Ziel ist, den Kindern ein breites Spektrum an Lernen zu bieten. Sie engagiert eine Motopädagogin, die einmal pro Woche die Kinder zu motorischem Lernen anleitet. Ein Töpfer bringt wöchentlich Werkzeug und Material mit und brennt die von den Kindern geschaffenen Kunstwerke. Eine pensionierte Biologielehrerin erzählt den Kindern, unterstützt durch Fotomaterial und Kurzfilme, über die Wunder der Natur. Sie selbst übt mit ihnen das Grund-Vokabular der englischen Sprache. Die Vortragenden spüren Evas Begeisterung und kommen trotz geringer Bezahlung gerne.

Eva organisiert die Projekte sorgfältig; die Projektstunden laufen regelmäßig; wenn jemand ausfällt, sorgt sie für ein Ersatzthema. Sie beobachtet und dokumentiert den Lernfortschritt und informiert die Eltern laufend. Die Eltern erkennen bald Professionalität und Nutzen der Initiativen und sind bereit, dafür Geld auszugeben.

Eva sorgt dafür, dass die Vortragenden in regelmäßigen Treffen ihre Erfahrungen mit den einzelnen Kindern abstimmen. Später vereinbaren sie, sich thematisch abzustimmen: im Frühling zum Beispiel widmen sie alle Aktivitäten dem Thema „Blüten der Natur“. Als der Mann der pensionierten Biologielehrerin stirbt, fehlt ihr anfangs die Kraft, sich wieder mit Kindern zu beschäftigen. Eva gelingt es, sie zu überzeugen, dass noch viel Leben auf sie wartet.

Wenn etwas klappt, wird es auch angenommen. Die Mundpropaganda wirkt, Eva erhält vermehrt Zulauf. Trotz steigender Einnahmen hat sie weit mehr Ideen als Geld zur Verfügung.

Die drei Entwicklungsdimensionen. Eva hat alles drauf. Sie weiß als Unternehmerin, wann die Zeit reif ist für ihre Idee, und als Managerin setzt sie die Ideen konsequent um. Sie weiß auch: Gute Organisation ist so wichtig wie eine gute Idee. Die Beteiligten merken sehr früh, dass Eva nicht vorhat, romantische Ideen ein bisschen auszuleben. Sie setzt ihre Energien ein, um den Kindergarten und die Kinder weiterzuentwickeln. Den Vortragenden gibt sie als Führungskraft das Gefühl, für eine gemeinsame Sache zu arbeiten, und sie ist präsent, wenn sachliche oder zwischenmenschliche Probleme auftauchen. Damit gibt sie den Projekten Stabilität.

Die drei Führungsdimensionen. Damit ist definiert, welche Stärken exzellente Unternehmen zum Ausdruck bringen, um Mehrwert zu schaffen. Wenden wir uns nun den Führungsstärken zu. Wir zoomen in das Modell des Unternehmens und betrachten im Sinne von Charles Sanders Peirce auf höchster Ebene die drei Aufgaben einer Führungskraft:

- ***Flexibilität:*** Die Führungskraft fördert als Initiator Ideen und gibt Handlungsspielraum.
- ***Aktivität:*** Die Führungskraft fördert als Manager realisierbare Pläne und deren praktische Umsetzung.
- ***Sensibilität:*** Die Führungskraft fördert als Coach Sensibilität in Bezug auf das Thema (im Sinne positiver Kritik) und den Menschen (im Sinne von Empathie).

Der Chef als Coach? Anhand der drei Führungs-Dimensionen ist leicht erkennbar: Coaching ist kein Führungs-Stil, sondern eine Handlungs-Option der Führungskraft, die in manchen Situationen Sinn macht. Coaching wird im allgemeinen Sprachgebrauch als Beratung verstanden. Dieses Synonym ist missverständlich, da Beratung nur in Form von Know-how-Transfer möglich ist – das heißt: als Chef müssten Sie, um beraten zu können, im gefragten Sachgebiet mehr wissen als Ihr Mitarbeiter. Das kann zutreffen, muss aber nicht. Um zu beraten, sind erfahrene Kollegen auch besser und ökonomischer als die Führungskraft.

Coaching ist Lernen. Coaching ist nach unserem Verständnis anlassbezogenes Lernen – also ein Prozess, der strukturell vom Coach gefördert wird und dem Coachee Lernen in Bezug auf einen deklarierten Anlass erleichtert. Der Coach setzt den Lernrahmen, der Coachee lernt. Der Prozess wirkt – im Gegensatz zur Beratung – generativ, das heißt, der Coachee wendet die von ihm entwickelte Lernerfahrung nicht nur für den Anlassfall an, sondern auch in anderen Kontexten und Situationen. Der Chef als Coach schafft somit den Rahmen für das Generieren von Mehrwert-Möglichkeiten, der Mitarbeiter als Coachee nutzt die Möglichkeiten und schafft Mehrwert.

Nur alles. Wie der Evolution der Natur ist exzellenten Führungskräften jede dieser Aufgaben gleich wichtig. Sie kennen die Bedeutung der drei

Aufgaben und vernachlässigen keine. Allgemein wird je nach Einstellung zum Geschäft angenommen, es sei am wichtigsten, aktiv zu sein oder vorsichtig. Der Milliardär Warren Buffett sagte: „Manager-Intellekt verwelkt im Konkurrenzkampf mit dem Adrenalin. Das Jagdfieber hat die Jäger für die Konsequenzen der Jagd blind gemacht.“ Man kann auch in Aktivität erstarren, genauso wie in der Generierung von Ideen: zu viele davon lenken von der eigentlichen Aufgabe ab. Michael Dell sagte dazu: „Es geht nicht darum, eine brillante Konzeption der besten Ideen zu haben, bevor man ein Unternehmen gründet, sondern eher darum, aus den eigenen Fehlern zu lernen und sie nicht zu wiederholen – und sicherzustellen, dass diese Lektionen weitergegeben werden, während die Organisation weiterwächst.“

Der Chef als Gärtner. Mitarbeiter könnten ohne ausreichenden Handlungsspielraum, der kreative Gedanken zulässt, weder Probleme lösen noch Neues entwickeln. Abgesehen davon sind das entscheidende Kriterien für Selbstverwirklichung, die wiederum Voraussetzung ist für Motivation. Mitarbeiter müssen auch in der Lage sein, Visionen auf den Boden zu bringen und im Tal der Realität das Pflänzchen gedeihen zu lassen. Und das Pflänzchen muss auch gepflegt werden, Mitarbeiter müssen vorausahnen, welche Unbilden auf das Wachstum der Pflanze zukommen könnten, und entsprechend vorsorgen. Ihre Aufgabe als Führungskraft ist, für all das Impulsgeber zu sein.

Der Führungskreislauf

Die weise Wahl. Diese drei Aufgaben sind nicht das ganze Geheimnis des Erfolges exzellenter Führungskräfte. In jeder Führungssituation stellt sich die Frage: Welche der drei Aufgaben ist der längste Hebel? Ist es egal, welche von den dreien Sie zur Geltung bringen? Ist die Wahl abhängig vom Menschentyp des Mitarbeiters oder sollten wir einfach das wählen, was uns am besten liegt? Was sind die Kriterien, anhand deren ein Chef weiß, auf welche der drei Aufgaben er sich wann konzentrieren soll?

Thomas ist Abteilungsleiter in einem Elektrofachmarkt einer Handelskette. Er hat die Ruhe weg. Seine Mitarbeiter streiten seit zwan-

zig Minuten über die Positionierung der Kaffeemaschinen für das Weihnachtsgeschäft, dass bildlich gesprochen die Fetzen fliegen. Eigentlich wollten sie die Neuverteilung der Produkte im Verkaufsraum festlegen, um die trendigsten Produkte optimal zu präsentieren. Bei den Kaffeemaschinen ist die Diskussion eskaliert. Peter, ein findiger Geist, hatte vorgeschlagen, einen Bereich für alles zu schaffen, was mit Kaffee zu tun hat, und ihn orientalisch zu gestalten. Gustav und Dieter meinten fast wortgleich: „Wir sind ein Elektronikgeschäft und kein Gewürzladen." Peter ließ sich nicht entmutigen: „Und was ist, wenn wir die Kaffeemaschinen zu einer Skulptur zusammenstellen, die aussieht wie ein Roboter? Dann sind wir thematisch bei Elektronik." Gustav sah Dieter an, schüttelte den Kopf und zischte: „Und wie sollen wir mit dieser Skulptur zeigen, was die Maschinen können? Auf ihre Schultern klettern und die Saeco runterholen?"

Als die Diskussion auch für Thomas' Geduld zu lange ergebnislos läuft und er sich seiner Rolle als Chef gewahr wird, sagt er: „Leute, die Streiterei geht mir auf die Nerven. Ich finde die Idee mit der orientalischen Nische gar nicht schlecht. Wir könnten sie rechts neben den Großbildfernsehern platzieren und wir bringen die Kunden mit frischem Kaffee in Kauflaune."

Gustav und Dieter überbieten sich daraufhin mit Argumenten, warum diese Idee nutzlos, kostspielig und nicht machbar ist, bis Thomas die Besprechung abbricht und vertagt.

So nicht. Sie meinen, Thomas hat seine Leute nicht im Griff. Das mag schon sein, doch was sollte er anders machen: mehr Härte zeigen und auf den Tisch hauen und damit das Drama noch weiter treiben? Oder hätte er an die Konsensfähigkeit der Leute appellieren sollen? Wahrscheinlich hätten dann alle unisono beteuert, ohnedies nur das Beste zu wollen, was wohl auch wahr sein mag. Oder hätte er eine einsame Entscheidung treffen sollen? Doch daraus hätten die Mitarbeiter bloß gelernt, dass ihre Meinung sowieso nicht gefragt ist. Ist es also eine jener Situationen, die Führungskräfte ratlos zurücklässt?

Der rechte Kreislauf der Evolution. Sehen wir uns die Aktivitäten der Arbeitsgruppe genauer an und ordnen sie den drei Aufgaben einer Führungskraft zu. Thomas hatte ein Gesprächsziel festgelegt und Peter startete mit einer Idee (Flexibilität) – er war damit Initiator eines Entwicklungsprozesses. Gustav und Dieter machten Einwände geltend. Sie beurteilten die Wirkung der Idee auf die zukünftige Realität, eine Leistung, die der Temperaturmessung im Heizungssystem gleichkommt (Sensibilität). Auf die Kraft der Flexibilität folgte also unmittelbar die der Sensibilität, der Kreislauf der Besprechung bewegte sich damit in eine Richtung, die der Evolution entgegenarbeitet. Dass diese Bewegung ein Rückschritt (Revolution) ist, war auch im Meeting mit Thomas unmittelbar zu spüren. Peter reagierte darauf mit seiner Kraft als Initiator und verhärtete damit die Situation noch mehr.

Gott kritisiert nicht. Arbeitet die Evolution der Natur auch so? Wohl nicht, denn sonst würde jede Mutation bei ihrer Entstehung durch Gottes vernichtende Kritik verworfen werden. Die Natur zeigt es uns anders vor. Und auch Steuerungssysteme arbeiten anders, sonst würde der Temperatursensor mit seinen Messergebnissen die Heizung lahm legen. Sowohl die Natur als auch funktionierende Steuerungssysteme geben der Initiative die Chance, sich an der Realität zu messen. Die Natur nützt die drei Aufgaben in folgender Reihenfolge:

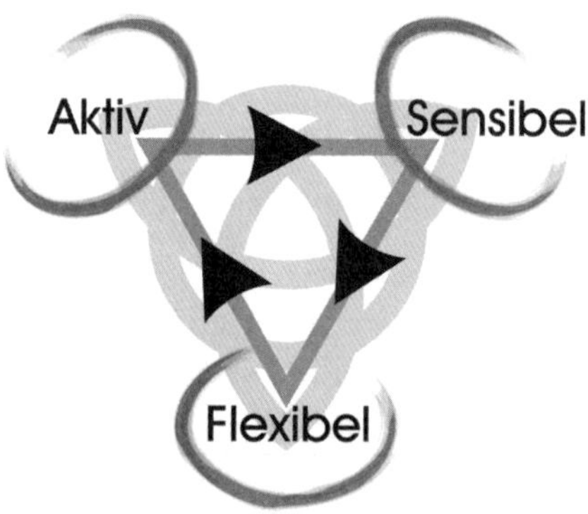

Die umgekehrte Reihenfolge führt zwangsweise zu Stagnation oder Rückentwicklung (siehe dazu auch Kapitel 4 über die Drama-Dynamik). Mit dieser Erkenntnis wird der von der Führungskraft initiierte Mehrwert messbar: Stellen Sie sich in jeder Führungssituation die Frage:

Fördere ich bei meinen Mitarbeitern durch mein Handeln den revolutionären oder den evolutionären Kreislauf der Aufgaben? Nur die Evolution schafft Mehrwert!

Peter äußert seine Idee, die Kaffeemaschinen in einer orientalischen Ecke zu präsentieren. Bevor sich die Kritiker zu Wort melden, fragt ihn Thomas: „Peter, wie könnte das praktisch aussehen?" Peter beschreibt detailliert den Aufbau und die Vorteile dieser Präsentation. Thomas fragt nun in die Runde: „Gut, und worauf sollten wir noch achten, damit die orientalische Ecke zur vorweihnachtlichen Erfolgsstory wird?" Nun sind Gustav und Dieter am Wort, doch mit diesem Rahmen werden ihre Aussagen zu konstruktiven Verbesserungsvorschlägen, die Peter gleich aufgreift und in seinen Plan einbezieht.

Mach mal Mehrwert. Peter hat nichts anderes getan, als den evolutionären Entwicklungskreislauf einzuhalten. Thomas hat durch seine Frage bei seinen Mitarbeitern einen Denkprozess in Gang gesetzt, der vorher nicht gedacht wurde: Wie kann diese Idee Realität werden? Peter stellt den Realitätsbezug her und die beiden Gewohnheitskritiker Gustav und Dieter können nur den Plan kritisieren und nicht mehr die Idee. Und dass der Plan noch verbessert werden kann, steht außer Zweifel. Damit leisten auch die beiden einen konstruktiven Beitrag zur Lösung. Thomas hat durch seine evolutionären Impulse auf mehreren Ebenen Mehrwert erzielt. Auf der Ebene der Geschäftstätigkeit hat eine neue Idee die Chance erhalten, den Verkaufserfolg anzukurbeln. Auf der Ebene der sozialen Interaktion haben die Mitarbeiter gelernt, Ideen zu würdigen und einem Planungskreislauf auszusetzen. So nebenbei haben sie erkannt, dass ihr Chef als Chef nützlich ist.

Die Reihenfolge, die Mehrwert-Möglichkeiten schafft. Spinnen wir diesen Gedanken weiter: Wenn die Reihenfolge der genützten Kräfte relevant ist, bedeutet es, dass wir damit auch wissen, welche Kraft Führungskräfte in welcher Situation einsetzen müssen, um Mehrwert-Möglichkeiten zu schaffen. Andererseits ist jede Aktivität, welche diese Reihenfolge nicht nützt, auch nutzlos oder kontraproduktiv für das Unternehmen. Sehen wir uns dazu Beispiele an:

Vom Aktiven zum Sensiblen

Gerhard, Meister in einem Fertigungsbetrieb, stürmt in das Büro seines Chefs Rainer. „Ich schmeiß ihn raus, er ist einfach unfähig!" Gerhards Fäuste knallen auf den Tisch. Ein seinem Team zugeteilter Lehrling kann seine Anforderungen nicht erfüllen. Gerhard will ein Exempel statuieren, damit die anderen Lehrlinge sehen, was geschehen kann, wenn sie nicht spuren.

Aktivität ohne Mehrwert. Wenn wir Gerhards Wutausbruch einer der drei Aufgaben einer Führungskraft, also Flexibilität, Aktivität und Sensibilität, zuordnen, wird klar, dass Gerhard gerade besonders aktiv ist, aber keinen Schimmer von flexiblen Ideen hat und der Sensibilitätsgrad auf dem Gefrierpunkt gelandet ist. Aktiv ist er, das muss man ihm lassen. Wenn Gerhard dabei bleibt, wird er eine Menge verbrannter Erde hinterlassen, was sich nachhaltig negativ auf das Unternehmen auswirkt. Ein Rausschmiss eines Mitarbeiters ist – abgesehen davon, dass es bei Lehrlingen nicht so einfach geht – auch ein Zeichen dafür, dass die Führungskraft nicht geschafft hat, in ihrem Bereich Mehrwert zu initiieren.

Sensibilität aktivieren. Überlegen wir, was Rainer als Führungskraft tun kann, damit Gerhard dem evolutionären Kreislauf folgt: Wenn Rainers Handeln als Führungskraft Gerhard in seiner Aktivität belässt, wird sich der Konflikt stabilisieren und auf das gesamte Unternehmen gleichmäßig verteilen. Nach dem Hinauswurf wären Rainer und Gerhard mit der Situation unzufrieden und die Mitarbeiter würden sich fragen, wer als Nächster den Kriterien des Meisters nicht entspricht. Und was wäre, wenn Rainer Gerhard dazu anregt, Ideen zu entwickeln, bevor er sich in die Rolle des Lehrlings versetzt? Jede Idee würde ausschließlich von Gerhard stammen. Doch hier geht es nicht um Gerhard, sondern um den Lehrling! Ergebnis: Mehrwert ausgeschlossen. Es ist daher zunächst Sensibilität gefragt.

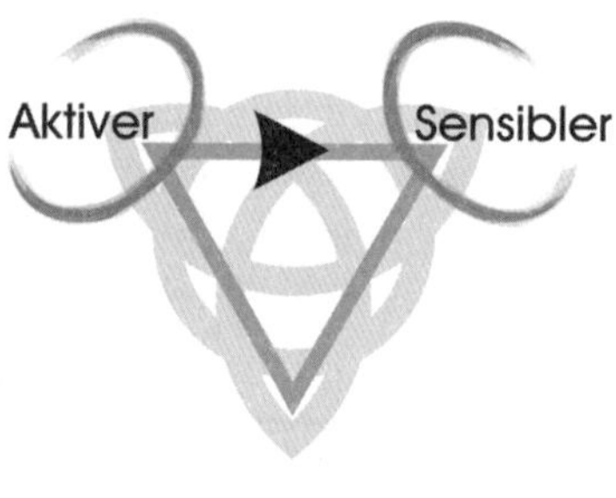

Rainer lässt Gerhard zunächst eine Zeit lang toben und sagt dann: „Gerhard, ich möchte das mal klären: Sie sind mit den Leistungen des Lehrlings nicht zufrieden und wollen ihn raus schmeißen. Geht es Ihnen also nur darum, dass Ihre Lehrlinge gute Arbeit leisten und spuren, oder geht es Ihnen auch darum, dass die Lehrlinge Sie als guten Chef wahrnehmen?" Gerhard nickt abwartend. „Ich befürchte allerdings, dass die anderen Lehrlinge den Hinauswurf als Führungsschwäche interpretieren. Das wäre das Gegenteil von dem, was Sie bezwecken. Wie sehen Sie das?" Gerhard murmelt: „Da haben Sie natürlich Recht." Rainer: „Gerhard, Sie sind mein Spezialist für die Ausbildung von Lehrlingen. Es liegt mir sehr am Herzen, dass die Lehrlinge bei uns was Ordentliches lernen und gerne in unserem Unternehmen arbeiten. Ich vertraue Ihnen, dass Sie das auch weiterhin meistern. Sie haben doch ein großes Herz und Gespür für Ihre Mädels und Jungs: Was könnte der Grund sein, dass er sich so verhält?" Gerhard bedankt sich für das Gespräch und verlässt grübelnd Rainers Büro.

Wage den nächsten Schritt. Nach beruhigenden Worten hat Rainer Gerhard mit seiner letzten Frage dazu angeregt, sich in die Rolle des Lehrlings zu versetzen. Damit ist der nächste Schritt in evolutionärer Richtung getan, Rainer hat die Bewegung in die richtige Richtung initiiert. Gibt es eine Garantie, dass der Lehrling sich in das Team integriert und gute Arbeit leistet? Nein, die gibt es nicht; doch die Wahrscheinlichkeit steigt. Gerhard wird sich in die Lage des Lehrlings versetzen und auf Basis seiner reichen Erfahrungen Ideen dazu entwickeln. Und dann wird er mit ihm reden, von Mann zu Mann. Der Mehrwert: Der Lehrling hat die Chance, sich zu integrieren und von seinem Chef zu lernen, wie man ein guter Chef ist, dem Unternehmen bleibt eine Personalkrise erspart und auch der Meister hat dazugelernt: „Bevor das nächste Mal die Pferde mit mir durchgehen, denke ich lieber darüber nach, was im Kopf des Mitarbeiters vorgeht." Bringen Sie also Aktive zunächst mit ihrer Sensibilität in Kontakt.

Vom Flexiblen zum Aktiven

Daniels Outfit kennzeichnet ihn als bunten Vogel in der Abteilung. Mit tausend Ideen löchert er seinen Chef Fredmut. Fredmut schätzt

Kreativität, aber sie sollte nicht zum Selbstzweck werden. Schließlich will er etwas bewegen in seiner Abteilung und da sind lustige Ideen nett, aber fruchtlos. Das Unternehmen importiert dekorative Objekte aus Ostasien und vertreibt sie an Einzelhändler. Daniels morgendlicher Erguss lässt Fredmut daher ziemlich kalt: „Chef, ich hab mir da was überlegt: Alles, was wir importieren, verschönert den Wohnbereich, aber jeder Haushalt hat schon mindestens einen Computer. Und das sind meistens hässliche Kisten in grau oder schwarz und die Bildschirme und Drucker sehen im Wohnzimmer aus wie Asphaltbrocken im Rosengarten. Unsere Lieferanten sind doch so kreativ, vielleicht fällt ihnen da was ein. Sie könnten zum Beispiel ...“

Fredmuts Hand unterbricht Daniels Redefluss: „Ja, gute Idee, machen Sie mal.“ Und er entschwindet, die Augen nach oben gedreht, in seine gesicherte Büroenklave.

Kreativität siegt – oder? Fredmuts Reaktion ist verständlich angesichts der Vielzahl an Ideen, mit denen Daniel ihn zyklisch bombardiert. Denn schließlich hat er als Manager anderes zu tun, als kreativen Hirngespinsten hinterherzujagen. Aber schafft seine Reaktion auch Mehrwert? Er hätte doch auch gleich sagen können: „Daniel, behalten Sie Ihre Ideen bei sich, Sie gehen mir auf den Geist.“ Das wäre zumindest ehrlich gewesen. In beiden Fällen wird Daniel seine Kreativität zumindest in diesem Unternehmen zu Grabe tragen, aber deswegen als Mitarbeiter nicht nützlicher werden, im Gegenteil.

Außer Ideen nichts gewesen. Zu Fredmuts Ehrenrettung: Er gab Daniel schon ausreichend Gelegenheit, Ideen zu realisieren, doch das Ergebnis waren bloß noch mehr Ideen. Ist Daniel somit ein hoffnungsloser Fall? Seine Stärke ist offensichtlich die Flexibilität; dem Modell der Evolution folgend wäre Daniels nächster Schritt in Richtung Mehrwert die Aktivität – genau das, was Fredmut an ihm gerne wahrnehmen würde. Fredmuts Fehler war: Zuerst hatte er Daniel angeboten, die Idee zu realisieren. Doch für Daniels Denkweise ist so ein Angebot eine Möglichkeit unter vielen. Da macht es schon mehr Spaß, weiter zu visionieren. Und dann hat Fredmut Daniel nur mehr ignoriert.

Bloß nicht noch mehr Kreativität. Das simple Lob „Gute Idee!“ ohne weitere Erläuterung beinhält die implizite Aufforderung: „Mach weiter so!“ Dabei ist klar, dass in dieser Situation noch mehr Ideen keinen Mehrwert schaffen, davon hat Daniel ohnehin bereits genug. Woran es fehlt, ist die Umsetzung. Ebenso nutzlos, wenn nicht sogar konfliktträchtig, wäre es, wenn Fredmut überlegen würde, ob die Idee bei den Kunden gut ankommen würde, oder wenn er diese Überlegung bei Daniel initiieren würde (das wäre eine Handlung aus der Ecke der Sensibilität), und zwar aus zwei Gründen: Zum einen hatte die Idee noch keine Chance, sich an der Realität zu messen (dazu müsste Daniel zuerst die Umsetzung planen), zum anderen verkauft ein Großhändler keine Ideen, sondern Produkte, und so weit war Daniels Idee noch nicht geplant. Evolutionär ist jetzt die Verbindung mit der Realität gefragt (die Mutation kommt in Kontakt mit der freien Wildbahn).

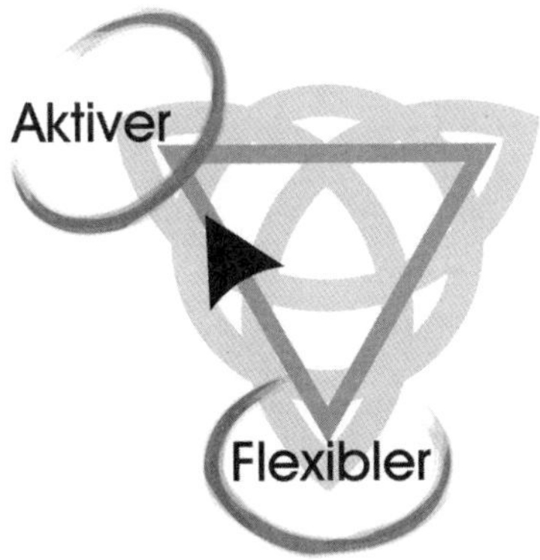

Fredmuts Hand unterbricht Daniels Redefluss: „Ja, gute Idee, das könnte was bringen. Daniel, glauben Sie, dass Sie das umsetzen können?“ Daniel, ohne zu überlegen: „Natürlich, die Koreaner könnten Hüllen für die PCs entwickeln, in allen möglichen Farben und Stilrichtungen – arabisch oder Pop-Art oder mit Pflanzenmotiven für die Grünen. Das wird zum Kultobjekt, Sie werden sehen.“

Fredmut: „Daniel, die Idee gefällt mir sehr gut. Ich habe allerdings in den nächsten Wochen kaum Zeit, mich darum zu kümmern. Ich werde Ihnen das übertragen. Das Erste, was Sie machen sollten, ist ein Projektplan. Ich hab dazu eine Vorlage. Bis wann können Sie den Plan fertig haben?“ Sie vereinbaren, in drei Tagen den Plan gemeinsam durchzugehen. „Wenn wir mal einen Plan haben, können Sie loslegen. Ich finde, die Idee ist es wert, realisiert zu werden!“

Vielfalt oder Einfalt. Unerschöpfliche Kreativität hat einen Haken: Wenn eine Idee Realität werden soll, muss vorher die Entscheidung getroffen werden, welche Idee das Privileg erhält, realisiert zu werden. Damit wird plötzlich die immense Bandbreite an kreativen Optionen auf ein Ding reduziert und damit gleichsam zum Unilemma – ein Faktum, das kreativen Denkern zuwiderläuft, weil sie damit gezwungen sind, die Position der Flexibilität zu verlassen – allerdings mit dem Gedanken versorgt: Wenn die eine Idee Realität wird, habe ich wieder zahllose Optionen offen und die Entscheidung ist leichter zu ertragen.

Erfinder-Schicksal oder Erfinder-Geist. Fredmut regt Daniel an, seine im Himmel der Visionen dahinschwebende Idee auf den Boden der Business-Realität zu bringen. Das kostet Daniel anfangs Überwindung, doch wenn er merkt, dass er dabei auch ausreichend Gelegenheit hat, seine Kreativität auszuleben, bleibt der Spaß an der Sache erhalten und er tritt in die Fußstapfen all der zahllosen Erfinder, die diese Welt mit schönen, nützlichen und hilfreichen Produkten beglücken. Denn diese Hürde trennt bei Erfindern Spreu vom Weizen: Bleiben sie nutzlos kreativ oder schaffen sie es, ihren Geistesblitz dem evolutionären Kreislauf auszusetzen?

Alle haben was davon. Der Mehrwert liegt auf der Hand: das Unternehmen erhält eine weitere realistische Chance, mit einem neuen Produkt den Profit zu heben. Daniel hat gelernt, dass der Wert seiner Ideen geschätzt wird (er wird daher auch weiter Ideen produzieren, viele davon nutzlos und einige mit gutem Gewinn); und er hat gelernt, seine Ideen umzusetzen. Fredmut hat sich selbst das Leben als Führungskraft erleichtert. Lassen Sie Flexible zuerst ihren Hang zur Aktivität spüren.

Vom Sensiblen zum Flexiblen

„Schrecklich, wissen Sie, was Johann, unserem Haustechniker, passiert ist?" Mit gesenkten Augenbrauen und gerunzelter Stirn berichtet Gerda ihrem Chef Markus. Gerda ist Verwaltungsassistentin und im Betrieb zuständig dafür, dass alles funktioniert. „Seine Lebensgefährtin ist auf und davon und hat alles mitgenommen: Geld, Schmuck, Kreditkarten, einfach alles. Seit Tagen sitzt er herum und

grübelt. Er tut mir schrecklich Leid, aber langsam sollte er wieder Fuß fassen." Markus: „Was haben Sie schon getan?" Gerda: „Ich habe ihm mehrmals mein Mitleid bekundet und gesagt, dass ich gut verstehen kann, wie es ihm momentan geht. Und ich habe ihm Mut zugesprochen, er wird sich schon hochrappeln, habe ich gesagt, und eines Tages über das Ganze lachen."

Leiden oder helfen. Merkwürdiger Moralgedanke: Wenn jemand leidet, sei Mitleid angebracht. Welcher Mensch würde das im Grunde seines Herzens wollen? Überlegen wir einmal: Ein Mensch hat einen schweren Schicksalsschlag erlitten – den Tod eines ihm nahen Menschen, einen großen materiellen Verlust, eine schwere Krankheit. Der Mensch leidet, und in dieser Situation sollte er wollen, dass andere Menschen in seiner Umgebung auch leiden? Wozu? Das Leid wird nicht kleiner, sondern größer, wenn es viele tragen. Jetzt könnte man salopp sagen: „Na ja, so ist es auch nicht gemeint: es geht um Verständnis." Doch wir sollten uns nichts vormachen: unsere Sprache ist exakt. Wenn wir von Mitleid reden, dann denken wir auch „Mitleid" und reagieren entsprechend. Alfred Korzybski nannte das (in seinem Buch „Science and Sanity – An Introduction to Non-Aristotelian Systems and General Semantics") eine „semantische Reaktion". Unsere Sprache ist sowohl Ausdrucksweise als auch Initiator unseres Denkens und Fühlens.

Ressource sein. Nicht ohne Grund ist Gerdas Stirn gerunzelt, sie leidet tatsächlich mit, wenn sie von Mitleid spricht. Und was hilft Gerdas Leid dem Haustechniker? Nichts – im Gegenteil: Ein Mensch, der eigentlich hilfreich und unterstützend wirken könnte, geht mit dem Mitleid als Ressource verloren.

Evolutions-Katalyse. Lösen wir dieses häufig anzutreffende sprachliche Missverständnis auf: Nicht Mitleid ist gefragt, sondern Empathie, oder nennen wir es die Idee davon, was dieses schlimme Erlebnis für den Betroffenen bedeutet, verbunden mit dem Wunsch, für den Betroffenen Ressource zu sein, um die Dinge zum Besseren zu wenden. Empathie ist eine Stärke in der Ecke der Sensibilität. Damit ist auch schon die Antwort gegeben, was die Umgebung für den Betroffenen zur Ressource macht: Menschen sind dann Ressource, wenn sie als Katalysator evolutionärer Bewegung dienen. Denn was braucht ein Mensch, der leidet, am Ende seiner Trauer? Er braucht den Impuls, wieder handlungsfähig zu werden, und Ideen, was das sein könnte. Die gefragte Stärke ist die Flexibilität, die zum Handeln führt.

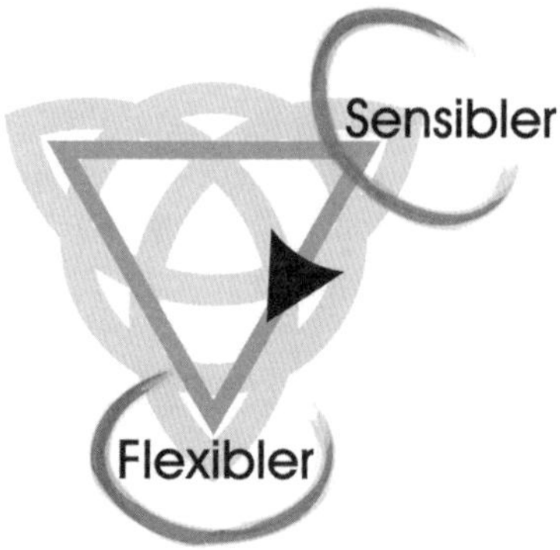

Gerda spricht lange mit Markus über Mitleid und Empathie und macht sich auf, mit dem Haustechniker zu reden. Sie weiß, dass er leidenschaftlich gerne Aquarelle malt. Er hat ihr auch schon mal angeboten, welche für die Firma zu malen. Doch sie war nicht recht darauf eingegangen. „Johann", sagt sie, nachdem er ihr wieder erzählt hat, wie sehr er seine Lebensgefährtin vermisst, „Sie wissen, ich kann Sie nicht auf Dauer hier sitzen lassen. Ich verstehe auch, dass Ihnen vieles im Kopf umgeht. Machen Sie etwas, das Ihnen leicht von der Hand geht – was könnte das sein?" Als hätte sie ihm das vorgeschlagen, sagt Johann, er würde gerne ein paar Bilder für die Eingangszone malen. Das würde ihm helfen, auf andere Gedanken zu kommen. „OK", sagt Gerda „ich halte die Kollegen noch eine Zeit lang hin wegen der Reparatur der Regale im Besprechungsraum. Malen Sie sich zunächst den Kopf frei und dann kommen Sie wieder auf die Beine." Johann ist dankbar und am übernächsten Tag wieder aktiv wie eh und je. Die Bilder in der Eingangszone wurden zum attraktiven Blickfang für die Kunden.

Der Durchbruch. Gerda musste zunächst selbst den Kreislauf gehen, um aus ihrer Mitleidsblockade rauszukommen. Von der Idee zum Handeln war es ein kurzer Weg. Ihr Kontakt mit Johann, dem Haustechniker, begann in Empathie, aus der heraus sie ihn anregte, Ideen zu entwickeln und sie gleich anzugehen. Klar, dass Johann noch lange über seine Lebensgefährtin grübeln würde, aber die Phase der Lethargie und der Zurückgezogenheit war durchbrochen. Gerda dachte sich: „Wieder was gelernt über das Leben und die Menschen." Sensible brauchen neue Ideen – verschaffen Sie Ihnen den Zugang zur Flexibilität.

Mehrwert ist messbar. Das ist der Maßstab, den jede Führungskraft an sich selbst anlegen sollte: Fördert mein Handeln das Verharren in der gerade genützten Stärke oder fördert es den evolutionären Kreislauf, der Mehrwert schafft – Mehrwert für die Persönlichkeit der beteiligten Menschen und Mehrwert für das Unternehmen? Wenn Sie jedes Gespräch, jeden Auftrag, jede Entscheidung auf diese Qualität hin überprüfen, sichern Sie sich damit auch Führungsqualität und Lebensqualität. Messen Sie Ihren Mehrwert!

FÜHRUNGSSYSTEME

Der Chef als Diener zweier Herren

Das wöchentliche Meeting ist fast zum Ritual geworden. Fritz, der Abteilungsleiter der Qualitätssicherung eines Transportlogistik-Unternehmens, sitzt im Kreis seiner Mitarbeiter und hört ihre Berichte. Wie immer erzählt er zuletzt Neuigkeiten aus dem Dunstkreis des mittleren Managements und der Geschäftsleitung: „Gestern war wieder der Teufel los. Natürlich hat das Marketing wieder mal verrückte Ideen gehabt: Geld zurück, wenn die Ware mehr als zwei Stunden verspätet ankommt. Ich habe ihnen gesagt: ‚Da können wir gleich zusperren. Hat einer der Herren sich schon mal die Mühe gemacht, die aktuellen Verspätungsstatistiken anzuschauen? Wahrscheinlich nicht, sonst wäre Ihnen rasch klar, dass das absoluter Mumpitz ist.‘ Ich sage euch, seien wir froh, dass wir in der Qualitätssicherung unsere Arbeit tun. Da draußen laufen doch bloß Wahnsinnige herum.“

Hauptsache, mein Team funktioniert. Hat Fritz in diesem Meeting mit seinen Aussagen Mehrwert geschaffen? Fritz würde sagen: „Ja. Solche Geschichten fördern den Zusammenhalt in meiner Gruppe. Damit schwöre ich die Leute auf das Team ein.“ Dass er damit gleichzeitig Konflikte und Ressentiments zwischen den Abteilungen fördert, scheint Fritz nichts auszumachen. Das eröffnet die Frage: Wem gegenüber steht die Führungskraft in der Verantwortung? Dem eigenen Vorgesetzten, dem Unternehmen oder jedem einzelnen ihrer Mitarbeiter? Man könnte salopp meinen: Die Führungskraft hat die Aufgabe, mit ihren Mitarbeitern Mehrwert-Möglichkeiten zu initiieren und ist damit dem unmittelbaren Vorgesetzten gegenüber verantwortlich. Diese Ansicht greift zu kurz. Denn sie sieht den Menschen im Unternehmen als Individuum und vernachlässigt die Einbindung in die vielen unterschiedlichen Systeme des Unternehmens.

Der Chef als Radfahrer? Aus dem Organigramm entstand das Modell des Chefs als Radfahrer (nach oben buckeln und nach unten treten), ein Modell, das den Menschen im Unternehmen als unabhängiges Individuum sieht, das im Spannungsfeld zwischen „denen da oben" und „denen da unten" sein Leid fristet. Doch die Wissenschaft weiß längst, dass die Kästchen des Organigramms in der Realität keine Kästchen sind, sondern Subsysteme eines großen Systems – des Unternehmens.

Ursache-Wirkung ist passé. Der Soziologe Niklas Luhmann schrieb in seinem Buch „Einführung in die Systemtheorie": „Kausalität ist ein Urteil, eine Beobachtung eines Beobachters, eine Koppelung von Ursache und Wirkungen, je nachdem, wie der Beobachter seine Interessen formiert, wie der Beobachter Wirkungen und Ursachen für wichtig oder für unwichtig hält." Das Ursache-Wirkungs-Prinzip ist zu einfach gestrickt, als dass es auf Menschen angewendet werden könnte. Was in einer Situation Ursache für eine Wirkung war, bewirkt in einem anderen Kontext etwas völlig anderes.

Anerkennung tut nicht nur Gutes. Die öffentliche Anerkennung der Leistung eines Mitarbeiters durch seinen Chef hat auf die anderen unterschiedliche Wirkungen: Manche spornt das an, andere fühlen sich mit ihrer Leistung zu wenig gewürdigt, andere sind neidig und wieder andere ärgern oder freuen sich darüber. Selbst diese Reaktionen führen zu weiteren Reaktionen unter Mitarbeitern und Vorgesetzten, die sich im Unternehmen wie konzentrische Kreise ausdehnen, die wiederum auf den Gelobten treffen und dort nicht vorhersagbaren Einfluss nehmen. Er kann zum Beispiel über den Neid der anderen derart erbost sein, dass er sich wünscht, nicht mehr öffentlich gelobt zu werden, oder die Freude der Kollegen spornt ihn noch mehr an. Von klaren Ursache-Wirkungs-Prinzipien kann da keine Rede sein.

Systeme sind einfacher. Bereits in den 90er Jahren des vorigen Jahrhunderts etablierte sich systemisches Management als neue Denkweise in

Unternehmen (zumindest in der Literatur). Peter M. Senge beschrieb in seinem Buch „Die fünfte Disziplin" System-Archetypen mit ihren Funktionen und Strukturen. Luhmann definierte Systeme als Differenz zwischen System und Umwelt. Systeme unterscheiden sich von der Umwelt durch geringere Komplexität. Das ist einleuchtend, wenn wir bedenken, dass in der Umwelt nahezu alles möglich ist, während es in einem System wie etwa einer Zahnarztpraxis ziemlich unwahrscheinlich ist, dass zum Beispiel ein Patient einen Stepptanz zum Besten gibt oder eine Vorlesung über Thermodynamik hält. Wahrscheinlich ist aber, dass Menschen in der Praxis über Zahnweh klagen. Im System der Chefetage des Topmanagements ist es wahrscheinlich, dass Ziele definiert oder Strategien entwickelt werden, unwahrscheinlich ist es, dass in diesem System das Klopapier bestellt wird.

Zwei Seelen in ihrer Brust. Führungskräfte sind gleichzeitig Teil zweier Systeme:

- Sie sind als Chef Teil des Abteilungssystems ihrer Mitarbeiter (Mitarbeiter-System) und
- als Mitarbeiter und Kollege Teil des Abteilungssystems ihres Chefs (Chef-System).

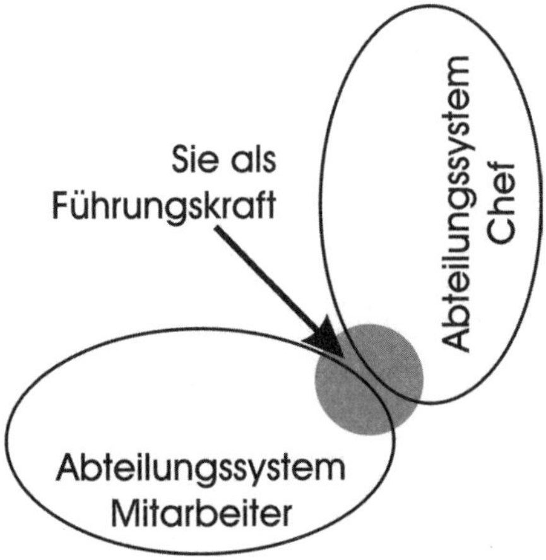

Der Chef als Diener zweier Herren. Als Chef tragen Sie im Mitarbeiter-System gegenüber Ihren Mitarbeitern Verantwortung, Ziele und Richtlinien vorzugeben, Ressourcen bereitzustellen und für den adäquaten Ausgleich für die Leistung zu sorgen. Als Mitarbeiter unter Kollegen im Chef-System tragen Sie gegenüber Ihrem Chef die Verantwortung, in Zusammenarbeit mit Ihren Kollegen die vorgegebenen Ziele nach seinen Richtlinien zu erreichen und ihm zu berichten. Als Teil zweier Systeme mit unterschiedlichen Verantwortungen innerhalb eines Unternehmens stellt sich für Sie die permanente Frage: Als Teil welchen Systems handle ich jetzt? Fritz, der Abteilungsleiter des Logistik-Unternehmens war sich in seinem Tun zwar der Verantwortung als Chef im Mitarbeiter-System bewusst (als Clan-Chef ohne weitere Verantwortung wäre sein Tun sinnvoll), nicht jedoch in seiner Verantwortung als Mitarbeiter und Kollege im Chef-System. Seine negative Haltung gegenüber den anderen Abteilungen breitet sich von ihm in konzentrischen Kreisen auf das Unternehmen aus und sät Zwietracht und Ressentiments.

Komplexität zählt. Als Chef Teil zweier Systeme zu sein, bedeutet nicht nur, unterschiedliche Verantwortungen zu tragen, es bedeutete auch, mit Komplexität unterschiedlich umzugehen. Als Entrepreneur, als Generator einer Unternehmensidee steht Ihnen die Welt offen, Sie stehen vor unendlich vielen Handlungsoptionen. Eine Idee zu generieren und zu konkretisieren heißt im Chef-System die Komplexität zu reduzieren. Strategien und konkrete Ziele (als Aufgabe des Managements) reduzieren die Komplexität weiter. Um im Rahmen der Strategien und Ziele (also reduzierter Komplexität) sinnvoll arbeiten zu können, muss der Chef wieder mehr Komplexität zulassen, damit der Mitarbeiter im Mitarbeiter-System Handlungsspielraum erhält:

> *Der Lagerdisponent eines Produktionsbetriebes erhält von seinem Chef die Vorgaben der Lagerführung (bestmögliche Nutzung des Lagers, rasche Auffindbarkeit, sparsame Verwendung der Fördermittel, sichere Lagerung usw). Und jetzt macht er sich daran, jeden einzelnen Auftrag der Produktion und der Transportlogistik zu bearbeiten: Die Produktion fordert Material an oder bringt fertige Produkte zur Lagerung; die Transportlogistik beauftragt, Waren, die weggehen, zusammenzustellen, damit sie abgeholt werden können. Der Lagerdisponent gibt Auskunft über Bestände, behandelt Schadensfälle, gibt Förderaufträge und ermittelt günstige Manipulationen. Sein Freiraum ist groß, das erhöht die Chance, die Vorgaben des Chefs zu erfüllen.*

Nach unten mehr, nach oben weniger. Auf dieser Ebene steigt die Komplexität wieder. Dafür braucht der Mitarbeiter Freiraum, Handlungsoptionen und Ressourcen; denn er soll die gestiegene Komplexität meistern können. Wenn er allerdings an seinen Chef am Ende des Tages berichtet, wäre es eine Zumutung für den Chef, wenn der Mitarbeiter ihm alle Handlungen und Beweggründe des abgelaufenen Tages erzählte. Den Chef im Chef-System interessiert: Wurden die Ziele erreicht, und wenn nicht: Was waren die Hindernisse und welche Maßnahmen wurden eingeleitet? Das unterscheidet den Chef vom Mitarbeiter:

- Der Chef ermöglicht dem Mitarbeiter im Mitarbeiter-System mehr Komplexität möglich.
- Der Mitarbeiter reduziert die Komplexität für seinen Chef im Chef-System.

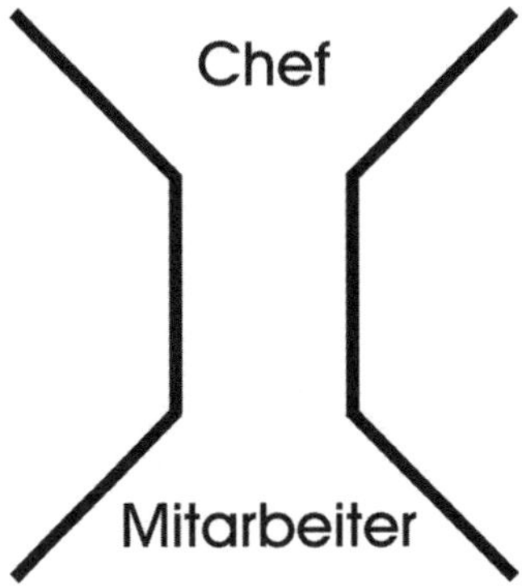

Komplexität eröffnen. Was bedeutet es, dem Mitarbeiter im Mitarbeiter-System Komplexität zu ermöglichen? Komplexität heißt:

- ausreichend Know-how und Erfahrung nützen,
- ausreichend Handlungsoptionen in seinem erlaubten Handlungsspielraum zur Verfügung haben, um die Aufgaben und Sonderfälle zu bewältigen,
- ausreichend Ressourcen haben und die Verantwortung, darüber zu verfügen,
- ausreichend Kommunikationswege, um mit seinem Umfeld zusammenarbeiten zu können.

Wundern Sie sich nicht über schlechte Leistungen Ihrer Mitarbeiter; prüfen Sie, ob Sie Ihre Hausaufgaben gemacht und Ihren Mitarbeitern ausreichend Komplexität eingeräumt haben. Das sind Sie Ihnen schuldig. Viele Konflikte entstehen gar nicht erst, wenn Sie dafür vorgesorgt haben.

Zwei Systeme – zwei Informationspools. Wenn Führungskräfte als Teil zweier Systeme wirken – des Mitarbeiter-Systems und des Chef-Systems –, erhält die Führungskraft auch in beiden Systemen Informationen und kann sie weitergeben. Mitarbeiter erzählen dem Chef im Mitarbeiter-System über ihre Arbeit und was sie sonst noch auf dem Herzen haben und Kollegen oder der eigene Chef erzählen und berichten ihm im Chef-System ebenfalls. Welche Informationen kann und soll die Führungskraft von einem System in das andere weitergeben und welche nicht? Hat Fritz, der Abteilungsleiter der Qualitätssicherung, gut daran getan, die Informationen, die er im Meeting mit seinen Kollegen – also im Chef-System – sammelte, an seine Mitarbeiter im Mitarbeiter-System weiterzugeben?

Kontinenz oder Inkontinenz. Abgesehen davon, dass die Mitarbeiter vermuten werden, dass auch sie Opfer seiner Hohn- und Spotttiraden sind, wenn er in einer anderen Gesprächsrunde ist: Er erzählt den Leuten Dinge, die sie nichts angehen. Sie könnten nun einwerfen: Warum soll man das nicht erzählen, wenn einen etwas so ärgert? Sehen wir uns mal die Konsequenzen dieses Vorgehens an. Fritz' Ärger ist dadurch sicher nicht kleiner geworden. Die Meinung der Mitarbeiter über seine Kollegen des Chef-Systems ist danach nicht besser. Die Information war nicht geeignet, die Arbeitsabläufe zu verbessern oder irgendeinen Mehrwert zu schaffen. (Auf diese Art und Weise sollten Sie künftig Ihre Handlungen als Chef beurteilen.) Das einzige Ergebnis: Es ist mehr Drama im Unternehmen. Als Chef sollten Sie ausreichend Standhaftigkeit haben, nicht alles, womit man vielleicht kurzfristig Eindruck schinden könnte, auf Kosten des Unternehmens auszuplaudern. Seien Sie „informationskontinent". Informations-Inkontinenz ist fast so unangenehm wie Harn-Inkontinenz.

Dasselbe gilt natürlich auch für die andere Seite:

> *Peter wollte dringend mit Fritz reden. „Chef, Sie sollten mal nachsehen, wo sich Eduard wirklich aufhält, wenn er im Bericht schreibt, er hätte Kundengespräche. Ist nur mal so ein Tipp." Fritz stellt den Außendienstmitarbeiter Eduard tags darauf zur Rede: „Eduard, was ist los? Ich habe gehört, du gibst im Bericht an, Kunden zu besuchen, und in Wirklichkeit treibst du dich in Cafés herum."*

Eduard: „So ein Quatsch. Hat Peter das gesagt? Der spioniert mir immer nach!"

Auch hier: Inkontinenz. Dass Fritz in dieser Aktion als Chef versagte, ist fraglos, aber was war sein Fehler? In dem Moment, in dem ein Mitarbeiter im Mitarbeiter-System seinem Chef derartige Informationen unterbreitet, tut er so, als wäre er selbst Chef im Chef-System, denn nur den Chef gehen solche Dinge etwas an. Es ist die Verantwortung des Chefs, dass die Mitarbeiter die richtigen Dinge richtig tun, und nicht die Verantwortung der Kollegen im Mitarbeiter-System. Wenn ein Chef also solche Informationen bekommt, hat er sie als Chefsache zu behandeln. Das heißt:

- Im Mitarbeiter-System kann er Informationen darüber einholen, ob die Aussage seines Mitarbeiters zutrifft und ob es sich um einen Einzelfall handelt oder eine Tendenz. Dann kann er Konsequenzen ziehen. Wie er zu den Konsequenzen kam, ist allerdings wieder seine Sache und geht seine Mitarbeiter nichts an.
- Im Chef-System kann er sich im Kollegenkreis erkundigen, ob das ein Einzelfall seiner Abteilung ist oder eine generelle Tendenz im Unternehmen und seinem Chef entsprechend berichten, vielleicht sogar Maßnahmen vorschlagen. Wenn er „informationskontinent" ist, wird er für die Info danken und dann in seinem Chef-System etwas daraus machen oder auch nicht.

Bleiben Sie sauber. Wenn Sie Informationen erhalten, denken Sie daran: In welchem System erhalte ich die Infos und für welches System sind sie bestimmt? Und lassen Sie sie dort. Denn „Informations-Inkontinenz" ist eine unsaubere Sache.

Zusammenfassung

Führen Sie evolutionär statt revolutionär

Die drei Dimensionen des Führens

Die drei Aufgaben einer Führungskraft sind:

- ***Flexibilität:*** Die Führungskraft fördert als Initiator Ideen und gibt Handlungsspielraum.
- ***Aktivität:*** Die Führungskraft fördert als Manager realisierbare Pläne und deren praktische Umsetzung.
- ***Sensibilität:*** Die Führungskraft fördert als Coach Sensibilität in Bezug auf das Thema (im Sinne positiver Kritik) und den Menschen (im Sinne von Empathie)

Der Führungskreislauf

Die Evolution, die Steuerungstechnik und exzellente Chefs nutzen die drei Aufgaben in folgender Reihenfolge:

- ***Flexibilität***
- ***Aktivität***
- ***Sensibilität***

Stellen Sie sich in jeder Führungssituation die Frage:

Fördere ich bei meinen Mitarbeitern durch mein Handeln den revolutionären oder den evolutionären Kreislauf der Aufgaben? Nur die Evolution schafft Mehrwert!

Vom Aktiven zum Sensiblen. Bringen Sie Aktive zunächst mit ihrer Sensibilität in Kontakt.

Vom Flexiblen zum Aktiven. Lassen Sie Flexible zuerst ihren Hang zur Aktivität spüren.

Vom Sensiblen zu Flexiblen. Sensible brauchen neue Ideen, verschaffen Sie ihnen den Zugang zur Flexibilität.

Führungssysteme

Zwei Seelen in Ihrer Brust. Führungskräfte sind gleichzeitig Teil zweier Systeme:

- Sie sind als Chef Teil des Abteilungssystems ihrer Mitarbeiter (Mitarbeiter-System) und
- als Mitarbeiter und Kollege Teil des Abteilungssystems ihres Chefs (Chef-System).

Das unterscheidet den Chef vom Mitarbeiter:

- Der Chef ermöglicht dem Mitarbeiter im Mitarbeiter-System mehr Komplexität.
- Der Mitarbeiter reduziert die Komplexität für seinen Chef im Chef-System.

Komplexität eröffnen. Komplexität heißt

- ausreichend Know-how und Erfahrung nützen,
- ausreichend Handlungsoptionen in seinem erlaubten Handlungsspielraum zur Verfügung haben, um die Aufgaben und Sonderfälle zu bewältigen,
- ausreichend Ressourcen haben und die Verantwortung, darüber zu verfügen,
- ausreichend Kommunikationswege, um mit seinem Umfeld zusammenarbeiten zu können.

Bleiben Sie sauber. Wenn Sie Informationen erhalten, denken Sie daran: In welchem System erhalte ich die Infos und für welches System sind sie bestimmt? – und lassen Sie sie dort.

4 TRANSFORMIEREN – WIE CHEFS DRAMEN MEISTERN

Schaffen Sie Ordnung, die Mehrwert möglich macht.

DEN NÄCHSTEN PLANETEN BEWOHNTE EIN SÄUFER.
DIESER BESUCH WAR SEHR KURZ,
ABER ER TAUCHTE DEN KLEINEN PRINZEN IN TIEFE SCHWERMUT.
„WAS MACHST DU DA?“, FRAGTE ER DEN SÄUFER, DEN ER STUMM VOR EINER REIHE
LEERER UND EINER REIHE VOLLER FLASCHEN SITZEND ANTRAF.
"ICH TRINKE“, ANTWORTETE DER SÄUFER MIT DÜSTERER MIENE.
„WARUM TRINKST DU?“, FRAGTE DER KLEINE PRINZ.
„UM ZU VERGESSEN“, ANTWORTETE DER SÄUFER.
„UM WAS ZU VERGESSEN?“, ERKUNDIGTE SICH DER KLEINE PRINZ,
DER IHN SCHON BEDAUERTE.
„UM ZU VERGESSEN, DASS ICH MICH SCHÄME“,
GESTAND DER SÄUFER UND SENKTE DEN KOPF.
„WESHALB SCHÄMST DU DICH?“,
FRAGTE DER KLEINE PRINZ, DER DEN WUNSCH HATTE, IHM ZU HELFEN.
„WEIL ICH SAUFE!“, SCHLOß DER SÄUFER
UND HÜLLTE SICH ENDGÜLTIG IN SCHWEIGEN.
UND DER KLEINE PRINZ VERSCHWAND BESTÜRZT.
DIE GROßEN LEUTE SIND WIRKLICH SEHR, SEHR SONDERBAR,
SAGTE ER ZU SICH AUF SEINER REISE.

ANTOINE DE SAINT-EXUPÉRY – DER KLEINE PRINZ

Die Quelle. Sturm kam auf. Die Fischer draußen auf dem Meer kannten die Gefahr der Brandung beim Atoll. Doch das Meer war tückisch und trieb zwei der Boote zu nahe an die Untiefen. Die beiden Boote schrammten an den Korallenriffen und wurden leck geschlagen. Während der eine Fischer vergeblich versuchte, das eindringende Wasser mit Gefäßen zurück ins Meer zu schaufeln, nahm der andere ein Tuch und stopfte es in das Leck. Der eine ließ sein Boot am Grund des Meeres. Der andere brachte es nachhause und begann, die Planken des Bootes zu verstärken.

Konflikt-Bereinigung als Sisyphus-Arbeit. Konflikte sind die Löcher im Boot des Unternehmens. Sie lassen das Wasser eindringen und reduzieren den Handlungsspielraum im Unternehmen – man ist mehr mit Wasserschöpfen beschäftigt als mit dem Fischen. Konflikte behindern Sie bei Ihrer Führungsarbeit. Die Zufriedenheit der Mitarbeiter sinkt, Projektrisiko und Projektkosten steigen. Je höher die Etage ist, in der Konflikte brodeln, desto mehr Menschen im Unternehmen haben darunter zu leiden. Konflikte in der Chefetage machen alle Mitarbeiter zu Betroffenen. Das alles sind Faktoren, die Sie als verantwortliche Führungskraft vermeiden können sollten. Viele Tricks werden gelehrt, das Wasser schneller aus dem Boot zu schöpfen – eine Sisyphus-Arbeit, die niemals endet und noch mehr frustriert als das Eindringen des Wassers selbst.

Wollen Sie Wasser oder Kraft schöpfen? Ersparen Sie sich das Schaufeln und gehen Sie mit uns an die Quelle von Konflikten. Oft reicht eine einfache Handlung, ein Satz aus, die Quelle zum Versiegen zu bringen und dem Unternehmen die Kraft zu erhalten, die es braucht, um Mehrwert-Möglichkeiten zu schaffen.

In diesem Kapitel lernen Sie,

- wie Konflikte entstehen und welchen Mustern sie folgen,
- Dramen im Entstehen zu erkennen und zu stoppen,
- Konflikt-Potenzial in Mehrwert-Möglichkeiten zu transformieren und
- Dramen präventiv zu begegnen.

Die Basis aller Konflikte

Paul hatte das Projekt abgeschlossen. Die neue Maschine war seine Idee gewesen, die Fertigung der Schaltelemente lief nun rascher und präziser. Die Investition war gering und sollte sich innerhalb eines Jahres amortisieren. Die Mitarbeiter waren hochzufrieden, so mancher Kollege klopfte ihm anerkennend auf die Schulter. Paul erwartete sich von seinem Chef zumindest anerkennende Worte vor versammelter Mannschaft, wenn nicht sogar eine kleine Belohnung. Doch da kam nichts. Der Chef fragte ihn bloß, was er als Nächstes zu tun gedenke. Paul war stinksauer und verzog sich einige Tage in seinem Büro. Nur hin und wieder kam er aus seinem Bau, um sich bei den Kollegen zu beklagen.

Es geschieht einfach. Weder Paul noch sein Chef hatten die Absicht, einen Konflikt vom Zaun zu brechen. Es geschah einfach und breitete sich wie Buschfeuer auf das kleine Unternehmen aus. Konflikte entstehen meist abseits unseres Bewusstseins. Selten wird ihr Entstehen von den Proponenten analysiert und werden die Lehren daraus gezogen. Wir wissen meist schnell, wer schuld ist an Konflikten, die eigene Rolle, der eigene Beitrag dazu bleibt unbeachtet. In jedem Fall schränken Konflikte unseren Handlungsspielraum ein.

Konflikt-Bindung. Die Annahme, Konfliktpartner agierten unabhängig von einander, ist falsch, nichts macht mehr abhängig als ein Konflikt: Der Kontrahent muss beobachtet werden, viele Gedanken werden darauf gerichtet, welche Bosheit die Nächste sein könnte und wie man ihr begegnen kann; Vorsichtsmaßnahmen werden ergriffen, Verteidigungs-Szenarien gewälzt und Angriffs-Strategien durchdacht. Das alles bindet (im negativen Sinn) die Konfliktparteien aneinander, sie sind in ihrem Tun voneinander abhängig.

Gottes Vielfalt. John J. Ratey, Professor für Psychiatrie an der Harvard Medical School, beschreibt in seinem Buch „Das menschliche Gehirn" dessen immense Komplexität: Das Gehirn eines Erwachsenen besteht aus hundert Milliarden Nervenzellen, jede dieser Zellen hat zwischen 1 und 10.000 Verbindungen zu anderen Nervenzellen. Das ergibt 40 Billiarden mögliche Verbindungen. Da die Verbindungen unterschiedliche Qualität aufweisen, beträgt die Anzahl der möglichen elektrochemischen Konfigurationen des Gehirns zehn hoch eine Billion. Damit ist verstehbar, warum es keine zwei Menschen mit gleichem Denken geben kann. Dennoch neigen wir dazu anzunehmen, dass andere so denken müssten wie man selbst. Wir sind überrascht, empört oder verärgert, wenn andere unsere Einstellungen nicht teilen, unsere Ideen nicht spannend finden, nicht mit uns an einem Strang ziehen wollen.

Dumm oder böse. Wir haben für Menschen, die nicht nach unseren Erwartungen leben, zwei Schubladen mit der Aufschrift „Dumm" und „Böse" bereitgestellt. Die Tatsache, dass jeder Mensch unverwechselbar anders ist, bildet einerseits das unfassbare Glück, das wir mit Menschen erleben können, und ist andererseits der Stoff, aus dem Dramen sind.

Von Autobahnen, Landstraßen und Wanderwegen. Das menschliche Gehirn ist vielfach komplexer als die Vorstellungskraft unseres Bewusstseins. Wie kann dann so etwas wie Kommunikation überhaupt entstehen und funktionieren, abgesehen von Teamwork, sinnvollem Zusammenspiel menschlicher Kräfte zur Lösung von Problemen oder langfristige Partnerschaft? Die Antwort gibt uns wieder die Hirnforschung: Entscheidend ist die Qualität der Verbindungen zwischen den Neuronen. Verbindungen, die wir im Denken häufig benutzen, baut die Natur unseres Gehirns aus. Der Neurobiologe Dr. Gerald Hüther sagt in seinem Buch „Biologie der Angst“: „In unserem Gehirn gibt es eine Unmenge verschlungener Pfade. Viele davon werden im Lauf unseres Lebens und in Abhängigkeit davon, wie oft wir sie in unseren Gedanken beschreiten, zu leicht begehbaren Wegen, zu glatten Straßen oder gar zu breiten Autobahnen.“

Ein Wegeplan, der sich täglich ändert. Dieser Ausbauzustand ist reversibel: Wenn wir Gewohnheiten ablegen und Neues lernen, verändern wir damit die Qualität des Straßennetz unseres Gehirns. Wir reden von diesem Straßennetz, wenn wir sagen, jemand ist leicht zu begeistern, detailorientiert, für jeden Spaß zu haben, introvertiert, sprachbegabt, handwerklich ungeschickt, eigensinnig oder kommunikativ. Ihre Gewohnheiten manifestieren sich im Wegeplan Ihres Gehirns. Jeder Gedanke, jede Handlung, jede Idee verändert den Wegeplan Ihres Gehirns; Hüther nennt das die erfahrungsabhängige Plastizität des Gehirns. Die Autobahnen sichern auch unser Zusammenleben: wir haben uns auf einheitliche Sprache und Schrift geeinigt, haben uns an soziale Normen gewöhnt und auf gemeinsame Ziele festgelegt.

Drama-Schwächen. Gewohnheiten zeigen sich nicht nur als Stärken, sondern auch als Schwächen, wie etwa das Rollenverhalten, das wir in Konfliktsituationen an den Tag legen. Der Psychologe Eric Berne bezeichnete die Elemente der Kommunikation, die sich unter anderem als Konflikt-Gewohnheiten manifestieren können, als Transaktionen und begründete auf dieser Basis die Transaktionsanalyse als Therapieform. In seinem Buch „Spiele der Erwachsenen“ beschreibt er die Drama-Gewohnheiten als Spiele, die nicht nur Erwachsene spielen. Bevor wir diese Gewohnheiten, in Konfliktsituationen zu agieren, gemeinsam unter die Lupe nehmen, sollten wir zunächst betrachten, was in unseren Gehirnen vorgeht, wenn wir etwas als Konflikt interpretieren.

Der Kreislauf der Kommunikation

Nützliches Missverstehen. Eigentlich wollte er bloß ein paar nette Worte sagen. Doch sein Satz: „Das haben Sie ja wieder toll hingekriegt", gerät seiner Mitarbeiterin in die falsche Kehle. Die Reaktion der Frau: „Ihr Sarkasmus hat mir gerade noch gefehlt" überwältigt den Chef, so dass bloß ein „So habe ich es nicht gemeint" seinem Mund entschlüpft. Da ist sie auch schon weg und damit auch die Gelegenheit, durch Anerkennung Mehrwert zu initiieren. Führungskräfte wissen: Wo Menschen sind, ist Missverstehen. Der Gründer und Leiter des Brief Family Therapy Center in Wisconsin, Steve deShazer, sagte: Kommunikation ist Missverstehen. Die Kunst dabei ist, den anderen möglichst nutzbringend misszuverstehen. Doch warum kommunizieren wir nicht wie Computer durch puren Informationsaustausch?

Verabschiedungen. Stellen Sie sich folgendes Szenario vor: Zwei Mitarbeiter gehen den Flur des Bürogebäudes entlang in Richtung Ausgang. Dort schaut der Chef um die Ecke und sagte: „Na, gehen wir schon nach Hause?" Was geht nun vor in den Köpfen der beiden Mitarbeiter? Wieso kann der eine antworten: „Ja, wenn Sie sich beeilen und mitkommen, gehen wir gemeinsam nach Hause", während der andere sich mit rotem Kopf stillschweigend an seinem Chef vorbeidrückt und danach noch gut eine Viertelstunde damit beschäftigt ist, darüber nachzudenken, wie ungerecht er doch von seinem Chef behandelt wird?

Wahrnehmung

Vom Ganzen nur ein kleiner Teil. Unsere fünf Sinne nehmen die Realität auf, transformieren sie in Nervensignale an das Gehirn. Nicht alles, was die Sinne aufnehmen, wird uns bewusst. Ein dritter Mitarbeiter, der mit seinen beiden Kollegen plaudernd dem Ausgang zustrebt, hätte die Worte des Chefs vielleicht nicht gehört, weil er auf das Gespräch mit seinen Kollegen konzentriert war. Laut Manfred Zimmermann von der Universität Heidelberg strömen pro Sekunde mehr als 11 Millionen Bits (Informationseinheiten) von unseren Sinnen zum Zentralnervensystem. Das Auge sendet pro Sekunde 10 Millionen Bit an das Gehirn, die Haut 1 Million, das Ohr 100.000 und der Geschmacksinn ungefähr 1000 Bit. Unser bewusster Verstand kann davon höchstens 40 Bits verarbeiten – das ist 1/280.000 (vergl Manfred Zimmermann, 1993: „Das Nervensystem – nachrichtentechnisch gesehen“). Wenn alle zur Verfügung stehenden Informationen so groß sind wie ein Fußballfeld, dann nehmen wir davon nur eine Fläche von der Größe einer Streichholzschachtel bewusst wahr.

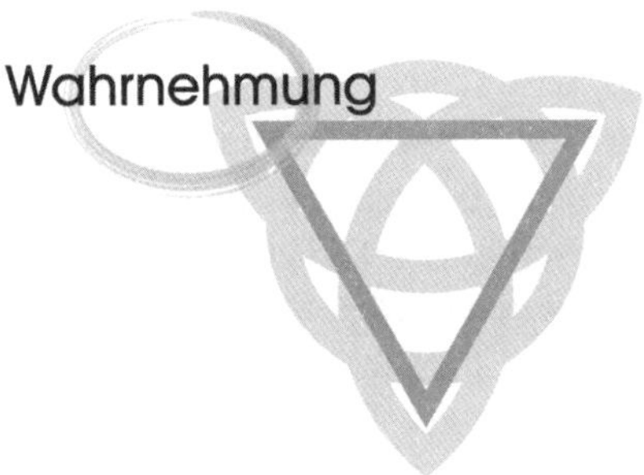

Sinnes-Vorlieben bilden Landkarten. Unsere Wahrnehmung ist selektiv; der Ausschnitt der uns aktuell wichtig ist, hat unsere Aufmerksamkeit. Da jedem Menschen aktuell andere Dinge wichtig sind, selektiert jeder Mensch einen anderen Teil des gesamten Wahrnehmungsspektrums. Abgesehen davon: Wir selektieren nicht nur unterschiedlich, wir registrieren Information und Mitteilung auch auf unterschiedliche Art und Weise. Ein visueller Typ traut eher seinen Augen und nützt mehr das, was zu sehen ist. Klar dass er sich später mehr an das Gesehene erinnert als an die auditiven oder kinästhetischen Wahrnehmungen; ebenso wie ein kinästhetischer Typ später eher sein Gefühl zu einer Situation beschreiben kann, als das Gesehene oder Gehörte. Die selektierte Wahrnehmung jedes Menschen führt somit zu unterschiedlichen Resultaten im Kopf. Der Begründer der Neurolinguistik, Alfred Korzybski, nennt in seinem Buch „Science and Sanity“ das, was wirklich war, „das Gebiet“ und das, was wir im Kopf daraus machen, „die Landkarte“, weil es nur eine stark reduzierte Abbildung des Gebietes ist.

Interpretation

Gnadenlos urteilen. Wir machen Sinn aus Information und Mitteilung, indem wir die Landkarte des Gebietes an unseren Erfahrungen und Werten messen. Die Wahrnehmung wird in das Gefüge der Erfahrungen als uns bereits bekannt eingeordnet oder als neue Erfahrung gespeichert. Und wir beurteilen, indem wir die Landkarte mit ausgewählten Werten bewerten. Das Ergebnis: Wir erklären die Dinge als richtig oder falsch, gut oder böse, nützlich oder nutzlos, angenehm oder unangenehm und so weiter. Die Yale University führte folgende Studie durch: Sie untersuchte Geschworenen-Prozesse. Die Geschworenen sahen kurz die Angeklagten, hörten, wessen sie beschuldigt wurden, und wurden nach den ersten fünf Minuten gebeten, in einem Nebenraum einen Tipp abzugeben, ob diese Person schuldig oder unschuldig ist. Danach wurde der Prozess fortgeführt und die Geschworenen kamen am Ende zu einem Ergebnis, das sich logisch betrachtet zu etwa 50 Prozent von ihrem ersten Tipp unterscheiden müsste. Tatsächlich urteilten die Geschworenen nur in vier Prozent der Fälle anders als in ihrem Tipp nach fünf Minuten Prozess. So sehr vertrauen wir unseren Interpretationen.

Legenden. Nennen wir den Bereich der Interpretation „Legende", denn wie auf einer Landkarte die Symbole für Straßen, Städte und Höhenlagen die Mittel sind, mit denen das Gebiet beschrieben wird, sind es in unseren Köpfen Werte und Erfahrungen, welche die Wirklichkeit in unseren Köpfen beschreiben.

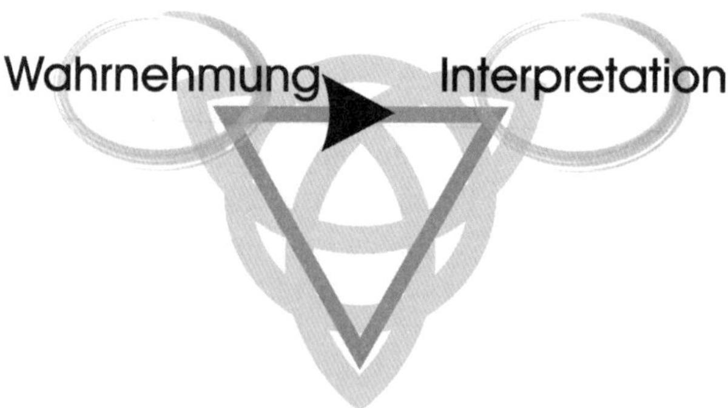

Gewohnheiten machen blind. Wir urteilen permanent und bilden Vorurteile. Wir haben damit ein nützliches Instrument entwickelt, um uns in einer sich permanent ändernden Umwelt zurechtzufinden, indem wir unsere Erfahrungen nützen und Neues rasch einordnen und bewerten. Der eine Kollege hat gute Erfahrungen mit seinem Chef gesammelt und interpretiert den Satz als nette Geste. Der andere wurde schon mehrfach von Vorgesetzten angepfiffen und vermutet hinter diesem Satz einen Tadel. Was es tatsächlich sein sollte, kann nur der Chef selbst wissen. Wir entwickeln im Lauf des Lebens die Gewohnheit, unseren Erfahrungen zu vertrauen, weil dieses Verhalten häufig hilfreich war. Kritisch wird es dann, wenn wir uns blind auf unsere Urteile und Vorurteile verlassen, ohne sie zu reflektieren. Dass wir das tun, hat die Yale-Studie eindrucksvoll bewiesen. Die Geschworenen agierten nach Adenauers Motto: „Ich habe meine Meinung, belästigen Sie mich nicht mit Tatsachen."

Jeder ist anders. Jeder Mensch hat in seinem Leben andere Erfahrungen gesammelt und andere Werte entwickelt. Das bedeutet, dass selbst wenn Menschen am gleichen Ort zur selben Zeit dieselbe Realität wahrnehmen, doch jeder dieser Menschen die Realität anders interpretiert und anders in seinen Erfahrungsschatz einordnet, anders beurteilt und andere Vorurteile bildet.

Emotion

Traurig oder erregt. Befriedigt die Wahrnehmung unsere Bedürfnisse nicht, sind wir uns traurig, ängstlich, sorgenvoll, zornig oder aufgebracht. Wenn wir hingegen befinden, dass die Wahrnehmung unsere Bedürfnisse befriedigt, fühlen wir uns entspannt, freudig erregt, inspiriert oder einfach glücklich.

Emotion schafft Reaktion. Gefühle sind der unbewusste Motor unserer Reaktionen auf die Umwelt. Der eine der beiden Mitarbeiter interpretiert den Satz des Chefs als Ausdruck der Zuwendung und freut sich darüber: „Schön, dass ich den Chef noch gesehen habe, bevor ich nach Hause gehe." Sein Chef kann die Reaktion auf seinem Gesicht ablesen: er lächelt entspannt und blickte ihm in die Augen, während er grüßt. Der andere Mitarbeitern geht in seiner Interpretation andere Wege: „Wahrscheinlich hat der Chef nur darauf gewartet, dass ich einmal früher nach Hause gehe. Dabei bin ich seit 6 Uhr im Büro. Aber das würdigt ja niemand." Er wird zornig, und sein Chef nimmt das wahr: Das Gesicht rötet sich, der Blick senkt sich zu Boden, er drückte sich am Chef vorbei und beschleunigt seinen Schritt in Richtung Tür.

Jeder ist anders. Jeder Mensch hat in seinem Leben andere Erfahrungen gesammelt und andere Werte und Bedürfnisse entwickelt. Das bedeutet, dass wenn Menschen am gleichen Ort zur selben Zeit dieselbe Realität wahrnehmen, doch jeder dieser Menschen die Realität anders interpretiert und anders in seinen Erfahrungsschatz einordnet, anders beurteilt und andere Vorurteile bildet.

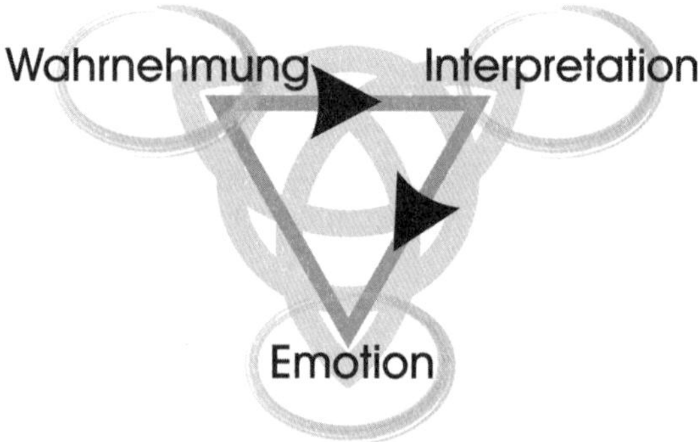

Nicht mit eigenen Werten messen. Selbst wenn in einem Unternehmen alle Mitarbeiter und Führungskräfte an einem Strang ziehen, so tun sie das doch in unterschiedliche Richtungen, weil ihnen unterschiedliche Dinge wichtig sind. Das ist das Potenzial, aus dem Konflikte entstehen. Wenn Sie sich manchmal fragen, wieso Ihr Gegenüber ganz anders reagiert, als Sie es erwartet hätten, sind Sie möglicherweise einem großen Missverständnis aufgesessen. Sie waren vielleicht der irrigen Meinung, dass Ihr Gegenüber nicht mit seinen, sondern mit Ihren Erfahrungen und Werten die Situation interpretiert. Jetzt wissen Sie es besser!

Alarmsignale. Wenn sich alle einig sind, spielen diese Unterschiede keine negative Rolle, im Gegenteil: Unterschiedliche Betrachtungsweisen und Zugänge zu einem Sachthema fördern Kreativität und Lösungskompetenz. Doch das schlummernde Konflikt-Potenzial wird in solchen Situationen brisant, wo es nicht um die Sache, sondern um den Menschen geht: wenn man meint, etwas sagen zu müssen oder nicht sagen zu dürfen, weil sonst ein eigenes Bedürfnis verletzt wird (anerkannt sein, gemocht werden, geachtet werden, etwas erreichen, dazu gehören usw.). Das ist das Alarmsignal für Konflikte.

Kritische Situationen. Führungskräfte kennen diese kritischen Situationen: Nicht jeder Mitarbeiter leistet stets exzellente Arbeit, nicht immer hat man als Chef Freudenbotschaften zu vermitteln, nicht immer vermeint man die Zeit zu haben, sich den Mitarbeitern als Mensch zu widmen, nicht jeder Auftrag, den man als Chef erteilt, ist für den Mitarbeiter eine tolle Herausforderung. Als Chef ist es auch Ihre Aufgabe zu sagen, wenn Sie mit Leistungen nicht zufrieden sind. Doch selbst gut gemeintes Lob kann seinen Zweck verfehlen, wenn es falsch formuliert ist. Wir wollen uns daher besonders jenen Situationen zuwenden, die auch erfahrene Führungskräfte mitunter als kritisch empfinden.

Die Drama-Dynamik

Das Drama-Dreieck

Ein einfaches Modell. Eine klare und einfache Antwort gab uns Stephen Karpman Ende der 60er-Jahre des vergangenen Jahrhunderts. Er entwickelte ein einfaches, aber höchst effektives Modell, das Drama-Dreieck mit den drei Positionen: Opfer, Täter, Retter. Diese drei Rollen, zu denen Menschen in unterschiedlicher Ausprägung neigen, und die daraus entstehende Dynamik sind der Grund dafür, dass wir in kritischen Situationen unsere Stärken nicht vollständig zur Geltung bringen. Wir überdecken unsere Potenziale, indem wir – meist unbewusst – in Drama-Rollen schlüpfen. Diese Drama-Rollen sind, wie schon gesagt:

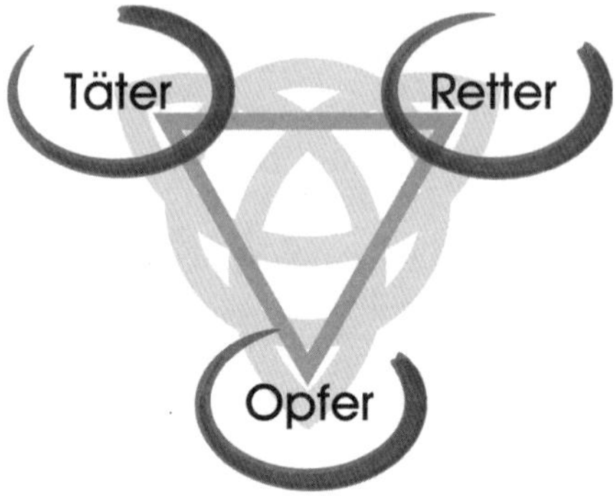

Die Rollenverteilung im Drama ist bei allen Konflikten leicht zu erkennen, egal ob es sich um Ehestreit, Konflikte im Unternehmen oder internationale Auseinandersetzungen oder das Drama im eigenen Kopf handelt.

Barbara ist sauer: Ihr Chef Helmut gab ihr das Konzept für die neue Organisation des Lagers zurück: „Das ist viel zu früh, zuerst müssen wir den Einkauf neu organisieren. Glauben Sie mir, ich habe Erfahrungen damit!" Barbara glaubt, er habe das Konzept nicht einmal gelesen. In der Mittagspause sitzt sie mit bitterer Miene neben ihrer Freundin Silvia und wartet darauf, dass diese sie endlich fragt, warum sie so bedrückt ist. Aber Silvia fragt nicht und genießt ihr Mittagessen. Da kann sich Barbara nicht mehr zurückhalten: „Stelle dir vor, was mir heute passiert ist: Gestern habe ich dem Chef mein Konzept für das neue Lager gegeben, und heute früh hat er es mir auf den Schreibtisch gelegt und gesagt, es kommt überhaupt nicht in Frage, dass wir die Lagerorganisation ändern. Das ist jetzt schon das dritte Konzept, das er ablehnt, ich schmeiß ihm bald alles hin! Du kennst ihn doch schon länger als ich, kannst du nicht mal mit ihm reden?"

Der Chef als Täter. Chef Helmut wird von Barbara als Täter wahrgenommen. Sie meint, seine Handlung habe einige ihrer Werte verletzt: Ein unternehmerisches Konzept zu erstellen braucht Ideen, Erfahrung und Know-how. Bei der Erfüllung dieser Aufgabe kann sie sich selbst verwirklichen. Wird das Konzept als Ganzes abgelehnt, werden damit gleichzeitig Barbaras Stärken in Frage gestellt und ihr Bedürfnis, sich selbst zu verwirklichen, wird zwecklos, da das Ergebnis nicht genützt wird.

Ich weiß, wo's lang geht! Täter verletzen durch ihr Handeln die Werte anderer; sie schaffen in den Augen ihrer Opfer Win-lose-Situationen. Ihre Einstellung ist: „Ich weiß, wo es lang geht, doch die anderen sind zu dumm, das zu verstehen." Thomas Harris, der Direktor der Internationalen Vereinigung für Transaktionsanalyse, brachte die Einstellung des Täters in die Kurzform: „Ich bin ok, du bist nicht ok." Hinter der Einstellung des Täters steht der Wert, Macht auf andere auszuüben und damit die Dinge unter Kontrolle zu haben. Barbaras Konzept brachte Helmut möglicherweise auf die Idee, sie könnte die Initiative ergreifen und Handlungs-Führerschaft übernehmen. Seine ablehnende Haltung war die Reaktion des Täters.

Armes Opfer. Barbaras Empörung mündete in Hilflosigkeit, die sie gegenüber ihrer Freundin in der Bitte ausdrückte, mit dem Chef zu reden. Die Handlung ihres Chefs bewog sie, in die Rolle des Opfers zu schlüpfen, das heißt, sie sieht sich in dem Spiel auf der Seite der Verlierer. Auch diese Rolle setzt nach Thomas Harris eine Einstellung voraus: „Ich bin nicht ok, du bist ok." Sie überlässt dem Chef das Handlungsfeld und nimmt sich selbst als hilflos wahr. Das Ergebnis: sie glaubt jemanden zu brauchen, der das scheinbar unausgewogene Verhältnis Chef – Mitarbeiter wieder ausgleicht. Der dahinter liegende Wert ist, dazu zu gehören, von den anderen anerkannt und integriert zu sein. Opfer suchen Hilfe nicht bei sich selbst, sondern von außen. Hätten sie die Idee, wie sie sich selbst helfen können, wären sie nicht Opfer.

Die Rettung naht. Bis hierher ist ein Konflikt etwas, das sich vielleicht auf ähnliche Weise oder mit umgekehrter Rollenverteilung wiederholt oder auch nicht. Konflikte werden erst stabil oder verstärken sich sogar, wenn jemand da ist, der die dritte Rolle für sich in Anspruch nimmt. Silvia erhielt von Barbara mit ihrer Bitte um Hilfe die Einladung, die Rolle der Retterin zu übernehmen. Je nach Neigung kann Silvia die Einladung annehmen oder negieren. Als Retterin wird sie gerne einwilligen und mit dem Chef reden. Ihre Haltung dabei ist: „Ich mache das schon für dich!", dem liegt nach Thomas Harris die Einstellung zugrunde: „Ich bin nicht ok, du bist nicht ok."

Die Welt ist böse. Das unterscheidet Retter von Tätern. Für die Retter ist auch die Welt nicht ok. Ihre permanente Aufgabe ist, wachsam zu sein, um die Welt nötigenfalls vor Schaden zu bewahren. Retter tun das jedoch auf eine Art und Weise, die das Opfer nur kurzfristig entlastet (so wie der Rettungsdienst einen Verwundeten versorgt und ins Spital bringt), doch die langfristige Unterstützung bleiben sie dem Opfer schuldig. Sie „retten" zwar, machen aber damit das Opfer nicht handlungsfähiger. Des Retters Bedürfnis ist jenes nach Ordnung; Täter verletzen die Ordnung und machen sich damit den Retter zum Feind.

Die Dynamik des Dramas. Für die Aufrechterhaltung und Eskalation von Konflikten ist die Rollenverteilung alleine zu wenig. Die eigentliche Dramatik eines Konfliktes entsteht durch die Drama-Dynamik. Das ist eine spezielle Form des Rollenwechsels im Drama-Dreieck, welche bewirkt, dass Unstimmigkeiten zu Konflikten eskalieren:

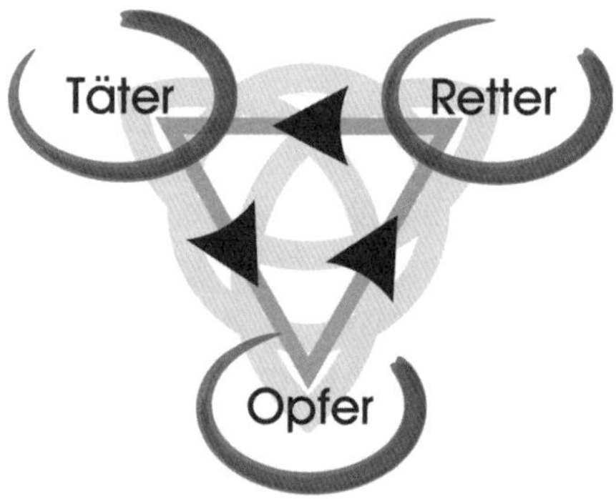

Silvia tut Barbara Leid: So sollte man mit einer versierten Mitarbeiterin nicht umgehen! Sie findet gleich nach dem Mittagessen Gelegenheit, mit Helmut zu reden: „Helmut, wir beide arbeiten jetzt schon lange in dieser Firma. Aber jetzt habe ich etwas gehört – ich denke, ich muss dir das gleich sagen: Mitarbeiter beklagen sich, dass ihre Arbeit nicht anerkannt und genützt wird, und es sollen gute Dinge dabei sein. Ich bin ja nicht der Chef, aber ich würde schon auf meine Leute hören, wenn sie Konzepte entwickeln ..."

„Ach so" unterbricht sie Helmut „ es geht um Barbara, hat sie sich beschwert? Sie sollte endlich mal zur Kenntnis nehmen, dass sie das tun soll, was ihre Aufgabe ist, nämlich sich um die Verwaltung zu kümmern. Ich habe sie nicht um das Konzept gebeten."

Barbara: „Aber sie hat – auch ungebeten – verdammt noch mal gute Arbeit geleistet! Und das kann man doch nicht einfach ignorieren. Du tust doch immer nur, was dir in den Kram passt und ...“ Doch Helmut hört ihr nicht weiter zu, er dreht sich um und entschwindet in sein Büro.

Vom Retter zum Täter. Ist das der Weg zur Lösung? Wenn Retter aktiv werden, ist meist das Gegenteil der Fall: das Drama verfestigt oder vertieft sich. Retter setzen Entwicklungen in der revolutionären Richtung in Gang. Wie tun sie das? Sie sind der Angelpunkt, an dem sich die Spirale des Dramadreiecks in Bewegung setzt: Zunächst nörgelte Silvia herum, ohne Farbe zu bekennen. Sie verschanzte sich hinter „Man“-Aussagen, ohne konkret zu werden. Als Helmut in ihren Augen standhaft in der Rolle des Täters bliebt, kippte ihr Verhalten, sie wurde selbst zur Täterin und griff Helmut frontal an.

Die revolutionäre Spirale dreht sich. Der erste Rollenwechsel hat meist weitere zur Folge: In Helmuts Augen hat Silvia das Agieren übernommen und beginnt durch ihren Angriff, Macht auf Helmut auszuüben. Vielleicht war es die Überraschung, jedenfalls kam er mit der Situation nicht zurecht, er mutierte zum Opfer und flüchtete in sein Büro. Täter- und Opferrolle sind nun neu besetzt, die Rolle des Retters steht damit zur Disposition und könnte von Barbara genommen werden – zum Beispiel indem sie Silvia vorhält (ohne sie zunächst offen anzugreifen), dass man so mit Helmut nicht umgehen kann, er sei ja nach wie vor der Chef. Dabei wird sie etwas heftig und die Spirale dreht sich weiter.

Drama gibt es überall. Keine Sphäre, sei es Politik, Wirtschaft, Familie oder Freundeskreis bleibt von Drama-Gewohnheiten verschont. Was wir im Büro gut können, verlernen wir zuhause nicht.

Wenn Peter nachhause kommt und seine Frau mit dem Abendessen auf ihn wartet, möchte er nicht über Probleme reden. Aber Maria überfällt ihn gleich bei der Vorspeise: „Peter, ich halte das nicht mehr aus! Stell dir vor, unsere Tochter schlägt einem Lehrer die Türe vor der Nase zu, weil er ihrer Meinung nach jemandem Unrecht getan hat. Natürlich muss ich mir das vom Lehrer anhören. Und wenn ich dann mit ihr rede, wird sie auch noch frech! Da krieg ich gleich wieder meine Migräne! Ich kann nicht mehr, bitte rede du ein ernstes Wort mit ihr!“

Die Mutter ist als klassisches Opfer überfordert und hilflos. Die Tochter ist in ihren Augen Täterin. Sie bittet ihren Mann, aktiv zu werden und sie zu „retten“:

Peter murmelt „Ja, mach ich“ und nimmt am nächsten Morgen seine Tochter zur Seite: „Michaela, so geht das nicht! Man sollte Lehrer respektieren. Deine Mutter ist schon krank von den Schulproblemen. Wenn du dich nicht zusammenreißt, werde ich ernste Maßnahmen ergreifen. Das Sommercamp kannst du dir sowieso schon abschminken!“ Und weil Peter das ernst meint, bekommt er einen roten Kopf.

Töchterchen nimmt Vaters Einladung, sich als Opfer zu verhalten, an:

Michaela geht zur Mutter. „Mama, du musst mir helfen, der Papa ist so ungerecht. Immer droht er mir, statt dass er mir hilft.“ Und weil sie sich so aufregt, bekommt sie wieder einen Asthmaanfall.

Mama macht das Spiel mit und übernimmt die freie Retter-Rolle, das Drama wird zum Perpetuum mobile:

Maria beschließt, am Nachmittag mit ihrem Mann zu reden. „Peter, jetzt hast du aber übertrieben! Das arme Kind ist ganz verstört. Wenn du ihr drohst und mit ihr schimpfst, wird sie sicher auch nicht besser in der Schule! Du solltest dir gefälligst angewöhnen, ...“

Drama zu zweit. Es sind keineswegs drei Akteure vonnöten, um den Drama-Kreislauf voll auszuspielen, zwei Menschen reichen vollauf: Ein Kunde sagt zum Berater: „Sie haben mich schlecht beraten. Ich gehe woanders hin.“ (Kunde: Täter, Berater: Opfer). Der Berater versucht daraufhin, sich selbst zu retten, und sucht nach Argumenten (in Gedanken: „So geht man mit mir nicht um!“). Er sagt zum Kunden: „Sie haben mir ja nicht alles gesagt, um Sie gut zu beraten. Sie müssen mir schon mehr Informationen geben.“ (Berater: Täter). Der Kunde kann die Opfer-Einladung annehmen und dort verharren oder sich selbst retten und niederschmetternde Gegenargumente von sich geben.

Drama alleine. Sie ahnen schon: Nicht einmal zwei Akteure werden gebraucht, ein düsterer Kopf reicht: Der Berater greift zum Hörer, um einen unangenehmen Kunden anzurufen und denkt: „Was muss ich mir jetzt bloß wieder anhören?“ (Opfer) Er rettet sich selbst und legt auf, weil ja doch die Kalkulation auch gemacht werden sollte. (Retter) Nach einiger Zeit denkt er: „Jetzt hast du schon wieder gekniffen! Jetzt ruf endlich an!", und wird sein eigener Täter. Den Hörer in der Hand erkennt er sich als sein eigenes Opfer und …

Das Drama beginnt im eigenen Kopf. Da besonders das Drama im eigenen Kopf am wenigsten bewusst abläuft, noch einige Beispiele. Wenn Sie den einen oder anderen Gedanken der folgenden Geschichten selbst schon einmal gedacht haben, freuen Sie sich, das Erkennen ist der erste Schritt zur Lösung.

Otto fährt täglich mit dem Auto ins Zentrum. Oft genug steckt er im Stau. Eine endlose Kolonne, alle wollen in die gleiche Richtung, alle stehen still. Otto sieht, dass sich die Kolonne fünf Meter weiter bewegt, nur das Auto vor ihm nicht. „Fahr doch endlich!", denkt er und drückt auf die Hupe. Einige hinter ihm tun es ihm gleich.

Jürgen steckt in derselben Kolonne. Er ist verzweifelt: „Ich habe es geahnt: Der größte Stau ist immer dann, wenn ich einen wichtigen Termin habe."

Hans steht unmittelbar dahinter und denkt: „Es sind viel zu viele Dilettanten unterwegs. Man sollte die alle aus dem Verkehr ziehen. Dann kämen wir auch schneller weiter."

Hat sich der Stau durch diese Gedanken rascher aufgelöst? In welcher Stimmung werden die drei sein, wenn sie ins Büro kommen? Otto, Jürgen und Hans könnten natürlich auch mit der Bahn fahren – und sich dort genauso verhalten: Otto würde heftig seine Ellbogen einsetzen, um einen Meter weiter in den überfüllten Waggon vorzudringen, Jürgen würde murmeln „Immer ist *mein* Zug verspätet!", und Hans würde sich über die unfreundlichen Zugbegleiter mokieren. Die Stimmung beim Eintreffen im Büro wäre wohl ähnlich schlecht.

Susanne ist unzufrieden. Sie wollte laufen gehen, doch sie ist nicht früh genug aus dem Bett gekommen und denkt: „So werde ich nie abnehmen! Ich schaffe das einfach nicht." Susanne steigt auf die Waage: sie wiegt etwas mehr als gestern. Da kommt Wut in ihr hoch, Wut auf Renate, die im Büro neben ihr sitzt und essen kann, was und wie viel sie will, und trotzdem schlank ist. Sie beschließt, heute besonders muffig zu ihr zu sein.

Ist Susanne auf diese Weise schlanker geworden? Nur ihre Mundwinkel haben sich mehr nach unten gezogen. Und die Stimmung im Büro ist im Tief.

Die Wartepositionen des Dramas. Gewohnheiten bleiben Gewohnheiten, auch wenn gerade eben keine Konflikte Vulkanasche über die Beteiligten verstreuen. Das Verhalten bleibt analog zu den Drama-Gewohnheiten. Das heißt: Sie können bei genauem Hinschauen auch ohne Konflikt wahrnehmen, wer im ausbrechenden Konflikt wahrscheinlich welche Rolle einnehmen wird.

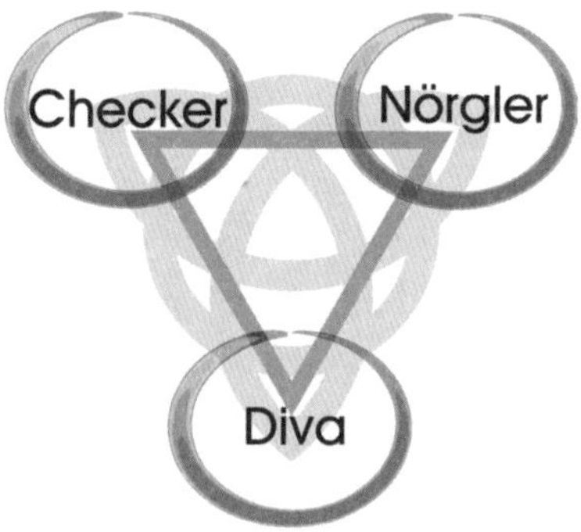

Der Täter als Checker. Der Täter weiß genau, wo es langgeht, auch wenn alles paletti ist. Wenn es niemanden zu attackieren gibt, kann er cool sein, und sich mit Bemerkungen wie: „Fragt das nächste Mal gleich mich, bevor ihr mit solchen Dingen anfangt. Dann wäre das Ganze schneller gelaufen“, wichtig machen. Diese Aussagen sind noch kein Angriff, aber sie sollen deutlich machen, dass nur er ok ist und sich auskennt. Sobald er merkt, dass ihm die Macht entschwindet, packt er sofort sein Täter-Konzept aus und greift an.

Das Opfer als Diva. Wichtig ist, von den anderen akzeptiert, anerkannt und geschätzt zu sein. In guten Zeiten will das ausgekostet werden. Als Diva sucht das geneigte Opfer Gelegenheiten, im Rampenlicht zu stehen und von den anderen beklatscht zu werden. Durch „Fishing for Compliments“ versucht es zu bekommen, was nicht freiwillig gegeben wird. „Habe ich das nicht gut hingekriegt?“ Wie viele Künstler genießen sie die Selbstdarstellung und Ovationen. Bleiben diese versagt oder gibt es gar schlechte Kritiken, bleibt die Opfer-Rolle als Zuflucht.

Der Retter als Nörgler. Auch wenn es niemanden zu retten gibt, man selbst, die anderen und die Welt bleiben „nicht ok". Während Checker und Diva eine weniger dramatische Rolle spielen, wird aus dem an und für sich positiv besetzten Retter der Nörgler. Gott sei Dank gibt es Retter, die auch in guten Zeiten wachsam sind und die Welt beobachten. Mit der Einstellung: „Irgendwo liegt der Hase im Pfeffer" findet sich der Hase auch früher oder später. Nörgler markieren den Hasen mit Aussagen wie: „Mich geht das ja nichts an, aber so geht man mit Menschen nicht um", oder „In der Theorie klingt das ja ganz schön, aber die Praxis schaut anders aus, das funktioniert so sicher nicht." Mit ihren Warnungen und ihrer negativen Kritik bringen sie evolutionäre Entwicklungen zu Fall.

Panta rhei. Sind die Drama-Rollen stabil? Natürlich nicht! Gewohnheiten können angenommen und abgelegt werden, Autobahnen im Gehirn werden weniger genützt als früher und neue werden gebaut. Wir ändern Gewohnheiten oft durch äußere Einflüsse: Wenn eine neue Herausforderung auf uns zukommt, reagieren wir darauf, indem wir neue Fähigkeiten und Gewohnheiten erwerben. Ein längerer beruflicher Auslandsaufenthalt veranlasst uns, die dortige Sprache zu lernen. Die Sprache wird uns zur Gewohnheit. Wir können uns aber auch ohne äußeren Einfluss zu jeder Veränderung unserer Persönlichkeit entschließen, weil wir uns weiterentwickeln und in unserer Persönlichkeit wachsen wollen. So können wir auch durch äußeren Einfluss oder inneren Entschluss Drama-Gewohnheiten verändern, verstärken oder reduzieren.

Auf Menschentypen ist kein Verlass. Gewohnheiten stehen in Zusammenhang mit dem Kontext, in dem sie gelebt werden. Manche Menschen sind beruflich sehr zurückhaltend, doch im Freundeskreis nach Feierabend sind sie nicht wieder zu erkennen. Wir bilden Gewohnheiten, weil wir damit erfolgreich waren und den Erfolg wiederholen wollen. Die Entscheidung dazu treffen wir manchmal bewusst, meist aber unbewusst. So mancher Kollege ist im Büro der große Checker und zuhause lammfromm oder umgekehrt. Außerdem: Selten neigen Menschen in Konflikt-Situationen zu einer einzigen Drama-Rolle, meistens tendieren sie zu zwei der drei Rollen. Die bevorzugten Rollen bilden jedenfalls den wahrscheinlichsten Einstiegspunkt in Dramen.

Drama-Rollen – die Schattenseite der Primärenergien

Rolle oder Gewohnheit. Beim Weltkongress für Transaktionsanalyse 1977 in Los Angeles wurde der Transaktionsanalytiker Stephen Karpman gefragt, wie denn – einmal erkannt – Drama aufgelöst werden könne. Seine Antwort: „Am besten lässt man sich gar nicht erst darin verstricken." Am einfachsten ist es also, eine Drama-Einladung nicht anzunehmen. Doch Drama-Rollen sind nicht etwas, wo man ein- oder aussteigen kann, so wie Schauspieler in Rollen schlüpfen und wieder heraustreten. Schauspieler verwandeln sich bewusst, doch Drama-Rollen sind Gewohnheiten, die wir meist unbewusst nutzen. Erst wenn wir das eigene Konfliktverhalten reflektieren, können wir die bewusste Entscheidung treffen, dramatisches Verhalten zu nützen oder etwas anderes zu tun.

Wo Schatten ist, ist auch Licht. Das wohl Erstaunlichste an diesen Gewohnheiten ist: sie sind prinzipiell nicht negativ oder böse. Drama-Rollen sind die Schattenseiten unserer Primär-Energien. In Konflikten wirkt also keine „negative Energie" (was es auch in der Physik nicht gibt), sondern die grundsätzlich zur Verfügung stehenden Energien und Stärken werden blockiert und nicht genützt.

„Nicht ok" kostet Energie. Nach dem Prinzip der Drama-Rollen ist mindestens eine Person in dem Spiel nicht ok – also dumm oder gemein. Solange wir glauben, dass andere dumm oder gemein sind, ist jedoch keine Lösung möglich. Dieser Glaube verhindert die Freisetzung der Primärenergien, Auflösung von Dramen und die Lösung von Problemen. Wie kann eine Gemeinschaft zu Ergebnissen kommen, die für alle vorteilhaft sind, wenn deren Mitglieder einander die dazu notwendigen Fähigkeiten absprechen und ihnen gar nicht zutrauen, solche überhaupt anzustreben?

„Alle ok" ist die Lösung. Erst wenn wir unsere Primär-Energien nützen und daran glauben, dass die anderen Beteiligten ok sind, kann das Ergebnis WIN WIN sein. Die Einstellung aller Primär-Energien ist einfach: „Ich bin ok, du bist ok." Eine von uns in einem großen österreichischen Unternehmen durchgeführte Studie mit 600 Führungskräften ergab, dass jene Chefs ihr Geschäft erfolgreich führten (belegt durch bessere Geschäftszahlen in ihrem Bereich, also mehr Umsatz und geringere Fluktuation), die eine gute Meinung von sich und ihren Mitarbeitern hatten. Diese Studie zeigt deutlich den Konnex zwischen den beiden Seiten der Bilanz – der finanziellen und der humanen.

Die Sonnenseite des Lebens. Wie ist die Sonnenseite der Drama-Rollen beschaffen? Die hinter den Drama-Rollen wirkenden Werte lassen die positiven Aspekte ahnen, die durch die hinderliche Idee, jemand im Spiel sei nicht ok, verdeckt werden. Bevor wir uns den Strategien zuwenden, Konflikte in Lösungen zu transformieren, sollten wir wissen, was hinter der Schattenseite zum Vorschein kommt.

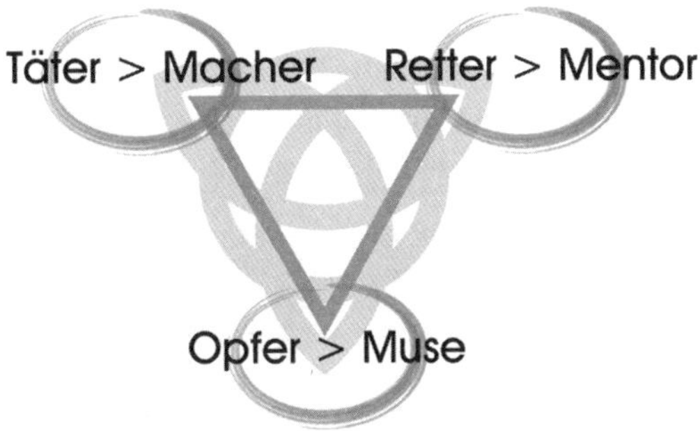

Täter oder Macher. Täter sind stark, sie setzen sich durch und schaffen dabei Win-lose-Situationen. Die Sonnenseite des Täters ist seine Durchsetzungskraft, seine stetige Bereitschaft, aktiv und praktisch zu handeln. Er nimmt eine Idee in die Hand, setzt sie um in konkrete Planung und macht sie real. Er schaut in die Zukunft und will dort die Dinge verwirklicht sehen. Er ist der Macher.

Opfer oder Muse. Opfer erkennen in ihrer Notsituation keine Handlungsoptionen und wähnen sich hilflos. Ohne Drama – und das zeigen sie bereits als Diva – sind sie die Erfinder von Handlungsoptionen, Alternativen und Ideen. Kreativität und Flexibilität sind ihre Stärke, in jeder Situation (die nicht dramatisch ist) finden sie originelle Lösungsansätze. Sie lieben neue Situationen mit vielen Alternativen und Veränderungen, ja sie lösen sie durch ihre Kreativität meist sogar aus. Ihre Zeit ist das Hier und Jetzt, das es als Muse zu genießen gilt.

Retter oder Mentor. Retter – insbesondere als Nörgler – sind sehr kritisch. Ihre Kritik ist zerstörerisch, obwohl sie eigentlich nach Ordnung streben. Doch auch für destruktive Kritik muss man zuerst genau hinschauen. Der einfühlsame Retter nimmt rasch die Witterung des Opfers auf und beginnt sein Hilfswerk. Die Stärke des Retter ist sein Einfühlungsvermögen und die Tendenz, für andere da zu sein, sie zu unterstützen. Im Wissen, dass die anderen durchaus imstande sind, sich selbst zu helfen, leistet er als Mentor Hilfe zur Selbsthilfe und wirkt damit nicht nur kurativ sondern auch generativ. Sein Feedback ist unterstützend und fördernd.

Energie zeigt Wirkung. Nach außen wirkt die Muse als Flexibler, der Macher als Aktiver und der Mentor als Sensibler. Flexibilität, Aktivität und Sensibilität sind die drei Energien, die – in ausgewogenem Maß genützt – in jedem Unternehmen zum Erfolg führen. Doch Ausgewogenheit alleine ist zu wenig – und hier schließt sich der Kreis der Erkenntnis: der evolutionäre Führungskreislauf gibt auch die Reihenfolge vor, in der wir diese Energien nutzen sollten, um Konflikte und Probleme zu lösen

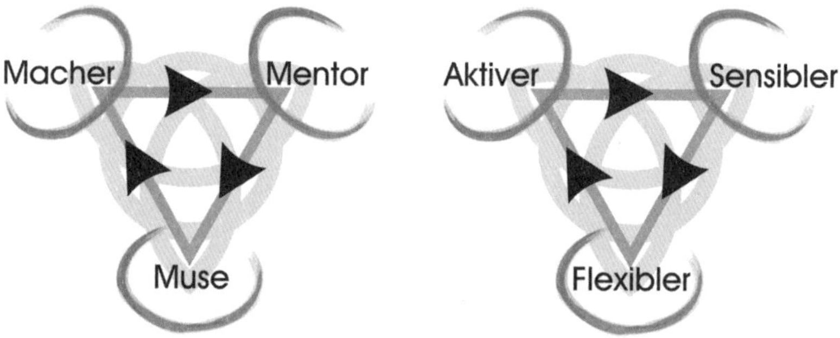

Die Disney-Strategie. Ein Mann, der mit seinen Fähigkeiten ein Unterhaltungsimperium schuf, hat sich diese drei Qualitäten zunutze gemacht – es war Walt Disney. Er hatte drei Arbeitszimmer: Eines für seine kreativen Schöpfungen, eines für deren Realisierung in konkrete Projekte, und eines, in das er sich zurückzog, um über seine Projekte nachzudenken. Er unterschied sorgfältig zwischen diesen drei Tätigkeiten und ließ es auch nicht zu, dass Mitarbeiter in den Räumen etwas anderes taten als das, wofür sie bestimmt waren. Jedes große Projekt, das er startete, musste die drei Phasen durchlaufen. Das Ergebnis war ein Maximum an Kreativität, an umgesetzten Projekten und an Qualität, wie es eben in jedem Unternehmen sein soll. Sein Erfolg spricht für ihn und die Wirksamkeit evolutionärer Entwicklung.

Die Lösung ist Ordnung

Die Auswahl entscheidet. Wenn wir über Dramen, Konflikte oder erfolgreiche Zusammenarbeit und Entwicklungen reden, dann geht es dabei immer um die Qualität der Kommunikation – in unserem Kopf oder mit anderen Menschen. Der Soziologe Niklas Luhmann beschrieb Kommunikation als einen Prozess mit drei Unterscheidungen:

- Information
- Mitteilung
- Verstehen

Kommunikation ist Selektion. Jedes dieser drei Elemente bedarf einer vorherigen Selektion: Die zu vermittelnde Information muss vom Sender der Botschaft aus unendlich vielen möglichen Informationen ausgewählt werden, so wie die Art und Weise der Mitteilung (schriftlich, mündlich, geharnischt, flüsternd, ...) zu wählen ist. Die Information kann auf zahllose Weisen verstanden werden. Verstehen umfasst auch, zwischen Information und Mitteilung der Botschaft unterscheiden zu können, also das Verstehen, dass es sich um zwei unabhängige Elemente handelt. Die Information: „Kommen Sie in mein Büro“, ist eine Sache, die Mitteilung, also die Form, wie der Satz mitgeteilt wird, fügt dem Satz eine weitere Qualität hinzu. Der Satz kann gebrüllt, geflüstert, als E-Mail versendet, fast als Frage tonalisiert oder durch einen Dritten übermittelt werden. Jede Form des Satzes kann vom Empfänger anders verstanden werden.

Kommunikation sucht Anschluss. Der Chef ersucht seinen Mitarbeiter, einen Bericht ein paar Stunden früher als vereinbart zu übergeben. Die Bitte ist die Information. Der Chef wählte eine mündliche und eher fragende als fordernde Form der Mitteilung. Der Mitarbeiter versteht die Bitte als Information und die gewählte Form als Mitteilung des Chefs. Sein Bewusstsein nimmt die Unterscheidungen auf und interpretiert, dass der Chef den Bericht zwar braucht, ein Nein aber nolens volens akzeptieren würde. Kommunikation ist nach dem Biologen und Neurophysiologen Humberto O. Maturana ein System, das seine Prozesse autark reproduziert; er nannte diese Form Autopoiese (auto = selbst, poiein = machen). Das heißt, Kommunikation ist dann ein lebendiges, sich selbst reproduzierendes System, wenn sich an Verstehen wiederum Information, Mitteilung und Verstehen zu einer zyklischen Prozesskette anschließt. Das Bewusstsein des Mitarbeiters selektiert die Information und wählt die Form der Mitteilung.

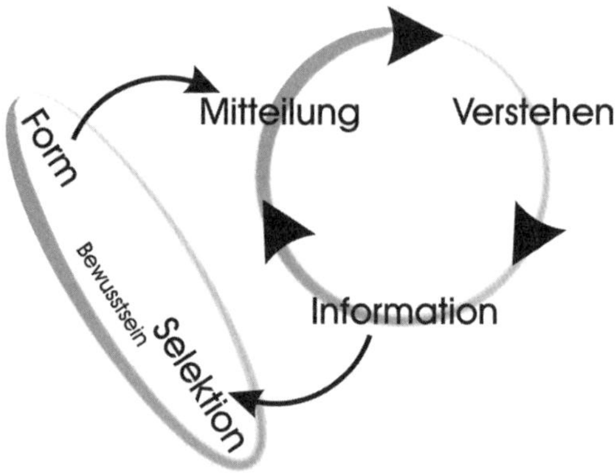

Deine Rede sei ja, ja, nein, nein. Er hat dafür zwei Möglichkeiten: Er kann über ein Nein oder über ein Ja anschließen. Das heißt, der Mitarbeiter versteht die Botschaft und interpretiert sie als ok (dann baut jede weitere Überlegung und die daraus resultierende Information auf dem Ja auf) oder nicht ok (dann baut alles Weitere auf dem Nein auf). Diese Entscheidung hat enorme Konsequenzen. Der Mitarbeiter mag sich entschließen, die Bitte des Chefs nicht zu erfüllen. Er schließt also über ein Nein an und wählt die zugehörige Information („Tut mir Leid, Chef, das ist unmöglich.") und Mitteilung (laut, gestikulierend).

Nein ist einfach. Es ist für ein Bewusstsein wie das des Mitarbeiters einfacher, sich für ein Nein zu entscheiden. Um Nein zu sagen, braucht man kaum nachzudenken. Ablehnende Haltung ist rasch formuliert und man kann sich hinter dem Mäntelchen des Wissenden verstecken („Meine Erfahrung sagt mir: Das funktioniert nie.", „Das glauben Sie doch selbst nicht.", „Die Praxis schaut anders aus.") Solange man in weiterer Folge nicht gezwungen wird, Alternativen anzubieten, hat man unendlich viele Möglichkeiten, das Nein zu argumentieren.

Chaos durch Nein. Der Anschluss über Nein schafft oder stabilisiert Chaos. Denn ein Nein lässt zahllose Möglichkeiten offen. Der Mitarbeiter schlägt die Bitte ab, damit wird aus den unendlichen Möglichkeiten nur eine eliminiert (nämlich die, zuzustimmen), alle anderen bleiben möglich (er kann seine Frau anrufen, eine Zigarette rauchen, über den Chef herziehen oder ein schlechtes Gewissen haben, weil er Nein gesagt hat, usw.). Und unendlich minus eins ist noch immer unendlich.

Aus Chaos wird Ordnung. Der Anschluss über Ja reduziert die Möglichkeiten auf diese eine. Damit wird es für den Mitarbeiter plötzlich nicht mehr so einfach. Er muss, wenn er mit Ja anschließt, auf diesem Ja aufbauen. Mit diesem Ja macht er aus Chaos Ordnung – ein Element ist fix –, er muss aber nachdenken, wie er diese Ordnung ausbaut: Der Mitarbeiter überlegt, wie er seine Aufgaben umschichten kann, um den Bericht früher fertig zu stellen. Er schafft damit noch mehr Ordnung, indem er auf das Ja einen Arbeitsablauf und Zeitstruktur organisiert. Ordnung schaffen braucht Energie. Nur wenn kein Drama läuft, steht diese Energie auch zur Verfügung, um weitere Ordnung zu schaffen.

Schaffen Sie Ordnung, denn Sie sind der Chef. Genau so ist es, wenn Sie als Chef Ziele vorgeben. Damit haben Sie eine Entscheidung getroffen, die Komplexität reduziert (aus unendlich vielen Möglichkeiten sich auf ein Ziel festzulegen) und Ordnung geschafft: das Ziel strukturiert die Handlungen, die notwendig sind es zu erreichen.

Sag Ja zum Leben. Die modernen Systemtheorien beweisen nur, was weise Menschen ohnedies schon lange mit anderen Worten verkündeten: Schopenhauers Ideen-Optimismus ist der bejahende Anschluss auf das, was jetzt gerade existent ist, wie negativ das auch sein mag. Watzlawick sagt mit dem Begriff der selbsterfüllenden Prophezeiung: Egal ob du etwas für möglich oder unmöglich hältst, du wirst Recht behalten. Wir tragen zu jedem Zeitpunkt die Verantwortung dafür, ob wir über Nein oder Ja anschließen. Das Ja ist nicht einfach, aber es macht die Zukunft leichter lebbar.

Ja mit Vorbehalt. Der evolutionäre Kreislauf wählt den Anschluss über Ja, aber er tut das nicht ohne Vorbehalte, ohne auf Vorsicht, Kritik und Optimierung zu verzichten. Der entscheidende Unterschied ist: Der evolutionäre Kreislauf geht davon aus, dass Information und Mitteilung von einer Quelle kamen, die weder dumm noch gemein, sondern ok ist und damit als Quelle akzeptiert wird. Weiters weiß der evolutionäre Kreislauf, dass Information und Mitteilung in dieser Situation das bestmögliche Ergebnis dieser Quelle sind, auf der er die Win-win-Lösung aufbaut. In einer

Arbeitssitzung werden Ideen entwickelt (Muse), diese Ideen werden als das bestmögliche Ergebnis akzeptiert und in realisierbare Pläne umgesetzt (Macher), als bestmögliche Planung akzeptiert und positiv kritisiert (Mentor). Die Kritikpunkte werden als bestmögliche Kritik akzeptiert und der Ideenfindung zugeführt (Muse) usw., bis der Mentor sagt: „Wir haben es geschafft."

Die drei glorreichen Ms. Mentor und Macher können einander auch deswegen vertrauen, weil sie beide wissen, dass es die Muse gibt, so wie Mentor und Muse wissen, dass der Macher sein Bestes geben wird, und Macher und Muse sich darauf verlassen, dass der Mentor sein Werk tut.

Kämpfen oder kooperieren. Natürlich lässt sich der Anschluss über Nein auch auf diese Theorien anwenden: „Ich weiß aus Erfahrung, dass die Welt dumm und gemein ist und wenn ich vertraue, habe ich schon verloren." Die Krux dieses Glaubens ist: Wer das glaubt, wird Recht behalten und verlieren, er wird aber auch verlieren, wenn er nicht vertraut. Denn Zusammenarbeit funktioniert nur mit Ja, destruktive Kritik kann per definitionem nur stoppen und nicht aufbauen. Nicht die Tiere, die einander bekämpfen sind evolutionär erfolgreich, sondern jene, die arbeitsteilig miteinander Lebensräume aufbauen. Löwen sind vom Aussterben bedroht, Ameisen hingegen gibt es seit Jahrmillionen und sie werden nicht gerade weniger. Sie sind die wahren Lebenskünstler auf Erden.

Die Lösungs-Strategie

Lösen Sie, wenn Sie wollen. Stephen Karpmans Rat, sich nicht im Drama verstricken zu lassen, ist leichter gesagt als getan, insbesondere wenn ein Kunde gerade mit der Vehemenz eines Täters seine Beschwerde über Sie ergießt oder der Mitarbeiter Ihnen sein Leid mit seinen Zimmerkollegen vorjammert oder ein Kollege sich wieder mal über den Chef empört. Gestärkt durch die mentale Vorbereitung des vorigen Abschnittes können wir uns nun an die professionelle Auflösung solcher Dramen wagen. Sechs Schritte führen sie aus den allermeisten Drama-Situationen heraus, ob als Chef, als Kollege oder Mitarbeiter. Ziel dabei ist nicht, alle Dramen dieser Welt zu vernichten und als erleuchtete Wesen um den Erdball zu schweben. Die Leistung der Lösungsstrategie ist, zur Verfügung zu stehen, wenn Sie sich entschieden haben, einen Konflikt zu lösen oder ihm im Entstehen zu begegnen.

Verabschiedungen. Sehen wir uns die Lösungsstrategie anhand des folgenden Beispieles an:

Franz und Andreas gehen den Flur entlang in Richtung Ausgang. Dort schaut Herbert, der Chef, um die Ecke und sagt: „Na, gehen wir schon nach Hause?" Was geht nun vor in den Köpfen von Franz und Andreas? Wieso kann Andreas antworten: „Ja, wenn Sie sich beeilen und mitkommen, gehen wir gemeinsam nach Hause", während Franz sich mit rotem Kopf vor Herbert in Position bringt? Und wie könnte Franz dem beginnenden Drama begegnen?

Die 6ER-Strategie. Die sechs Schritte der Lösungsstrategie sind

1. ***Erkennen*** der Drama-Dynamik
2. ***Erraten*** der aktuellen Drama-Rolle des anderen
3. ***Erforschen*** der Wahrnehmungen, Werte und Emotionen des anderen
4. ***Eröffnen*** der eigenen Wahrnehmungen, Werte und Emotionen
5. ***Ersinnen*** gemeinsamer Ziele
6. ***Erschaffen*** erster gemeinsamer Ergebnisse

1. Erkennen

Ein Gefühl als Trigger. Die eigene Befindlichkeit ist das beste Anzeichen für Drama-Dynamik. Sie zeigt sich in einer unmittelbaren Stimmungs-Verschlechterung. Wenn Sie dieses Kribbeln spüren, das immer dann auftritt, wenn Sie selbst ein Drama starten oder ein anderer, haben Sie damit Ihr Alarmsignal entdeckt. Erinnern Sie sich an konfliktträchtige Situationen und zoomen Sie dabei in den Anfang. Wie war Ihre Stimmung, welches Gefühl war in den ersten Momenten spürbar? – Lokalisieren Sie es in Ihrem Körper und achten Sie auf seine Qualität. Merken Sie sich das Gefühl, es wird in Zukunft der Trigger für die weiteren fünf Schritte.

Franz spürt sein Herz klopfen. Er weiß: Wenn er „rot sieht“, wird es kritisch. Es ist ein Druck in der oberen Bauchgegend verbunden damit, dass er gleichsam im Tunnelblick nur mehr den „Kontrahenten“ wahrnimmt. Dann wird es Zeit, die Bremse zu ziehen und ein paar Mal tief durchzuatmen.

2. Erraten

Die wichtigen Fragen zuerst. Der Trigger löst die unmittelbare Frage aus: Wer spielt welche Drama-Rolle und sendet welche Drama-Einladungen aus? Erkennen Sie am Äußeren die Rollen. Die folgenden Rollen-Zuschreibungen werden Sie dabei unterstützen.

Täter

Handlung: Der Täter greift eine oder mehrere Personen direkt an. Ziel ist, andere zu Opfern zu machen, sie durch die eigene Macht zu demütigen, damit wieder klar ist, wer das Sagen hat und dass nur er ok ist.

Aussagen: Das gesamte Täter-Statement ist meist kurz, so wie die einzelnen Sätze. Jeder Satz greift das Opfer direkt an. Der Täter sagt, wen er anklagt, und er droht offen mit den Konsequenzen. Die Stimme ist laut.

Gestik, Mimik: Die Gestik ist auf das Opfer hin gerichtet (zum Beispiel der ausgestreckte Zeigefinger). Die Körperhaltung ist frontal auf das Opfer ausgerichtet. Der Kopf bleibt ruhig, das Kinn ist etwas vorgestreckt, der Blick bohrt sich in das Opfer.

Opfer

Handlung: Das Opfer beklagt sich und jammert über die böse Welt, das Schicksal oder den Täter. Es würde viel lieber geliebt und nicht geschlagen werden. Es drückt seine Hilflosigkeit, Wertlosigkeit und Hoffnungslosigkeit aus und meint, wenn jemand beim Jammern zuhört, wird es besser.

Manchmal bittet es auch direkt um Hilfe. Opfer können vom Jammern nicht genug bekommen. Er wendet sich damit an den potenziellen Retter.

Aussagen: Geschichte reiht sich an Geschichte, die Sätze fließen ohne Struktur ineinander, von Pausen durchsetzt. Die Stimme ist klagend, monoton und meist leise.

Gestik, Mimik: Kopf und Schultern sind gebeugt, der Kopf bewegt sich unruhig hin und her. Der Blick ist nach unten gerichtet, selten geht der Blick in die Augen des Gesprächspartners. Der Körper bewegt sich unruhig, die Hände schützen den Körper.

Retter

Handlung: Der Retter/Nörgler macht auf Fehler, Mängel, Unzulänglichkeiten den falschen Weg oder Regelverletzungen aufmerksam. Seine Aussagen haben ein Ziel (einen Mensch oder eine Gruppe), aber er verschleiert es. Die Kritik ist indirekt, Rückzieher werden eingestreut („Mich geht es ja nichts an, aber …“). Als Retter hört er sich das Jammern des Opfers gerne an und meint, ihm damit Erleichterung zu verschaffen.

Aussagen: Die Sätze sind lang, umschreibend. Manchmal verwendet er eine lange Einleitung, bis er auf den Punkt seiner Kritik kommt. Ständig sind Formulierungen wie „sollte, müsste, sollte nicht, dürfte nicht“ usw eingestreut. Das Subjekt wird durch das verschleiernde „man“ ersetzt („So geht man mit Mitarbeitern nicht um.“)

Gestik, Mimik: Die Gestik und Körperhaltung lenkt von ihm ab. Der Kopf ist schräg gehalten, die Person steht in einem stumpfen Winkel zum Angesprochenen. Der Blick trifft den Gesprächspartner von der Seite und wird hin und wieder durch ein vorsichtiges Blinzeln unterbrochen. Die Hand hält das Kinn und bewegt sich dann abwehrend vor dem Körper.

Franz ist die eigene Rolle klar: Der Satz war für ihn – und diese Entscheidung läuft unbewusst und rasch – eine Anklage des Täters Chef, die ihn zum Opfer machen sollte. Um dem zu entgehen, startete er einen Eigenrettungsversuch und war auf dem Sprung, selbst als Täter den Chef zum Opfer zu machen. Das war das Ergebnis unbewussten Denkens. Nachdem er durchgeatmet hatte, war der Kopf wieder frei und er konnte die Art und Weise rekapitulieren, wie Herbert seine Information mitgeteilt hatte.

Herbert hatte „wir“ gesagt und damit Franz nicht direkt angegriffen. Er stand seitlich von den beiden Mitarbeitern, die Hand hielt das Kinn. Herbert tippte: „Der Chef begegnet mir als Nörgler. Da hätte meine Täter-Mitteilung noch mehr Drama erzeugt, als ohnehin schon im Raum ist.“

3. Erforschen

Doppelter Monolog. Drama entsteht dadurch, dass zu wenig Wissen über die eigene Position und die des anderen vorhanden ist. Das unbekannte Terrain muss erforscht werden, um die Furcht davor zu nehmen. Das unbekannte Terrain ist die eigene Sicht und die des anderen. Franz hat geraten, in welcher Rolle Herbert das Drama eröffnete, doch das reicht nicht, um Dramen zu stoppen oder zu transformieren. Er braucht mehr Information darüber, was in Herbert vorgeht, sonst wird jeder gewollte Dialog zum „doppelten Monolog“, weil die Menschen aneinander vorbei kommunizieren. Sie erinnern sich, was in einem Menschen abläuft, der Information und Mitteilung angenommen hat und versucht zu verstehen:

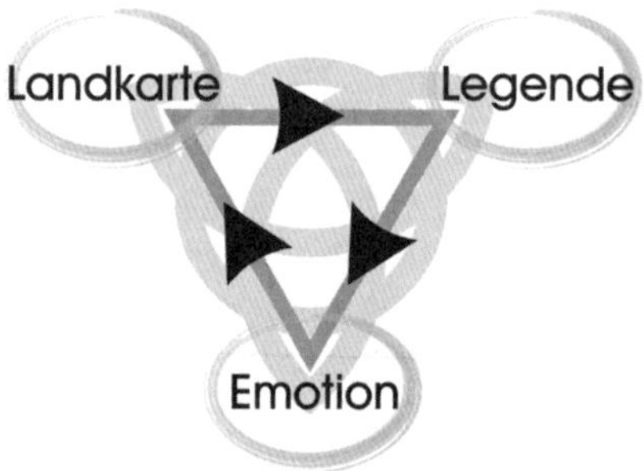

Erkenntnisse schaffen. Um zu erforschen, was das Drama in unserem Gegenüber erzeugt und aufrechterhält, brauchen wir mehr Erkenntnisse über Landkarte, Legende und Emotionen unseres Gegenübers. Denn sie haben dazu geführt, dass er die Situation als Drama wahrnimmt, und zwar seine spezifische Sicht des Dramas.

Erforschen des DU, das heißt der

- Landkarte,
- Legende und
- Emotionen

des Gegenübers. Die Reihenfolge der drei Elemente und der Stil des Erforschens sind davon abhängig, in welcher Rolle das DU uns begegnet. Erforschen bedeutet nicht nur, mehr zu erfahren über Landkarte, Legende und Emotion, gleichzeitig liegt darin die größte Chance, das Drama zu stoppen und es in einen evolutionären Kreislauf zu transformieren. Der erste transformierende Schritt zur Drama-Auflösung ist jedes Mal derselbe: Es gilt, das DU angemessen aus der Dramaposition zur nächsten trinergetischen Position zu führen.

Drei Strategien. Im Folgenden beschreiben wir die Strategie, Täter, Opfer und Retter zu stoppen und das Drama von da weg in einen evolutionären oder trinergetischen (dreifache Energie) Kreislauf zu transformieren. Die Struktur der Beschreibungen ist:

- STOPP: die Art, wie das Drama gestoppt wird,
- START: die Art, wie die Richtungsänderung, die Bewegung in die Trinergy-Position eingeleitet wird,
- Fortsetzung des trinergetischen Kreislaufes.
- Der STIL der Intervention.

Der andere begegnet uns als Täter

Der Täter sagt:

„Also wenn ich Sie noch einmal dabei erwische, dass Sie um drei Uhr schon nachhause gehen, dann kürze ich Ihnen die Überstundenpauschale."

- Stopp:

Die Körperhaltung: Der Täter steht Ihnen frontal gegenüber und signalisiert damit Konfrontation. Der Angriff ist in seiner Blickrichtung direkt auf Sie gerichtet. Lösen Sie diese Stellung auf, indem Sie an seine Seite gehen. Positionen haben unbewusst große Wirkung, Ihr Positionswechsel an seine Seite symbolisiert: Wenn schon Angriff, dann greifen wir beide etwas anderes an. Stellen Sie sich so an seine Seite, dass es wie die Position eines natürlichen Gesprächs aussieht, während Sie gemeinsam etwas betrachten oder einen Spaziergang machen. Der Angriff des Täters geht ab sofort ins Leere.

Die Stimme. Sie ist zwar nicht so laut wie die des Täters, aber doch lauter als sonst. Denn Löwen Essen nicht gerne mit Schafen. Blöken Sie also nicht wie ein Schaf, sondern „brüllen" Sie ein wenig leiser – Löwen fressen lieber mit Löwen (Schafe). Damit zeigen Sie: Was du kannst, kann ich auch! Aber ich kann mich bewusst dazu entscheiden, nicht im Täter-Drama zu bleiben, sondern es zu transformieren!

Kurzes Ich-Statement als Macher. Der Stopp beginnt mit der geänderten Körperhaltung und dem mit etwas lauterer Stimme gesprochenen Satz:

„Moment, ich möchte das besser verstehen ..."

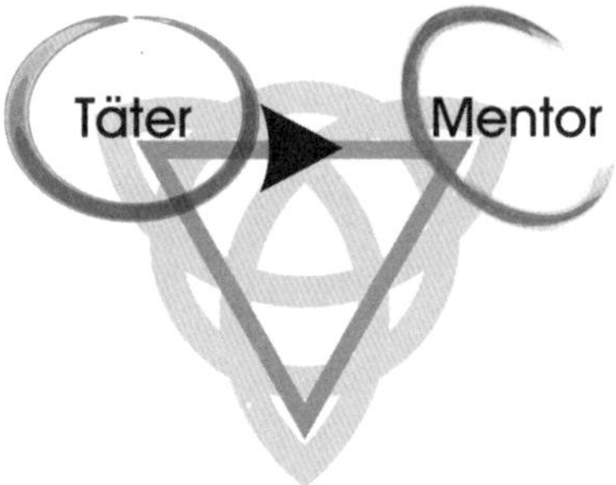

Dieser Satz kommt aus der gleichen Ecke des Täters, aber in seiner transformierten Form, der des Machers. Macher sind an der Realität orientiert, sie wollen Klarheit, die Dinge verstehen, damit sie daraus wieder neue Realität produzieren können.

■ Start:

Der Start des evolutionären Kreislaufes ist also die Macher-Ecke, der nächste trinergetische Schritt ist der zum Mentor. Dorthin führen wir das Gespräch, um den trinergetischen Kreislauf zu beginnen. Die Stärke des Mentors ist, sich einzufühlen, welche Werte im Gegenüber wirken. Nach dem Täter-Stopp erforschen Sie also im zweiten Schritt die Werte des Gegenübers. Täter denken nicht über Werte nach, sie handeln einfach, die verletzten Werte sind ihnen dabei nicht bewusst. Der Start eröffnet ihnen diesen Blick und macht das Denken wieder vollständig.

„Es geht Ihnen darum, dass ich meine Arbeitszeit, für die ich bezahlt bekomme, auch tatsächlich leiste, sie wollen gerechten Ausgleich von Leistung und Bezahlung."

Es geht darum, sich gedanklich in die Position des Gegenübers zu versetzen und zu raten, welche Werte verletzt wurden, sodass er glaubte, als Täter reagieren zu müssen. Diese Gedanken teilen wir dem anderen in aller Bescheidenheit mit, wissend, dass wir dabei nur raten können.

- Fortsetzung

Der Start begann mit der Legende Ihres Gegenübers, erforschen Sie dann seine Emotion (Wie geht es Ihnen dabei?) und zuletzt die Landkarte (Was könnten wir tun?)

- Stil: Lösungs-Raten

Fragen Sie nicht, sondern raten Sie – Fragen wird leicht als Schwäche empfunden! Wenn Sie dem Täter als schwaches Gegenüber begegnen, wird er seine Täter-Energie noch verstärken.

Die Strategie der Täter-Auflösung noch einmal zusammengefasst:

- ***Stopp:*** Position auf seitlich ändern, erhobene Stimme, Ich-Statement als Macher
- ***Start:*** Verletzte Werte des Gegenübers erforschen
- ***Fortsetzung:*** Emotion und Landkarte
- ***Stil:*** Lösungs-Raten

Der andere begegnet uns als Opfer

Das Opfer sagt zu einem Kollegen:

„Ich weiß mir keinen Rat mehr. Meine Leute kommen und gehen, wann sie wollen. Was soll ich bloß tun, damit sie für ihr Geld auch arbeiten?"

- Stopp:

Die Körperhaltung: Opfer sind zusammengesunken, geknickt, von der Last ihres Schicksals gebeugt. Wenn Sie einem Opfer frontal und hoch aufgerichtet gegenüberstehen, symbolisieren Sie damit ein Täter-Opfer-Spiel, also weiter Drama. Starten Sie dort, wo das Opfer ist, dann glaubt es sich verstanden. Also: an die Seite des Opfers und die gebeugte Haltung leicht andeuten – das reicht, um zu zeigen: Ich verstehe dich.

Die Stimme: passt sich ebenfalls der des Opfers ein wenig an: also leiser, langsamer, durchsetzt mit Pausen.

Kurzes Ich-Statement als Muse. Der Stopp beginnt mit der geänderten Körperhaltung und dem mit leiser Stimme gesprochenen Satz:

„Das überrascht mich aber. Das müssen Sie mir näher erklären ..."

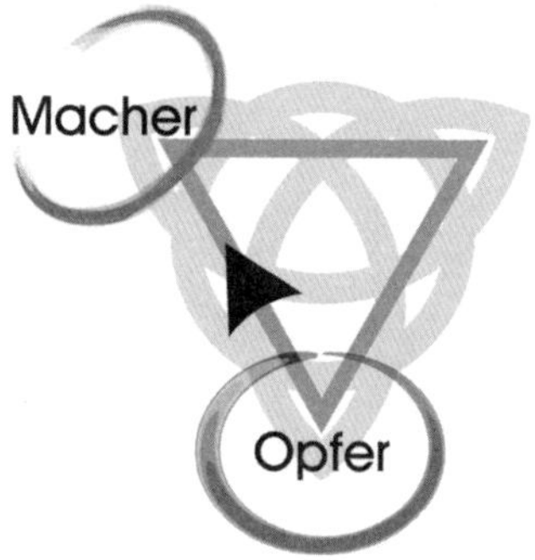

Dieser Satz kommt aus der gleichen Ecke des Opfers, aber in seiner transformierten Form, der der Muse. Musen sind inspirativ und kreativ, sie versetzen sich selbst und andere damit in Staunen, sind immer für Überraschungen gut.

- Start:

Der Start des evolutionären Kreislaufes ist die Musen-Ecke, der nächste trinergetische Schritt ist der zum Macher. Dorthin führen wir das Gespräch, um den trinergetischen Kreislauf zu beginnen. Opfer verschließen sich vor der Realität (das ist auch der Grund, warum sie keine Handlungsalternativen mehr finden). Der Start eröffnet ihnen den Blick auf das, was wirklich ist, indem es die Realität anschaut anstatt dunkle Mächte für ihr Leid verantwortlich zu machen. Die Stärke des Machers ist die Realität, sich selbst und das Umfeld umfassend wahrzunehmen. Dorthin führen wir das Opfer.

„Was meinen Sie denn, wie würden Ihre Mitarbeiter die Situation beschreiben?"

Mit dieser Frage wird das Opfer dazu animiert, über die Sichtweisen des anderen Beteiligten nachzudenken, und erfährt, dass es auch andere Sichtweisen als die eigene geben kann. Das Blickfeld wird geweitet, die Chance zu verstehen wird größer, der Blick wendet sich mehr der Realität als den eigenen Verschwörungsgedanken zu.

■ Fortsetzung

Der Start begann mit der Landkarte Ihres Gegenübers, erforschen Sie dann die Legende des Gegenüber (Welche Werte wurden verletzt?) und zuletzt die Emotion (Wie geht es Ihnen dabei?)

■ Stil: Zirkuläres Fragen

Zirkuläres Fragen heißt, die Sichtweisen zirkulär zu reflektieren:

„Wie würde Karl die Situation beschreiben?

Und wie würde Andreas zu der Sichtweise stehen?

Und was würde Karl zu Andreas' Meinung sagen?"

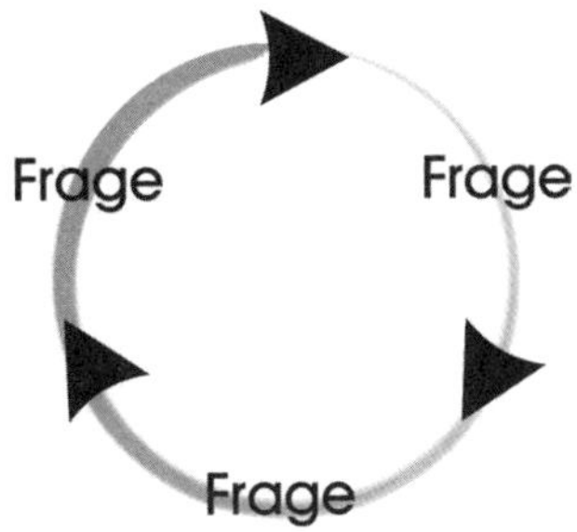

Damit werden Sichtweisen verglichen und im ehemaligen Opfer bildet sich der Gedanke: Meine Sichtweise (die mich auch gehindert hat, das Problem zu lösen), kann auch vielfach anders gesehen werden. Eine andere Sichtweise hilft mir vielleicht, Lösungen zu finden, die meine Werte wieder erfüllen.

Die Strategie der Opfer-Auflösung noch einmal zusammengefasst:

- ***Stopp:*** Position auf seitlich ändern, leisere Stimme, Ich-Statement als Muse
- ***Start:*** Sichtweise (Realität) der anderen erforschen
- ***Fortsetzung:*** Legende und Emotion
- ***Stil:*** Lösungs-Raten

Der andere begegnet uns als Retter

Der Retter sagt:
„Na, gehen wir schon nachhause?“

■ Stopp:

Die Körperhaltung: Bei Rettern ist alles schräg: der Kopf, die Arme, die Haltung, der Blick. Hier reicht es, wenn Sie in eine schräge Position zum Retter gehen. Das wirkt natürlich und zeigt dem Retter: Mein Gesprächspartner kennt sich aus in meiner Welt.

Die Stimme: des Retters ist neutral, nicht zu laut oder zu leise. Die Sätze allerdings kommen eher zögerlich vorsichtig und sind länger als beim Opfer oder Täter. Also: keine zu kurzen Sätze, sonst symbolisieren Sie als Täter die dramatische Richtung.

Kurzes Ich-Statement als Muse. Der Stopp beginnt mit:
„Moment mal, das ist mir jetzt wichtig!“

Der Satz spricht das an, worum sich der Retter/Nörgler Sorgen macht: Wessen Werte könnten wodurch verletzt werden? Seine eigene Rolle nimmt er allerdings dabei nicht wichtig, es geht ihm um die anderen.

■ Start:

Der Start des evolutionären Kreislaufes ist die Mentor-Ecke, der nächste trinergetische Schritt ist der zur Muse. Dorthin führen wir das Gespräch, um den trinergetischen Kreislauf zu beginnen. Retter klammern sich selbst aus, sie retten die anderen oder warnen vor Werteverletzungen. Der Start eröffnet ihnen den Blick auf die eigene Rolle im Spiel und die eigene Befindlichkeit. Dorthin führen wir den Retter.

„Bitte sagen Sie mir: Wie geht es eigentlich Ihnen damit?“

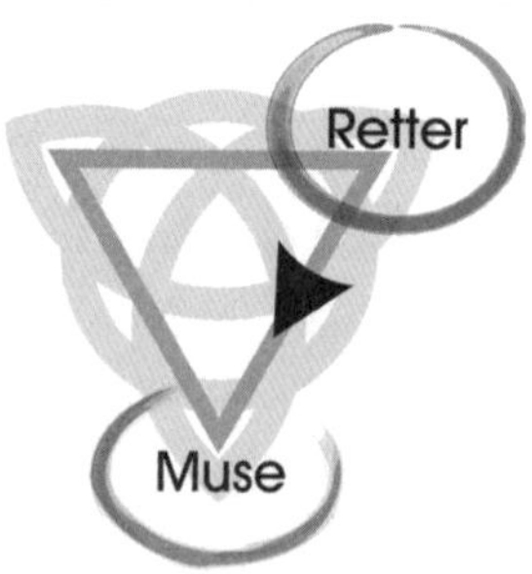

Mit dieser Frage wird der Retter dazu animiert, über sich selbst nachzudenken und welchen Beitrag er jetzt mit seiner Rolle leistet bzw als Mentor leisten könnte.

- Fortsetzung

Der Start begann mit der Emotion Ihres Gegenübers, erforschen Sie dann die Landkarte des Gegenübers (Was ist geschehen?) und zuletzt die Legende (Was ist Ihnen dabei wichtig?)

- Stil: Lösungs-Bitte

Mit Bitten ist der Retter gut vertraut, das ist er von seinen Opfern gewohnt. Darauf reagiert er daher positiv anschließend und ist eher bereit, über seinen eigenen Anteil und seine Befindlichkeit zum Thema zu reden. Auch wenn der Retter versucht auszuweichen („Da geht es ja nicht um mich"), bleiben Sie dabei, es muss auch um ihn gehen, sonst hätte er das Ganze nicht für wichtig genug erachtet, um darüber zu reden.

Die Strategie der Retter-Auflösung noch einmal zusammengefasst:

- ***Stopp:*** Position seitlich, Ich-Statement als Mentor
- ***Start:*** Die eigene Befindlichkeit und den eigenen Anteil erforschen
- ***Fortsetzung:*** Emotion und Landkarte
- ***Stil:*** Lösungs-Bitten

Denken Sie an Ihren Atem. Das Erforschen ist der entscheidende Schritt von Stopp und Transformation. Die beschriebenen Mikro-Strategien für Täter-, Opfer- und Retter-Einladungen sind kein Garant für den Drama-Stopp, aber sie erhöhen die Chance, die sinnlosen Dramen dieser Welt zu reduzieren. Die beste Gelegenheit, darin versiert zu werden ist: Wenn Sie ahnen, dass demnächst eine entsprechende Einladung auf Sie zukommt, gehen Sie die Strategie mehrmals im Kopf durch und denken Sie daran, die besten Voraussetzungen für das Gelingen schaffen Sie durch kurz Durchatmen.

4. Eröffnen

Vom DU zum ICH. Erforschen des Du ist zu wenig. Es geht ja schließlich genauso um Sie selbst. Teilen Sie Ihre Position mit, denn nur so hat Ihr Gegenüber die Möglichkeit, sich so wie Sie ein vollständigeres Bild zu machen, damit das unbekannte Terrain für ihn auch vertrauter wird. Eröffnen ist eine Vertrauen fördernde Maßnahme und damit der zweite wesentliche Schritt zur Friedenssicherung.

Unsere Eröffnung der eigenen Landkarte, Legende und Emotion beginnt dort, wo auch das Erforschen begonnen hat. Gleichzeitig setzt es damit den begonnenen trinergetischen Kreislauf fort. Das Subjekt wird dabei aber gewechselt – vom DU zum ICH – und schafft damit eine Vorbedingung für das kommende WIR.

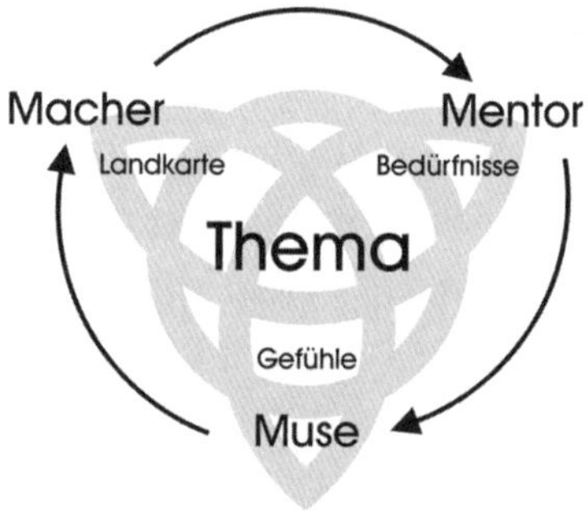

Das DU war Täter: Fortsetzung bei Mentor mit → Legende

Mir ist wichtig, dass meine Leistungen gesehen werden (Legende), und ich ärgere mich (Emotion), wenn Sie sagen, dass Sie mich erwischen, wenn ich um drei nachhause gehe. Ich habe heute bereits um sechs Uhr begonnen, damit ich den Bericht bis Mittag fertig habe (Landkarte).

Das DU war Opfer: Fortsetzung bei Macher mit → Landkarte

Ich habe auch gesehen, dass Karl heute schon um drei Uhr nachhause ging. Er hat mir gesagt, dass er schon um sechs Uhr begonnen hat (Landkarte). Mit ist wichtig, dass die Leistungen der Mitarbeiter möglichst objektiv gesehen werden, und darum bin ich jetzt unsicher (Emotion).

Das DU war Retter: Fortsetzung bei Muse mit → Emotion

Ich war zornig (Emotion), wie Sie sagten: „Na gehen wir schon nachhause?“ (Landkarte). Mir ist wichtig, dass meine Arbeitszeit objektiv gesehen wird (Legende).

5. Ersinnen

Ersinnen gemeinsamer Ziele. Damit sind beide Welten offen gelegt, nun können beide daran gehen, Lösungswege zu ersinnen, die kurativ wirken (also das aktuelle Problem lösen) und vielleicht auch generativ (eine Lösung für ähnliche zukünftige Probleme sind). Der Weg ist evolutionär vorgezeichnet. Nutzen Sie gemeinsam die drei trinergetischen Stärken in der evolutionären Richtung.

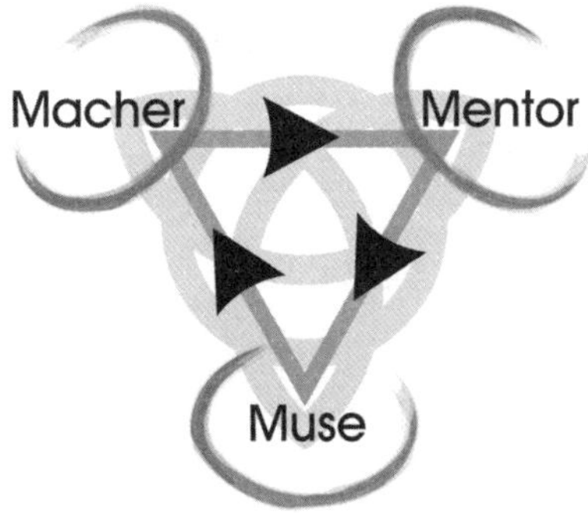

Die Zukunft jetzt. Die ersonnene Lösung ist eine Theorie. Ob sie im praktischen Alltag funktioniert, wird die Zukunft zeigen. Doch unser Denken macht es möglich: Wir können die Zukunft vorwegnehmen und im Geist die Lösung erschaffen.

6. Erschaffen

Handeln Sie. Nun ist klar, was zu tun ist, jetzt geht es ans Handeln. Auch Handlungen können dramatisch oder evolutionär wirken. Um auf dem trinergetischen Weg zu bleiben, braucht es aber auch hier die richtigen Eigenschaften in der richtigen Reihenfolge.

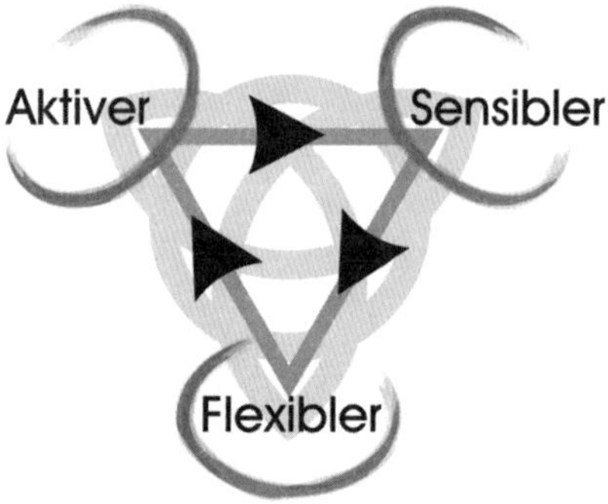

Steuern Sie. Wie in Steuerungssystemen beginnt der Kreislauf mit der Idee, wie etwas zum Positiven verändert werden könnte (das Ergebnis des fünften Schrittes: Ersinnen). Die Idee wird gemeinsam umgesetzt und das Ergebnis in zyklischen Abständen sensibel betrachtet. Entspricht es den Erwartungen, braucht es keine Veränderung, tut es das nicht, ist Flexibilität angesagt, mit einer neuen Idee die Dinge zu verbessern und aktiv umzusetzen. Der Kreislauf des Lebens wirkt.

Zusammenfassung

Schaffen Sie Ordnung, die Mehrwert möglich macht.

Die Basis aller Konflikte

Ein Wegeplan, der sich täglich ändert. Ihre Gewohnheiten manifestieren sich im Wegeplan Ihres Gehirns. Wenn wir Gewohnheiten ablegen und Neues lernen, verändern wir damit die Qualität des Straßennetz unseres Gehirns.

Drama-Schwächen. Gewohnheiten zeigen sich nicht nur als Stärken, sondern auch als Schwächen, wie etwa das Rollenverhalten, das wir in Konflikt-Situationen an den Tag legen.

Der Kreislauf der Kommunikation

Sinnes-Vorlieben bilden Landkarten. Die selektierte und gefilterte Wahrnehmung jedes Menschen führt zu unterschiedlichen Resultaten im Kopf.

Jeder hat andere Legenden. Jeder Mensch interpretiert die Realität anders, ordnet sie anders in seinen Erfahrungsschatz, beurteilt sie anders und bildet andere Vorurteile.

Traurig oder erregt. Befriedigt die Wahrnehmung unsere Bedürfnisse nicht, sind wir traurig, ängstlich, sorgenvoll, zornig oder aufgebracht. Wenn die Wahrnehmung unsere Bedürfnisse befriedigt, fühlen wir uns entspannt, freudig erregt, inspiriert oder einfach glücklich.

Die Drama-Dynamik

Die Drama-Rollen sind

- ***Täter:*** Täter verletzen durch ihr Handeln die Werte anderer; sie schaffen in den Augen ihrer Opfer Win-lose-Situationen. Sie sind ok, die anderen nicht.
- ***Opfer.*** Opfer fühlen sich angegriffen und suchen Hilfe nicht bei sich selbst, sondern von außen. Sie sagen: „Ich bin nicht ok, du bist ok."
- ***Retter.*** Die Einstellung des Retters ist „Ich bin nicht ok, du bist nicht ok." Retter sehen sich vor der permanenten Aufgabe, die Welt vor Schaden zu bewahren, und entlasten die Opfer kurzfristig, doch die langfristige Unterstützung bleiben sie ihnen schuldig.

Die Dynamik des Dramas. Die eigentliche Dramatik eines Konfliktes entsteht durch die Drama-Dynamik. Das ist der Rollenwechsel in revolutionärer Richtung, der bewirkt, dass Unstimmigkeiten zu Konflikten eskalieren.

Die Wartepositionen des Dramas. Wenn kein Konflikt herrscht, sind die Drama-Gewohnheiten in Ihrer Schönwetter-Ausprägung erkennbar:

- ***Checker.*** Er weiß genau, wo es lang geht. Wenn es niemanden zu attackieren gibt, kann er cool sein. Seine Aussagen sind noch kein Angriff, aber sie sollen deutlich machen, dass nur er ok ist und sich auskennt.

- ***Diva.*** Als Diva sucht das Opfer Gelegenheiten, im Rampenlicht zu stehen und von den anderen beklatscht zu werden. Wie viele Künstler genießen sie die Selbstdarstellung und Ovationen.
- ***Nörgler.*** Mit ihren Warnungen und ihrer negativen Kritik bringen sie evolutionäre Entwicklungen zu Fall.

Drama-Rollen – Die Schattenseite der Primärenergien

Die Primär-Energien sind:

Macher. Er hat Durchsetzungskraft, nimmt eine Idee zur Hand, setzt sie um in konkrete Planung und macht sie real. Er schaut in die Zukunft und will dort die Dinge verwirklicht sehen.

Muse. Kreativität und Flexibilität sind ihre Stärke, in jeder Situation findet sie originelle Lösungsansätze. Ihre Zeit ist das Hier und Jetzt.

Mentor. Seine Stärke ist sein Einfühlungsvermögen. Er leistet Hilfe zur Selbsthilfe und wirkt damit nicht nur kurativ sondern auch generativ. Sein Feedback ist unterstützend und fördernd.

Energie zeigt Wirkung. Nach außen wirkt die Muse als Flexibler, der Macher als Aktiver und der Mentor als Sensibler. Flexibilität, Aktivität und Sensibilität sind die drei Energien, die – in ausgewogenem Maß genützt – in jedem Unternehmen zum Erfolg führen.

Die Lösung ist Ordnung

Kommunikation ist ein sich selbst reproduzierendes System, in dem sich an Verstehen wiederum Information, Mitteilung und Verstehen zu einer zyklischen Prozesskette anschließt. Dafür gibt es zwei Möglichkeiten: den Anschluss über ein Nein oder über ein Ja.

Nein ist einfach. Es ist einfacher, sich für ein Nein zu entscheiden. Um Nein zu sagen, braucht man kaum nachzudenken.

Ja mit Vorbehalt. Der evolutionäre Kreislauf wählt den Anschluss der Kommunikation über Ja, aber er tut das nicht ohne Vorbehalte, ohne auf Vorsicht, Kritik und Optimierung zu verzichten.

Die Lösungs-Strategie

Die 6ER-Strategie. Die sechs Schritte der Lösungs-Strategie sind

1. ***Erkennen*** der Drama-Dynamik
2. ***Erraten*** der aktuellen Drama-Rolle des anderen
3. ***Erforschen*** der Wahrnehmungen, Werte und Emotionen des anderen
4. ***Eröffnen*** der eigenen Wahrnehmungen, Werte und Emotionen
5. ***Ersinnen*** gemeinsamer Ziele
6. ***Erschaffen*** erster gemeinsamer Ergebnisse

Die Strategie der Täter-Auflösung:

- ***Stopp:*** Position auf seitlich ändern, erhobene Stimme, Ich-Statement als Macher
- ***Start:*** Verletzte Werte des Gegenübers erforschen
- ***Fortsetzung:*** Emotion und Landkarte
- ***Stil:*** Lösungs-Raten

Die Strategie der Opfer-Auflösung:

- ***Stopp:*** Position auf seitlich ändern, leisere Stimme, Ich-Statement als Muse
- ***Start:*** Sichtweise (Realität) der anderen erforschen
- ***Fortsetzung:*** Legende und Emotion
- ***Stil:*** Lösungs-Raten

Die Strategie der Retter-Auflösung:

- ***Stopp:*** Position seitlich, Ich-Statement als Mentor
- ***Start:*** Die eigene Befindlichkeit und den eigenen Anteil erforschen
- ***Fortsetzung:*** Emotion und Landkarte
- ***Stil:*** Lösungs-Bitten

5 MEHRWERT-MÖGLICHKEITEN SCHAFFEN – DRAMA-TRANSFORMATION IM CHEF-ALLTAG

Sechs dramatische Szenen und ihre Lösung – raten Sie und geben Sie Ihren Tipp ab!

HERRSCHEN UND GENIESSEN GEHT NICHT ZUSAMMEN.
GENIESSEN HEISST, SICH UND ANDEREN IN FRÖHLICHKEIT ANGEHÖREN;
HERRSCHEN HEISST, SCH UND ANDEREN IM ERNSTLICHSTEN SINNE WOHLTÄTIG SEIN.

JOHANN WOLFGANG VON GOETHE

Die andere Art zu lehren. Der Herrscher der Dynastie wurde für seine Qualitäten als Staatsmann und Feldherr im ganzen Land gerühmt. Trotz seines Ruhmes, seiner Kraft und Weisheit besuchte er häufig seinen verehrten Zen-Meister, um von ihm zu lernen. Eines Tages fragte der Herrscher den Zen-Meister: „Meister, was ist Egoismus?" Des Meisters Gesicht lief rot an und in rauem und beleidigendem Ton antwortete er: „Was für eine dumme Frage!" Der Herrscher war angesichts der unerwartet harschen Antwort zunächst geschockt, dann wurde er zornig, erhob sich und wollte dem Meister ebenso entgegnen. Da lächelte der Zen-Meister und sprach: „Das, hoher Herrscher ist Egoismus."

Grau ist alle Theorie, solange sie sich nicht am Alltag misst. Lassen Sie uns gemeinsam die 6ER-Strategie zum Alltag werden. Zur Gewohnheit geworden bewahrt sie davor, dass sich in Ihrem Wirkungsbereich als Chef und Mensch Konflikte vertiefen (das heißt, der revolutionäre, destruktive Kreislauf bewegt sich) oder verbreiten (das heißt, mehr Menschen werden einbezogen). Der Satz: „Was soll ich denn tun, die Situation ist halt eskaliert?", gilt für Sie ab jetzt nicht mehr.

Drama oder nicht – Sie entscheiden. Es ist Ihre Entscheidung, ob Sie einen erkannten Konflikt transformieren oder aufrechterhalten wollen. Beides und die jeweiligen Konsequenzen daraus stehen in Ihrer Verantwortung. Als verantwortungsvoller Chef sollten Sie jedes Mal kalkulieren, ob die Kosten des Konfliktes einem Nutzen gegenüberstehen. Und wir meinen hier nicht den Nutzen scheinbarer Befriedigung durch „Dampf Ablassen". Denn dafür werden Sie nicht bezahlt und es hilft in Wahrheit nicht einmal Ihnen. Dampf ablassen ist wie eine Sucht: sie bewirkt kurze Hochs und lange Tiefs. Zeigen Sie als Chef Weitblick.

Der Chef als Muskel-Protz. Anhand von sechs Szenen können Sie Ihre „Konflikt-Transformations-Muskeln" trainieren. Lesen Sie die Beispiele, überlegen Sie, wie Sie in diesem Fall die 6ER-Strategie anwenden würden, und vergleichen Sie dann Ihr Ergebnis mit der anschließenden Auflösung. Sind beide gleich, können Sie sich freuen, kommen Sie zu einem anderen Ergebnis, freuen Sie sich auch, denn Sie haben sich mit einem Fehler eine weitere Chance zu lernen geschaffen.

In diesem Kapitel lernen Sie, wie Sie in typischen Konflikt-Situationen des Chef-Alltages

- Drama-Einladungen und Drama-Rollen erkennen können,
- die 6ER-Strategie nutzbringend anwenden und
- daraus Mehrwert-Möglichkeiten schaffen.

Also: Geben Sie Ihren Tipp ab!

WENN CHEFS MITEINANDER REDEN

Hermann, der Leiter der Marketing-Abteilung eines Internet-Providers zieht Thomas, seinen Kollegen und Chef der Administration, nach dem Leiter-Meeting zur Seite und geht vor ihm in Stellung: „Thomas, kümmern Sie sich um Peter, er arbeitet schon viel zu lange am Beschwerde-Projekt. Ich verliere die Geduld. Die Kunden warten immer noch ewig auf Antwort, wenn sie sich beschweren. Wenn Sie die Sache nicht rasch in den Griff kriegen, übernehme ich das Projekt." Thomas' Mitarbeiter Peter hatte den Auftrag übernommen, das Beschwerde-Management neu zu organisieren. Thomas ist zunächst von der Rolle, dann fängt er sich langsam.

Die Lösung? Thomas ist nicht ohne Grund „von der Rolle". Ohne Zweifel ist die Situation dramatisch: Hermann sprach über das Projekt, gleichzeitig sendete er auf einer anderen Ebene eine Drama-Einladung aus. Es steht viel auf dem Spiel: Thomas' Ruf könnte leiden, wenn Hermann ihm das Projekt aus der Hand nimmt. Ein Wechsel der Projektleitung führt fast immer zu Verzögerungen und es ist nicht gesagt, dass Hermanns Leute es besser machen. Die Beziehung zwischen Hermann und Thomas würde unter einer dramatischen Entwicklung leiden. Was würden Sie an Thomas' Stelle tun, wie würden Sie in diesem Fall die 6ER-Strategie benützen, um den Konflikt zu transformieren? Sie haben es in der Hand, den Konflikt zu lösen und Mehrwert-Möglichkeiten zu schaffen. Überlegen Sie, bevor Sie die folgende Auflösung lesen.

Die 6ER-Strategie Schritt für Schritt.

1. ERkennen

Thomas spürt den Druck in der Magengrube und sein Atem stockt. Er weiß, das sind seine Signale, wenn jemand versucht, ihn in ein Drama zu verstricken, das keine Lösung erlaubt. Also heißt es durchatmen.

2. ERraten

Thomas erinnert sich: Hermann positionierte sich vor Thomas. Seine Sätze waren kurz und griffen ihn direkt an. Kein Zweifel: Herman sprach als Täter an Thomas die Einladung aus, die Opfer-Rolle anzunehmen. Thomas könnte die Einladung annehmen und kapitulieren oder eine Gegenattacke reiten. Beides wäre für alle Beteiligten ein Weg in die Sackgasse.

3. ERforschen

Thomas entschließt sich, das Drama zu stoppen; er weiß, der Täter-Stopp beginnt damit, sich an den Täter anzugleichen: Thomas macht einen Schritt auf Hermann zu und stellt sich an seine Seite, so als hätten sie während des Gespräches den gleichen Weg.

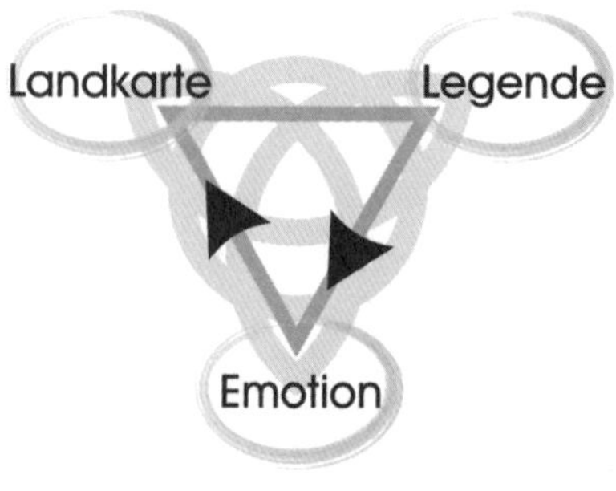

Er sagt mit etwas lauterer Stimme: „Moment mal, Hermann, das möchte ich jetzt klären: Sie wollen, dass das Beschwerde-Projekt möglichst rasch fertig wird. Denn Ihnen ist wichtig, dass die Kunden, wenn sie sich beschweren, schnell Antwort erhalten, nicht wahr?" (Legende)

Hermann nickt und setzt zu einer Antwort an, doch Thomas setzt rasch fort: „Und Sie würden sich sicherer fühlen (Emotion), wenn Peter im Rahmen seines Projektes klar definiert, wie das geht, und das neuen Beschwerde-Management rasch einführt, ist doch so, oder?" (Landkarte)

Hermann, jetzt selbst etwas von der Rolle, nickt.

4. ERöffnen

Thomas hat es geschafft, das Drama zu stoppen. Doch dieser Zustand würde nur kurz währen, wenn er es dabei beließe. Denn er hat jetzt einen Wissensvorsprung gegenüber Hermann: Er hat das Du erforscht, Hermann hingegen kennt sein Du (also Thomas' Position) noch nicht.

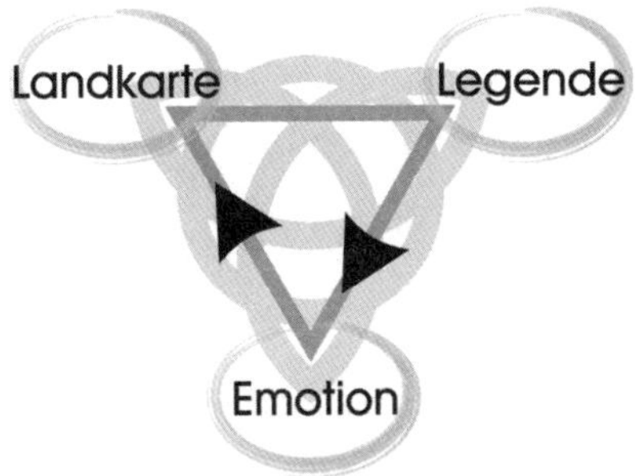

„Hermann, mir ist genauso wichtig, dass das Projekt funktioniert, wie die gerechte Beurteilung meiner Mitarbeiter. (Legende) Ich mache mir um beides Sorgen. (Emotion) Ich bin so weit informiert, dass Peter im Zeitplan ist. Ich halte ihn für fähig, das Projekt termingerecht fertig zu stellen." (Landkarte)

5. ERsinnen

Jetzt sind beide über die Position des anderen vollständig informiert. Die Drama-Wahrscheinlichkeit ist stark reduziert. Das ist die Gelegenheit, Lösungen zu ersinnen.

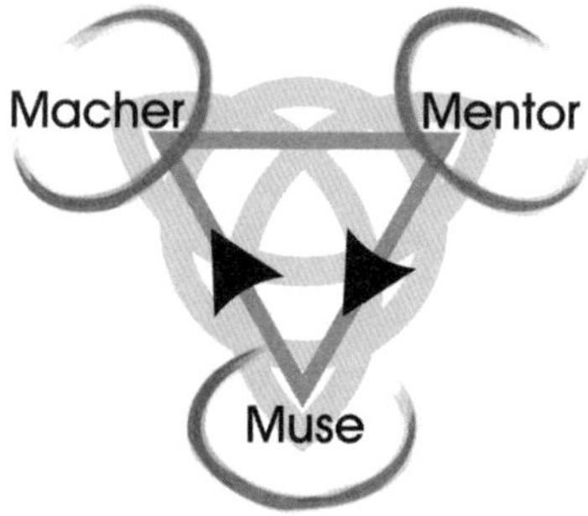

Thomas nimmt die Sache gleich in die Hand: „Was halten Sie davon (Mentor), wenn wir uns ein besseres Bild davon machen? (Muse). Peter sollte uns vom letzten Stand des Projektes informieren. Hermann, haben Sie morgen Zeit? Ich frage Peter, ob er die Präsentation morgen einrichten kann. (Macher) Wenn Sie mehr darüber wissen, sind Sie auch besser eingebunden. (Mentor)“

Hermann hätte zwar lieber die Führung übernommen (denn das war ein verstecktes Ziel dieses Angriffes), doch Thomas hat ihm den Wind aus den Segeln genommen. Hermann fährt nun in ruhigen Gewässern und kann leichter zustimmen.

6. ERschaffen

Die beiden greifen die Idee auf und vereinbaren für den nächsten Tag einen Präsentationstermin (Aktiv). Thomas ruft Hermann zur Sicherheit noch mal an, um mit ihm das Ziel der Präsentation abzustimmen (Sensibel). Hermann wendet ein, dass man gleich auch darüber reden könnte, wie sich die Verbesserung gegenüber den Kunden als weiteres Service verkaufen ließe. (Sensibel) Sie dehnen daher die anberaumte Zeit noch um eine Stunde aus. (Flexibel) Peter ist am nächsten Tag gut vorbereitet und stellt gegenüber Hermann die Vorteile des neuen Beschwerde-Managements für die Kunden besonders heraus. (Aktiv) Hermann hat ein paar interessante Einwände (Sensibel), die Peter aufgreift und dafür im Projektteam Lösungen findet (Flexibel).

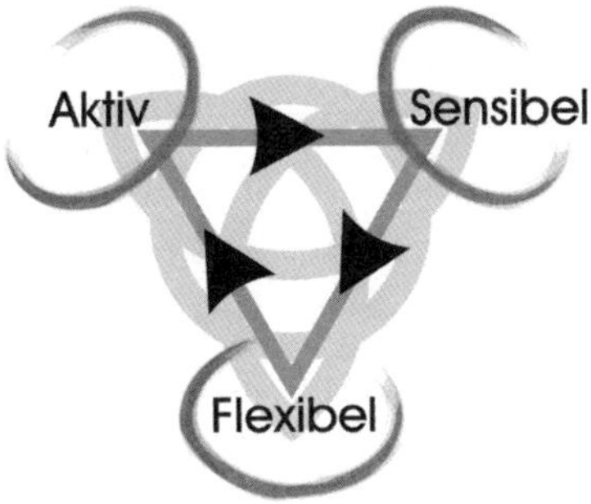

Das Ergebnis. Der Angriff ist gestoppt. Hermann konnte sein Gesicht wahren, denn der Stopp war für ihn weder brüskierend noch verletzend. Thomas brauchte keinen Gegenangriff, er ließ Hermanns Attacke ins Leere laufen. Hermann hat dabei seine Erfahrungen gemacht: Den Täter zu spielen, hat ihm manchmal zum Sieg verholfen, bei Thomas war die Aktion zwecklos. Und Peter? Es ist leicht zu verstehen, dass Mitarbeiter einem Chef wie Thomas gerne zur Seite stehen. Mitarbeiter erwarten von ihrem Chef, dass er sie in kritischen Situationen schützt, und wenn sich diese Erwartung bestätigt, danken sie ihm das auf ihre Weise. Der Vorteil für das Unternehmen: Thomas hat dem Projekt den Weg zu einem erfolgreichen Abschluss geebnet. Durch die Präsentation kamen sogar noch ein paar gute Ideen dazu. Chefs können auch aus Konflikten etwas Gutes machen. Hätten Sie auch so gehandelt?

Bloss kein Drama machen

Der Anruf war eine böse Überraschung für Gernot. Das Projektteam in Venezuela hatte erwartet, fertig beziehbare Unterkünfte vorzufinden. Sie hatten die Aufgabe, die Baustelle eines Kraftwerks einzurichten und die Kontakte mit den örtlichen Behörden zu vertiefen, bevor die Arbeit dort richtig losging. Als erfahrene Vorhut waren sie gewohnt, unter abenteuerlichen Bedingungen zu arbeiten. Aber sie fanden weder Hütten noch Wohncontainer als Unterkunft. Als teuer bezahlte Experten waren sie nun gezwungen, Container zu ordern, Möbel zu kaufen und sich einzurichten. Der Teamleiter hatte Gernot zornbebend davon informiert. Gernot rief sofort seine Leute zu sich. Beschämt gestand Franz, der Leiter von Buchhaltung und Controlling: „Ok, Heinz, mein Buchhalter, hat Mist gebaut, er hat vergessen, das Geld nach Venezuela zu überweisen. Die Firma dort hat darauf gewartet und auch nicht rückgefragt. Ich wollte es Ihnen nicht sagen, sonst gibt es wieder mal Drama im Projekt."

Die Lösung? Franz wollte kein Drama und hat mit seinem Schweigen das Problem verschleppt. Jeder Tag Schweigen kostete das Unternehmen etwa zehntausend Euro. Die Angst vor Drama kann Unternehmenswerte vernichten. Doch Angst sollte kein Entscheidungskriterium für oder gegen Informationsweitergabe sein. Denn Informationen für sich genommen sind dramafrei, sie können dramatisch oder trinergetisch mitgeteilt werden. Sender und Empfänger treffen jedes Mal die Entscheidung, was sie daraus machen. Die entscheidende Frage ist, ob die Weitergabe der Information dem Unternehmen schadet oder nützt. Wie geht Gernot jetzt mit dieser Situation um? Er hat die Wahl, auf Franz loszudonnern, sich als Opfer einer Intrige zu sehen oder zu versuchen, Heinz und Franz zu decken. Keine dieser Alternativen schafft Mehrwert. Wie würden Sie an Gernots Stelle handeln? Überlegen Sie.

Die 6ER-Strategie Schritt für Schritt.

1. ERkennen

Gernot spürt es sofort: Blut pocht in seinen Adern und lässt ihn Rot sehen. Er nimmt den destruktiven Kreislauf in seinem Kopf wahr: Zuerst das „Warum muss so was immer mir passieren?", dann der Versuch, sich selbst zu retten: „Schließlich können die Leute doch nicht tun, was sie wollen!", und dann der Drang, Franz auf der Stelle niederzumachen. Doch er tut es nicht, weiß aber: Da läuft Drama, das er nicht möchte.

2. ERraten

Gernot ist klar, dass Franz seinen Mitarbeiter retten wollte. Doch Retten ist keine Führungsaufgabe, dafür gibt es andere Institutionen. Franz hat damit seinen Mitarbeiter zwar vor Gernots möglichem Wutausbruch geschützt, aber dieser hat nichts daraus gelernt (außer dass sein Chef ohnedies seine Fehler deckt) und der Schaden wurde dadurch auch nicht verhindert. Eine typische Retter-Aktion ist es, dem „Opfer" scheinbar zu helfen und dabei die Gesamtsituation noch zu verschlimmern – auch für das scheinbare Opfer.

3. ERforschen

Gernot überlegt: Retter schauen auf die Bedürfnisse anderer. Sich selbst – ihren Anteil daran – blenden sie aber aus dem Geschehen aus. Er weiß auch: Die Strategie ist Bitten – die Sprache, die Retter am besten verstehen.

Gernot sagt: „Franz, das ist mir jetzt sehr wichtig: Wie geht es Ihnen mit dieser Angelegenheit?" (Emotion)

Franz: „Ich wollte wirklich nur Drama verhindern, Heinz ist ein sensibler Typ."

Gernot: „Ja, und wie geht es Ihnen jetzt dabei?" (Emotion, 2. Anlauf)

Franz: „Ach, ich habe tagelang gegrübelt, wie ich das Schlamassel auflösen könnte."

Gernot: „Und wie ist das Ganze gelaufen, wie ist es dazu gekommen?" (Landkarte)

Franz: „Was soll ich sagen: Ich bin vor zwei Wochen selbst draufgekommen und dachte, mich trifft der Schlag. Gestern habe ich mit ihm geredet, ganz vorsichtig, um ihn nicht zu verletzen."

Gernot: „Das heißt, es war Ihnen wichtig, dass Heinz nicht zu rüde angepackt wird. Worum ging es Ihnen noch?" (Legende)

Franz: „Natürlich ging es mir auch darum, dass alles wie üblich gut läuft und das Team sein Budget zur Verfügung hat. Deshalb habe ich auch zur Sicherheit selbst nachgesehen."

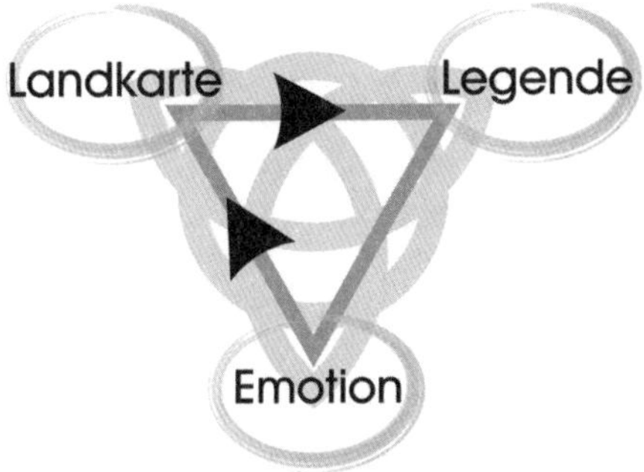

Jetzt war Gernot froh, nicht ausgerastet und Chef geblieben zu sein. Er hatte jetzt mehr über Franz erfahren als in den Wochen davor, seitdem er ihn kannte.

4. ERöffnen

Gernots Fragen hatten auch bei Franz einiges in Bewegung gebracht: Er begann über seine eigene Rolle und die daraus entstandene Situation nachzudenken (denn vorher stand noch immer der Gedanke im Vordergrund, Heinz zu schützen). Nun konnte Gernot seine eigene Position eröffnen.

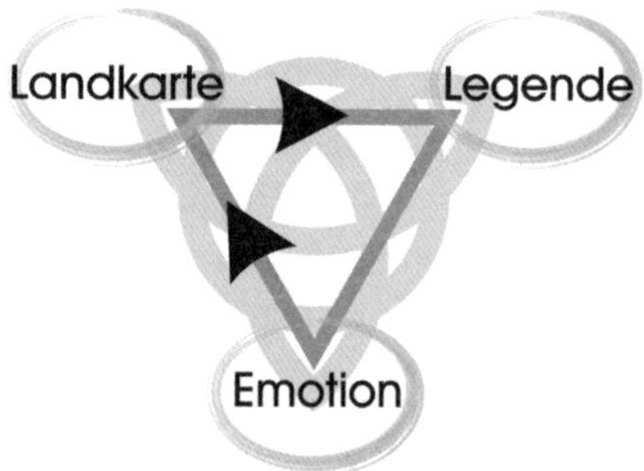

> *„Franz, ich bin ziemlich verärgert. (Emotion) Das Projekt ist bereits am Anfang um eine Woche verzögert. Das kostet viel Geld. Sie haben, um Drama zu vermeiden, Unternehmenswerte aufs Spiel gesetzt (Landkarte). Mir ist wichtig, dass das Projekt am Schnürchen läuft und dass Sie mit solchen Situationen besser umgehen können. Die Mitarbeiter brauchen Ihren Schutz und Ihr Feedback. Meine Führungskräfte sollen mit Fehlern gut umgehen können." (Legende)*

5. ERsinnen

Von seinem früheren Chef war Franz ganz andere Töne gewohnt (darum auch sein Rettungsversuch). Nach diesen Worten fiel es ihm leichter, mit Gernot über neue Wege nachzudenken.

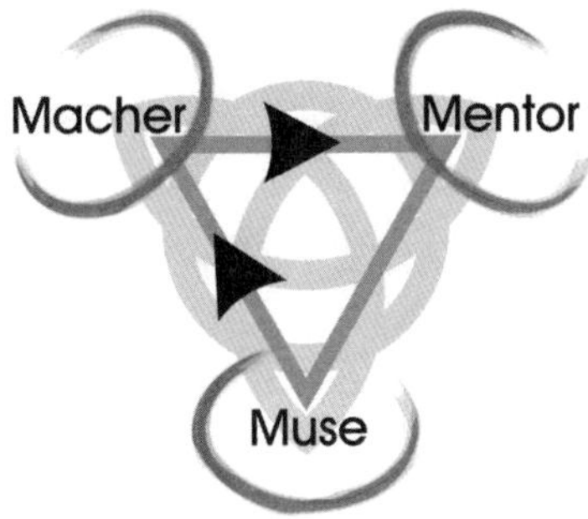

Gernot: „Gut, Franz, was können wir tun, um zumindest den finanziellen Verlust wieder wettzumachen? (Muse)

Franz: „Also wenn Sie damit einverstanden sind, könnten wir uns die Verträge mit den örtlichen Sublieferanten noch mal ansehen. Ich glaube, da ist einiges drin. Ich glaube, Heinz wäre dankbar, wenn er seinen Fehler ausgleichen kann, indem er sich da besonders engagiert."

Gernot ist damit einverstanden und gibt Franz den Auftrag, bis Ende der Woche erste Ergebnisse zu liefern. (Macher)

Gernot: „Und, Franz: Ich bin über Fehler nicht sauer, sondern nur, wenn ich nicht über solche Folgen informiert werde." (Mentor)

Franz hat in diesen zwei Minuten über Gernot eine Menge Erfahrungen gesammelt.

6. ERschaffen

Heinz macht nach intensiven Recherchen zwei für das Unternehmen ungünstige Verträge ausfindig und bereinigt sie. Gernot spricht mit seinen Vorstandskollegen, wie deren Führungskräfte mit Fehlern umgehen. (Aktiv). Er erkennt ein generelles Manko im Unternehmen (Sensibel) und schlägt im Vorstand vor, darüber ein paar Workshops abzuhalten. (Flexibel)

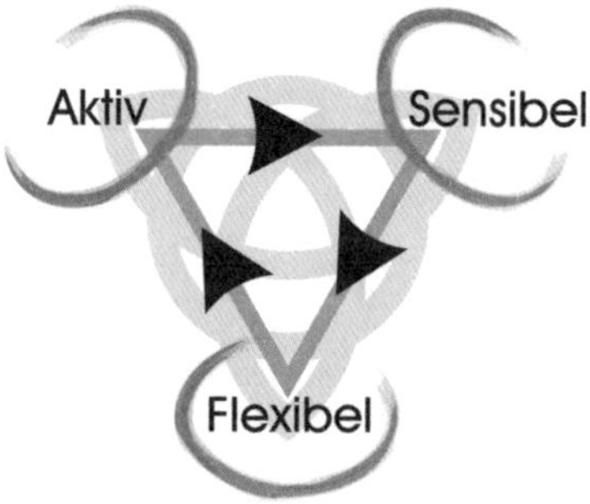

Das Ergebnis. Der Ausgangspunkt diese erfolgreichen Vorgehens ist die Überlegung: Bin ich als Chef so schwach, dem inneren Drang nach Drama nachzugeben, oder bleibe ich Chef und suche die Gelegenheit, Mehrwert zu schaffen? Gernot hat einen großen Teil der Folgen wettmachen können und die Erkenntnisse aus der Situation genützt, um im Unternehmen etwas zu verbessern. Also: Drama oder Mehrwert? Ganz wie Sie wollen!

Ich sag es dem Chef!

„Chef, haben Sie kurz Zeit?“ Pierre, der Leiter der Lagerverwaltung, wollte schon nachhause aufbrechen, doch Klaus schien vor der Bürotür auf seinen Chef gewartet zu haben.

Klaus: „Kann ich Sie ein Stück begleiten? Ich muss da was loswerden.“

Pierre: „Schießen Sie los.“

Klaus: „Ich weiß nicht, ob Sie es schon bemerkt haben. Aber in unserer Abteilung läuft es nicht, wie es sein könnte, wenn alle an einem Strang ziehen. Manche sind richtige Einzelkämpfer, nur auf Ihren Vorteil bedacht, und andere tun so, als ob sie das Ganze nichts anginge. Irgendwie fehlt der Korpsgeist, die Aufbruchstimmung. Aber das wollte ich nur nebenbei so gesagt haben. Worum es mir eigentlich geht: Manche wollen sich anscheinend gar nicht integrieren. Da gibt es Leute, die sich nicht an vereinbarte Besprechungstermine halten wollen. Da wird dann mit fadenscheinigen Gründen einfach kurzfristig abgesagt. Das ist kein professionelles Arbeiten.“

Klaus stoppt seinen Redefluss, um Pierre Raum für adäquate Empörung zu geben. Da Pierre schweigt, setzt Klaus fort: „Ich nenne nicht so gerne Namen, aber Sie sollten vielleicht doch wissen, ..., denn schließlich ist es ja Ihre Aufgabe, da mal Ordnung zu schaffen.“

Die Lösung? Gut, dass es Menschen gibt, die wachsam sind und dem Chef Unzulänglichkeiten zutragen, oder? Ein merkwürdiges Gefühl sagt uns, dass dieses Gespräch nicht auf Win-win-Lösungen abzielt. Pierre könnte durch den Gedanken verleitet werden, Klaus' Anschuldigungen abzuwehren: „Kümmern Sie sich um Ihre eigenen Aufgaben und machen Sie sich nicht meine Gedanken.“ Das Drama in Klaus' Kopf wäre damit vorprogrammiert. Oder er geht Klaus auf den Leim und empört sich mit ihm über diese Zustände. Er hätte dann zwar Klaus als Verbündeten, aber sich als Chef degradiert und den Rest der Mannschaft verloren. Der Verdacht, Klaus hätte ausschließlich eigenen Nutzen im Sinn, als er das Gespräch begann, hat seine Berechtigung. Menschen, die etwas zum Positiven wenden wollen, reden nicht so um den heißen Brei herum. Macht es Sinn, dem Hinweis nachzugehen, oder ist es besser, solche Nörgler-Aktionen zu negieren? Ordnen Sie Ihre Gedanken darüber zunächst anhand der 6ER-Strategie, bevor Sie weiterlesen. Wie würden Sie als Chef handeln?

Die 6ER-Strategie Schritt für Schritt.

1. ERkennen

Dieses Gefühl mag Pierre gar nicht. Der Druck in seiner Brust sagt ihm: „Ich hasse solche Szenen.“ Gleichzeitig weiß er: Ausweichen ist kontraproduktiv; es ist für alle Beteiligten besser, wenn er sich dem stellt, anstatt auszuweichen oder abzuwehren. Das würde den drohenden Konflikt nur noch anheizen.

2. ERraten

Pierre erkennt die lupenreine Nörgler-Aktion: den Anschuldigungen fehlt das Subjekt. Nur aufgefordert würde Klaus Namen nennen. Die Aussagen sind langatmig, umschreibend und wenig konkret. Das Wort „ich“ kommt kaum vor und wenn doch, dann nur als negierende Aussage. Der Nörgler verdeckt den eigenen Anteil an der Geschichte.

3. ERforschen

Pierre überlegt: Nörgler sind sehr kritisch, ihre Kritik ist nicht an den Haaren herbeigezogen. Sie sind sich der eigenen und allgemein gültigen Werte, die verletzt werden, bewusst. Den eigenen Anteil an der Realität blenden sie aus. Um Klaus abzuholen, muss Pierre in der Retter-Ecke beginnen und bitten.

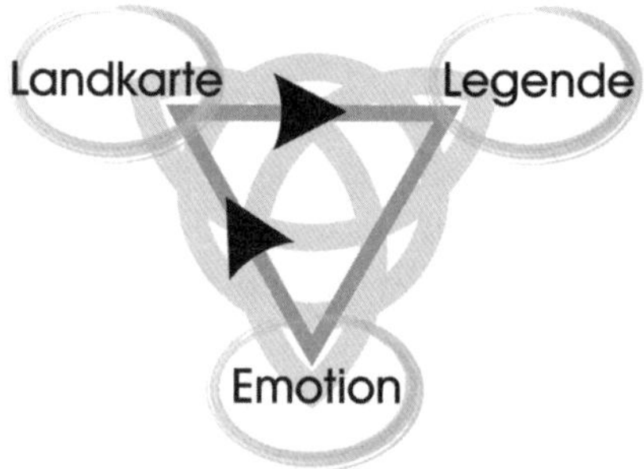

Pierre sagt: „Klaus, da geht es offensichtlich um einiges. Sagen Sie mir bitte: Wie geht es Ihnen selbst dabei?" (Emotion)

Klaus: „Wie, mir selbst? Um mich geht es doch gar nicht, ich wollte doch nur ...."

Pierre: „Irgendwie sind wir doch alle beteiligt. Wie geht es Ihnen selbst mit dieser Situation im Team?" (Emotion, 2. Anlauf)

Klaus: „Na ja, nicht gut, ich würde mir das Ganze besser wünschen."

Pierre: „Was konkret hat Sie bewogen, mir das zu erzählen, was ist geschehen?" (Landkarte)

Klaus: „Das Fass zum Überlaufen brachte unser lieber Kollege Kurt, der das Wochenmeeting bereits zum dritten Mal abgesagt hat. Er weiß genau, wenn er nicht dabei ist, kommen wir beim Thema Kundenbefragung nicht vom Fleck. Er torpediert dieses Projekt mit seiner Abwesenheit."

Pierre: „Worum geht es Ihnen dabei, Klaus?" (Legende)

Klaus: „Na ja, wie schon gesagt, dass alle an einem Strang ziehen und wenn wir ein Projekt gemeinsam beschließen, auch alle wie geplant mitarbeiten; auch Kurt."

Das ist schon konkreter und informativer als die erste unspezifische Klage. Dadurch rückt Kollege Kurt ins Blickfeld und Klaus könnte ihm gegenüber zum Täter mutieren, doch immerhin ist die Katze aus dem Sack und die Nörgelei gestoppt.

4. ERöffnen

Jetzt hat Pierre mehr Anhaltspunkte als zuvor, an denen er seine Eröffnung orientieren kann.

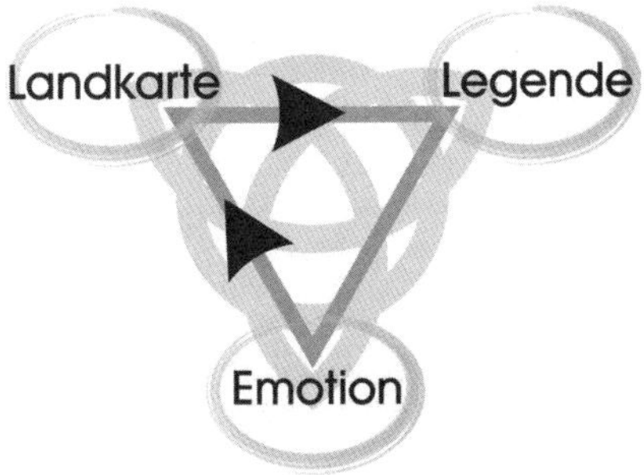

> *„Klaus, ich habe Sie verstanden. (eigene Beteiligung) Sie haben mich informiert, dass Kollegen – insbesondere Kurt – vereinbarte Termine nicht einhalten (Landkarte). Mir ist wichtig, dass das Team gerne und gut zusammenarbeitet (Legende), und ich danke Ihnen für den Hinweis."*

Das ist alles? Pierres Statement ist knapp, warum? Für Pierre ist Klaus' Klage zunächst Information darüber, dass in seinem Einflussbereich etwas zu verbessern ist. Klaus ist dabei Informant. Wenn Pierre das Geschehen mit seinem Mitarbeiter bespricht, also die Kommunikation mit ihm über die Informationsgewinnung hinaus ausweitet, macht er ihn zum Verbündeten in seiner ureigenen Rolle als Chef; und das wäre eine Zumutung gegenüber allen anderen Mitarbeitern (und das Signal: „Verpetze die anderen, dann wirst du auch Chef."). Daher bleibt er kurz und knapp. Alles Weitere ist ausschließlich seine Aufgabe.

5. ERsinnen

Pierre zieht sich zurück und überlegt für sich:

> *Ist das, was ich jetzt gehört habe, ein Einzelfall oder gibt es generelle Mankos in der Zusammenarbeit? Ich sollte mir darüber einen Überblick verschaffen. (Muse)*

Er beschließt, in den nächsten Tagen einige Stunden damit zu verbringen, mit den Mitarbeitern in Einzelgesprächen auszuloten, wie sie die Zusammenarbeit – insbesondere im Projekt der Kundenbefragungsaktion – wahrnehmen, und dann entsprechende Maßnahmen zu beschließen. (Macher)

Als er an die Umsetzung denkt, fällt ihm ein, die Gespräche könnten unnötige Aufmerksamkeit erregen. (Mentor)

Er nimmt sich daher vor, die Gespräche informell zu gestalten. (Muse)

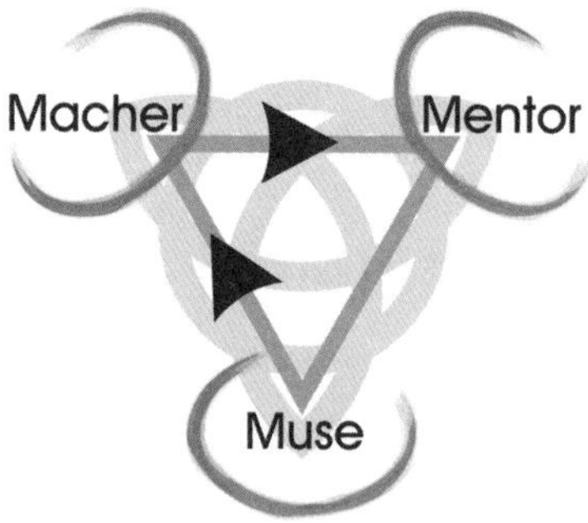

Der Plan ist geschmiedet, jetzt kann Pierre ans Werk gehen.

6. ERschaffen

Pierre nützte in den folgenden Tagen jede sich bietende Gelegenheit, mit allen Mitarbeitern über die interne Zusammenarbeit zu reden. (Aktiv) Er war dabei vorsichtig, da es möglich war, dass nichts dahinter steckt und er mit den Gesprächen nur Unruhe stiftete. Tatsächlich war keine allgemeine Tendenz zur Unzufriedenheit erkennbar, obwohl die Gespräche durchwegs offen verliefen. (Sensibel) Pierre beschloss daher, sich intensiver als bisher mit Klaus zu beschäftigen. (Flexibel) Er zeigte in der folgenden Zeit Klaus mehr als den anderen Mitarbeitern durch sein Handeln, dass er Nörgeln nicht schätzte, an konstruktiver Kritik und Feedback im Rahmen einer positiven Gesprächskultur als wichtige Voraussetzung unternehmerischen Wachstums würdigt.

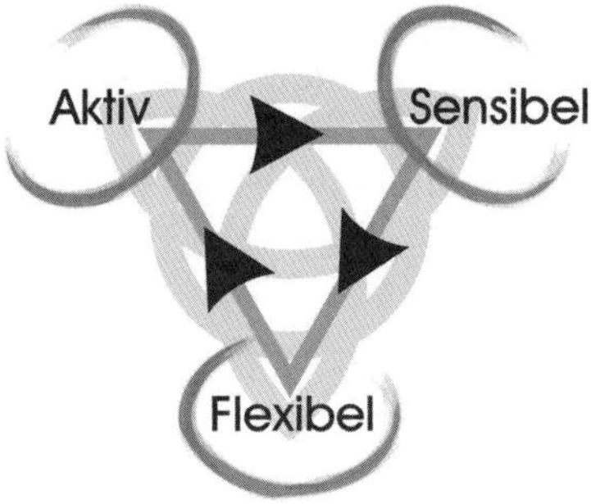

Das Ergebnis. Klaus hat die Wahl, an seiner dramatischen Kommunikation festzuhalten oder sich Pierres Vorbild anzugleichen. In jedem Fall wird Pierre als guter Chef die Konsequenzen ziehen. Im ersten Fall, indem er sich von Klaus trennt, im zweiten, indem er ihn in seiner positiven Entwicklung bestärkt. In jedem Fall hat das Unternehmen durch Pierres konsequentes Handeln einen Nörgler weniger; und das ist gut, denn kaum jemand hat durch Nörgeln auch nur einen Cent erwirtschaftet – ganz im Gegenteil.

ACH ICH ARMES SCHWEIN!

Zwei Kollegen brüten über den monatlichen Verkaufszahlen. Rainer ist ein guter Verkäufer, doch manchmal – so wie jetzt – hat er ein Tief. Jürgen, sein Verkaufsleiter, ist schockiert: Der Einbruch in den Ergebnissen ist groß wie noch nie in Rainers Karriere.

Rainer ist am Boden zerstört: „Ich bin verzweifelt, jeden Tag laufe ich mir die Füße wund, aber momentan gelingt mir gar nichts. Ich kann nicht mehr schlafen und denke die ganze Nacht darüber nach, was ich falsch mache. Es lief doch früher so gut! Die Kunden sind unglaublich: die lassen mich mehrmals präsentieren und Angebote erstellen, überlegen ewig und entscheiden trotzdem nicht. Der Markt wird immer schwieriger."

Die Lösung? Verkaufen ist eine Fahrt über Berg und Tal: Manchmal läuft es toll und dann kommen die Rückschläge. Selten sehen Verkäufer in guten wie in schlechten Zeiten, dass es auch mal anders laufen kann. In guten Zeiten meinen sie, so werde es ab jetzt ewig gehen, und in schlechten Zeiten war schon immer alles negativ und wird sich niemals mehr ändern. Von der psychischen Konstitution der Verkäufer und Kundenberater hängt der Vertriebserfolg des Unternehmens ab. Wie soll Jürgen mit dieser heiklen Situation umgehen? Mitjammern ist offensichtlich keine Lösung. Es ist auch keine Lösung, Schuldige zu suchen und sie im Verkäufer, den Bedingungen oder dem Markt zu finden. Rainer in seiner Situation zu bedauern mag kurzfristig entlastend wirken, verbessert aber keine Verkaufszahlen. Was tun Sie als Chef in solchen Fällen? Schlüpfen Sie in Jürgens Anzug und setzen Sie sich mit Rainer an den Tisch. Was werden Ihre nächsten Sätze sein, nachdem Sie die 6ER-Strategie durchdacht haben?

Die 6ER-Strategie Schritt für Schritt.

1. ERkennen

Für Jürgen ist es eine wiederkehrende Situation. Fast jeder Verkäufer hat mal ein Tief, jetzt ist Rainer dran. Jürgen spürt daher nicht nur dieses merkwürdige Kribbeln im Bauch, wenn er Rainer ansieht und zuhört; er erkennt es schon an Rainers Haltung und Stimme: hier ist eine Menge Energie blockiert.

2. ERraten

Es ist sonnenklar: Rainer ist in die Opferrolle geschlüpft. Die Schultern und der Kopf sind gesenkt, die Stimme ist monoton und schwach. Rainer blickt kaum auf, hin und wieder schüttelt er den Kopf – ein Bild des Jammers.

3. ERforschen

Jürgen weiß, Rainer ist tief in seinen Emotionen verstrickt, er wechselt zwischen Hilflosigkeit und Hoffnungslosigkeit. Die Welt um ihn ist in ihrer Reaktion auf seine verkäuferischen Bemühungen bedrohlich und böse. Abholen muss er Rainer bei seinen Emotionen und ihn dann durch gezielte Fragen die Realität wieder wahrnehmen lassen.

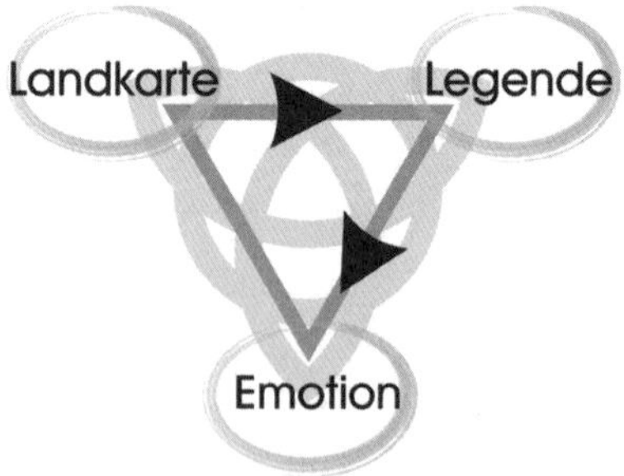

Jürgen: „Rainer, ich bin ziemlich überrascht. Wenn wir einen typischen Kunden fragen würden, wie er die Situation sieht, was meinen Sie, würde der sagen?" (Landkarte)

Rainer: „Also wenn ich mir den von heute morgen vorstelle, klar würde der sagen: „Ich kaufe doch nicht die Katze im Sack. Ich bin mir nicht mal sicher, ob ich mir das leisten kann."

Jürgen: „Und Ihre Kollegen, was würden die zur aktuellen Situation sagen? Wie sehen die das?" (Landkarte)

Rainer: „Na ja, momentan habe ja nur ich ein Tief, bei den anderen läuft es jetzt ganz gut."

Jürgen: „Ja, das sehe ich auch so. Und was wäre, wenn Sie mal in meine Haut schlüpfen? Wie würde sich das Ganze aus der Sicht zeigen?"

Rainer schaut verdutzt auf und schmunzelt: „Ich würde sagen, der Rainer hat eben wieder mal ein Tief. Das wird schon wieder."

Jürgen: „Glaube ich auch, aber worum geht es Ihnen bei alledem?" (Legende)

Rainer: „Chef, das wissen Sie doch: ich will einfach der Beste sein und gute Zahlen schreiben. Ich brauche das Geld ja auch dringend, bei all den Schulden, die ich habe."

Jürgen: „Klar, und da fühlen Sie sich momentan nicht gerade wohl in Ihrer Haut, nicht wahr?" (Emotionen)

Rainer nickt.

Jürgen hätte Rainers Antworten fast wortgenau selbst geben können, doch wichtiger als die Antworten zu erhalten war, dass Rainer, um die Fragen zu beantworten, gezwungen war, den Kopf aus dem Sand zu ziehen und andere Wahrnehmungspositionen einzunehmen. Die Realität offen wahrzunehmen und gleichzeitig Opfer sein, ist nicht denkbar. Opfer sind Opfer, weil sie sich vor der Realität verschanzen und sich dadurch die Sicht auf Lösungen verstellen. Rainer kann sogar schon über sein Vogel-Strauß-Verhalten lachen.

4. ERöffnen

Jürgen nützt die besser gewordene Stimmung, um Rainer seine Sicht der Dinge darzulegen.

„Rainer, ich sehe die negativen Verkaufszahlen und ich weiß auch, dass so was hin und wieder passiert. (Landkarte) Mir ist wichtig, dass meine Leute übers Jahr gesehen gute Ergebnisse abliefern, und das tun Sie. Und ich möchte auch, dass Sie sich rasch wieder hochrappeln, denn ich will nicht nur gute Zahlen, sondern auch fröhliche Gesichter sehen. (Legende) Dann fühle ich mich bei meiner Arbeit auch wohl. (Emotion)“

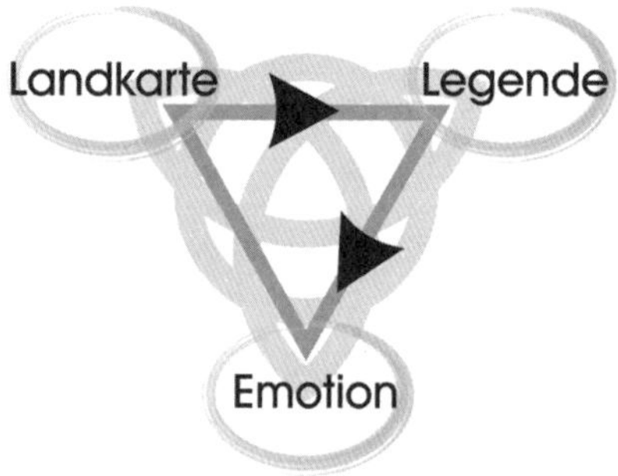

Jetzt ist alles klar. Rainer meint, ähnliche Sätze von Jürgen schon einmal gehört zu haben – es war auch nicht das erste Tief, das er hatte. Dennoch tat es gut, die Worte wieder zu hören – gleichsam als Bestätigung, dass sie noch immer Gültigkeit haben.

5. ERsinnen

Obwohl auch das Folgende für Jürgen fast schon ein wiederkehrendes Ritual ist, sagt er es trotzdem:

Jürgen: „Rainer, wie geht es weiter, welche Möglichkeiten sehen Sie jetzt, da wieder herauszukommen?“ (Macher)

Rainer: „Ach, das Gespräch hat mir ja schon geholfen. Ich weiß wieder, dass einem Tief zwingend ein Hoch folgt. Ich mache mir heute einen schönen Abend und morgen ist alles anders.“

Jürgen: „Das denke ich auch. Haben Sie einen Rat, den Sie sich selbst geben könnten – sozusagen von Profi zu Profi?“ (Mentor)

Rainer: „Sie wissen schon, mein alter Leitspruch: Lucken dicht und durch, dann geht es schon wieder.“

Jürgen lacht und klopft Rainer auf die Schulter. (Muse)

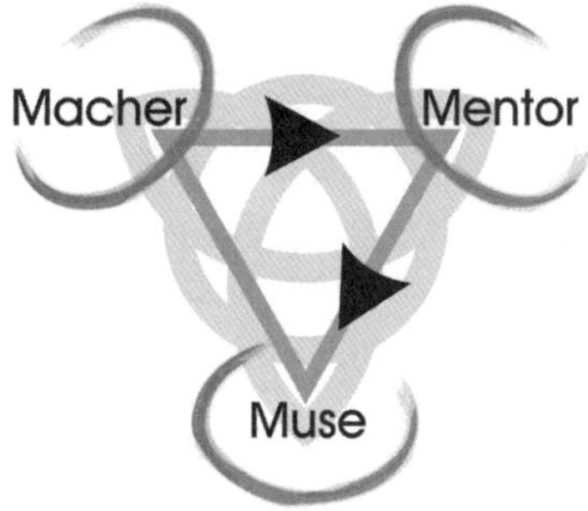

Jürgen denkt: Wenn alles so leicht wäre, wie guten Mitarbeitern wieder auf die Sprünge helfen! Doch der Schlüssel dabei sind nicht Zauberworte, sondern der Gedanke daran, dass man gute Mitarbeiter hat.

6. ERschaffen

Rainer kneift die Gesäßmuskeln noch kurze Zeit zusammen, dann läuft es wieder. (Aktiv) Jürgen führt in den nächsten Tagen vermehrt Gespräche mit Rainer herbei, um ihn zu stärken und zu sehen, wie es ihm geht. (Sensibel) Er weiß: So etwas wie Motivieren ist nicht möglich, er muss nur darauf achten, Rainer nicht zu demotivieren. Alles andere macht Rainer selbst.

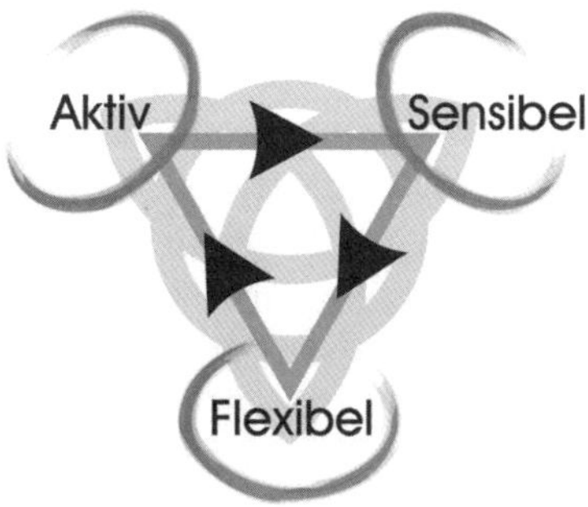

Das Ergebnis. Irgendwann rappeln sich die Leute in solchen Situationen meistens selbst wieder hoch. Die entscheidende Frage ist: Wie lange dauert das? Denn jeder demotivierte Tag kostet den Mitarbeiter Nerven und ist auch für seine Umgebung kein Vergnügen. Dass sich auch der Umsatz über die rasche Erholung aus dem Opfer-Dämmer freut, liegt auf der Hand. Hätten Sie als Chef auch so mit Rainer gesprochen?

Muss ich Ihnen das wirklich erklären?

Elektromotoren für PKWs sind ein sensibles Produkt: das Unternehmen kann sich Einbußen in der Qualität nicht leisten. Dennoch wurden seit ein paar Wochen Produktionsmängel verzeichnet. Gernot, der Produktionsleiter, und Fritz, der Leiter der Stabstelle für Qualitätssicherung, vereinbarten ein Meeting. Sie kamen jeder mit einigen ihrer Mitarbeiter. Gernot eröffnete die Sitzung, sprach kurz über die Agenda und beschrieb dann den Status quo.

Gernot: „Wir haben uns die defekten Geräte angesehen; ich glaube, wir haben ein Problem mit dem Gehäuse. Es scheint nicht stabil genug zu sein, dadurch wird die Lagerung instabil und das führt zu Vibrationen. Wir haben einige Reklamationen nach demselben Muster."

Fritz unterbricht: „Also, Herr Kollege, ich muss mich doch sehr wundern. Ich dachte, Sie haben sich auf das Meeting vorbereitet und professionell recherchiert. Wenn Sie nicht besser vorbereitet sind, vertun wir hier unsere kostbare Zeit. Aber wenn Sie wollen, erkläre ich Ihnen gerne mal, wie man professionell Qualitätsmängel recherchiert."

Totenstille. Alle Augen sind auf Gernot gerichtet.

Die Lösung? Peinlich! Gernot scheint vor den Augen seiner eigenen Leute blamiert. Fritz' Aussage war kein richtiger Angriff, aber er kann als Einladung zu einem Kräftemessen verstanden werden. Würde Gernot sich zurückziehen oder den Kampf aufnehmen? Alle warten gespannt auf seine Reaktion. Gernot kann mit ähnlich schlauen Sprüchen kontern. Er könnte Fritz maßregeln: So verhält man sich doch nicht in einem konstruktiven Meeting! Oder klein beigeben und die Sitzung vertagen, um sich besser vorzubereiten. Alle drei Reaktionen würden Fritz mit hoher Wahrscheinlichkeit reizen, das Feuer des Konfliktes jetzt wirklich zu entfachen. Stellen Sie sich vor: Sie sitzen mit Ihren Mitarbeitern sowie Gernot und seinen Leuten des Qualitätsstabes am runden Tisch und hören gerade seine Sätze. Was werden Sie tun, welche Sätze werden Sie sagen, um sich einerseits nicht unterkriegen zu lassen und andererseits kein Drama daraus zu machen?

Die 6ER-Strategie Schritt für Schritt.

1. ERkennen

Gernot kennt das: Die Stirn wird heiß, die Kehle ist wie zugeschnürt, der Mund wird plötzlich trocken. Das sind typische Anzeichen eines versteckten oder offenen Angriffes. Gernot atmet bewusst dreimal tief durch, bevor er sich weiteren Gedanken hingibt. Dann spürt er, wie die Symptome wieder abklingen.

2. ERraten

Fritz' Statement war noch kein Angriff eines Täters. Die Sätze waren nicht kurz genug, und das zuletzt jovial ausgesprochene Angebot einer Erklärung war scheinbar gut gemeint. Doch insgesamt kam das Ganze einem Angriff recht nahe. Fritz wollte Stärke zeigen und andeuten, dass er mehr drauf hat als Gernot – die Grundhaltung ist: Ich bin ok, du nicht, lieber Gernot. Fritz war Checker und bereit, falls Gernot darauf einsteigt, mit dem Drama loszulegen.

3. ERforschen

Gernot entschied sich, das potenzielle Drama zu stoppen und aufzulösen; er überlegte: „Checker orientieren sich an Fakten, dort hole ich ihn ab, und dann führe ich ihn zu seinen Werten."

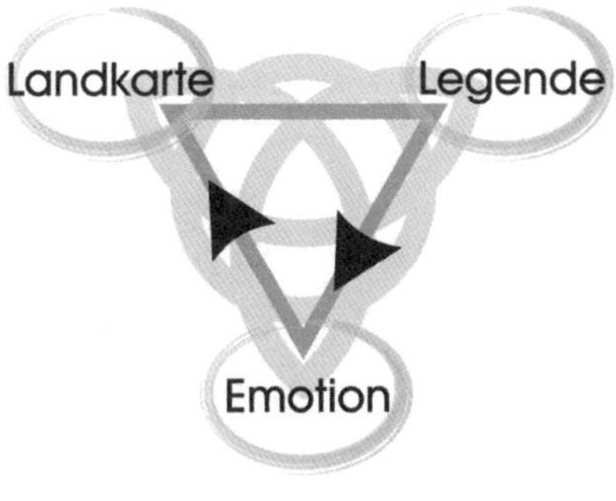

Gernot mit erhobener Stimme: „Moment mal, dass wir das jetzt klar kriegen: Ihnen geht es darum, bei der Analyse der Qualitätsmängel professionell vorzugehen, nicht wahr? (Legende) Und Sie sind unsicher (Emotion), ob wir mit unseren Recherchen die nötige Professionalität an den Tag gelegt haben, ja?" (Landkarte)

Fritz nickt.

Gernot weiß, er sollte jetzt die Fäden in der Hand behalten und keine Pause machen, daher setzt er ohne Unterbrechung mit der Eröffnung fort.

4. ERöffnen

„Mir geht es sowohl darum, gut zu recherchieren als auch so rasch wie möglich Ergebnisse zu erzielen. (Legende) Denn ich habe keine Freude mit den Qualitätsmängeln (Emotion) und mir ist klar, dass wir rasch handeln müssen (Landkarte).“

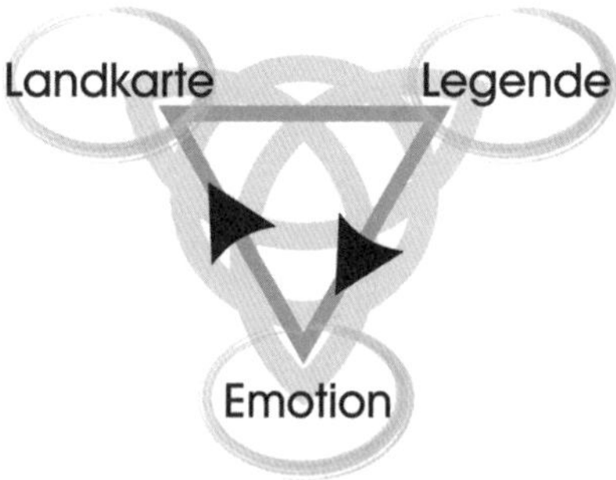

Fritz kann nur noch nicken. Alles was gesagt wurde, kann er nur bestätigen. Da Gernot die Initiative behält, bleibt für Fritz' Spielchen kein Platz, zumal Gernots Aussage keine Reibungsflächen hatte. Er ist wieder mit im Boot und hat (zunächst) Gernot wieder als gleichwertig anerkannt.

5. ERsinnen

Gernot nutzt die Gelegenheit, Wortführer zu sein, um gemeinsame Lösungen zu ersinnen.

Gernot: „Wenn wir uns daran orientieren, dass die Gehäuse zu schwach konstruiert sind, rate ich dazu, das neue Gehäuse besonders intensiv auf Vibrationen zu untersuchen. Außerdem müssen wir berechnen, wie sehr ein stabileres Gehäuse die Kosten erhöht. (Mentor) Die könnten wir aber vielleicht bei der Halterung der Kohlebürsten wieder einsparen, mal sehen. (Muse) Wir sollten zunächst die instabilen Bereiche herausfinden, sie vom Konstrukteur neu designen lassen und in den Fertigungsprozess neu integrieren.“ (Macher)

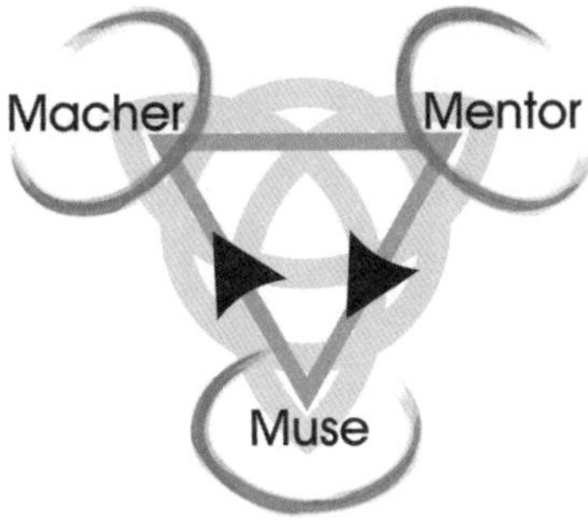

Konkrete Vorschläge sind ohnedies Fritz' Leib- und Magenspeise. Da Gernot ziemlich energisch vorgeht, sieht Fritz wenig Chance, noch einmal den Checker raushängen zu lassen. Natürlich hat er nicht aufgegeben, aber er vermutet, dass er bei Gernot damit nur schwer punkten kann.

6. ERschaffen

Gernot vereinbart mit Fritz, eine gemeinsame Arbeitsgruppe zu bilden, die sich ausschließlich dieser Aufgabe widmet. Innerhalb von zwei Wochen hat die Gruppe den Schwachpunkt bereinigt und die Produktionskosten gleichhalten können. (Aktiv) Gernot und Fritz sind mit dem Ergebnis zufrieden. Nicht zufrieden sind sie damit, dass es lange gedauert hatte, den Mangel zu erkennen. (Sensibel) Sie beschließen daher gemeinsam mit dem Geschäftsführer, das Qualitätsmanagement neu zu organisieren (Flexibel), und machen sich gleich daran es zu planen (Aktiv).

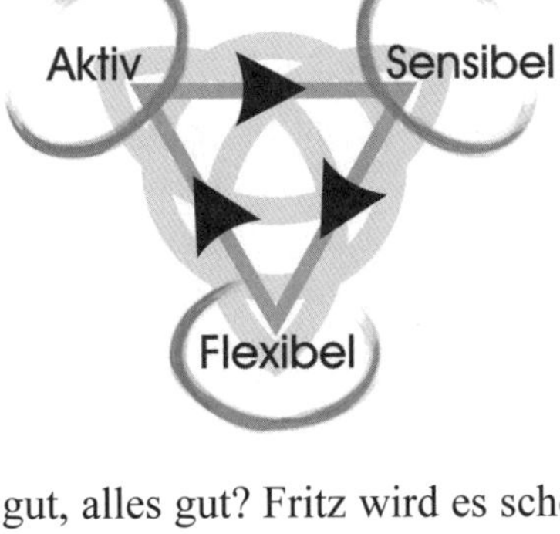

Das Ergebnis. Ende gut, alles gut? Fritz wird es schon mal wieder versuchen, den Checker zu spielen. Gernot wird er sich dazu wahrscheinlich nicht mehr auswählen – bei ihm macht es nicht wirklich Spaß. Außerdem scheint Gernot gar nicht so übel zu sein. Und das alles, weil Gernot weiß, wie man mit Checkern umgeht. Das Unternehmen weiß es ihm zu danken, und seine Mitarbeiter sind stolz auf ihn. Hätten Sie das auch geschafft?

Bin ich nicht toll?

Die Verhandlungen hatten Monate gedauert, nun war der Vertrag unter Dach und Fach und ein großer Kunde gewonnen. Den Abschluss der Verhandlungen sollte ein kleines Fest krönen, an dem die Partner einander noch besser kennen lernen und in entspannter Atmosphäre kulturelle und kulinarische Leckerbissen genießen konnten. Hermann, der zuständige Key Accounter, hatte sich ein paar kulturelle Highlights einfallen lassen, für das Catering und die Raumgestaltung war Theresa, seine Assistentin, verantwortlich. Alles verlief klaglos bis auf das Buffet, das an Vielfalt und Frische zu wünschen übrig ließ. Nach den ersten Happen sahen die Gäste einander vielsagend an, aus Höflichkeit gab es keine Kommentare.

Als die Gäste gegangen waren, wirbelte Theresa durch den Raum auf Hermann zu und sagte: „Also ich weiß nicht, was die alle haben, ich fand das Buffet für den Preis sehr gut, Sie könnten ruhig sagen, dass ich das Ganze sehr gut hingekriegt habe. Schließlich habe ich mir viel Mühe gegeben: das Essen, die Dekoration, das Ambiente, war doch gut, hat es Ihnen auch geschmeckt?“

Die Lösung? Was tun? Ja sagen und den Ärger runterschlucken oder sich vor Theresa in Stellung bringen und ihr sagen, dass das Buffet eine Katastrophe war? Eine Alternative wäre noch, Theresa zu erklären, dass „Fishing for Compliments“ sich nicht gehört. Natürlich hat Theresa bemerkt, dass die Gäste relativ viel vom Buffet übrig gelassen haben und die Brötchen zäh waren. Doch was sie braucht, ist Anerkennung und sie ahnt schon, dass sie ihr heute versagt bleiben wird. Ihre Aussage ist ein verzweifelter Versuch, sie wider besseres Wissen doch noch zu bekommen. Die Situation ist noch nicht dramatisch, aber das Potenzial ist hoch: Theresa kann, wenn ihr Hermann die Meinung sagt, die Beleidigte spielen und im Kollegenkreis klagen, dass ihr Chef immer nur die Fehler sieht. Oder sie leidet still und schmollt tagelang. Was ist Ihre Stopp-Strategie in diesem Fall? Zeigen Sie sich auch hier als Chef-Dramaturg.

Die 6ER-Strategie Schritt für Schritt.

1. ERkennen

Wenn sich Hermann zurückhalten muss, weil er sonst dem inneren Druck nicht standhalten und losdonnern würde, weiß er: Diva oder Opfer in Sicht. Erste Maxime ist daher, dreimal tief durchatmen und Chef bleiben. Die Welt ist eben doch nicht voller Schafe, die darauf warten, gefressen zu werden, sondern voller Menschen.

2. ERraten

Hermann interpretiert das „Fishing for Compliments" als die Bitte der Diva um Beifall und Anerkennung. Theresa verhält sich zwar wie eine nach Applaus heischende Diva (sie blendet die Realität aus, Gestik und Mimik sind der von Schauspielern auf der Bühne ähnlich), doch sie ist nahe daran, zum Opfer zu mutieren.

3. ERforschen

Die Diva auf der Bühne des Lebens sucht Gelegenheiten, im Rausch des Beifalls in Emotionen zu ertrinken. Dort beginnt die Reise, die nächste Etappe ist die ausgeblendete Realität.

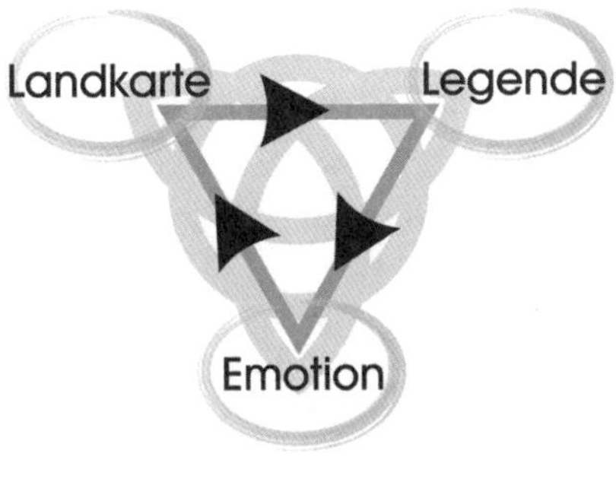

Hermann: „Ich bin noch ziemlich verwirrt (Emotion), wie fanden Sie selbst das Buffet, Theresa?" (Landkarte)

Theresa: „Ich hab mir so viel Mühe gegeben, ein gutes und preisgünstiges Catering aufzutreiben, und die Kollegen reden das alles schlecht."

Hermann: „Und was würden die Gäste sagen, wenn wir sie fragen?" (Landkarte)

Theresa schluckt: „Na ja, ich hab doch auch Augen im Kopf, die Hälfte ist übrig geblieben; was sollen sie schon sagen? Mickriges Buffet oder so ..." Theresa beginnt zu weinen.

Hermann: „Worum ging es Ihnen beim Catering, was waren die Auswahl-Kriterien?" (Legende)

Theresa: „Preiswert und gut. Ein Bekannter hat es mir empfohlen. Ich wollte den Gästen zeigen, dass wir keine Glaspaläste haben, in die ihr Geld reinfließt, aber wir bieten gute Qualität. Das sollte es symbolisieren."

Hermann: „Und welches Gefühl haben Sie jetzt bei der Sache?" (Emotion)

Theresa: „Mir ist zum Heulen."

Hermann ist überrascht. Die Kriterien waren für ihn absolut stimmig. Keine Rede mehr von Schaf, sie hat sich die seiner Ansicht nach richtigen Gedanken gemacht. Hermanns Erkenntnis: Theresas Ansatz war gut, dennoch ließ das Ergebnis zu wünschen übrig. Aber das würde sich auch noch klären lassen.

4. ERöffnen

Hermann nimmt Theresa am Arm und führt sie zur Bar, um sie aus ihrer negativen Stimmung herauszuholen.

Hermann: „Theresa, die Gäste haben sich amüsiert und das Ambiente genossen. Das Buffet haben sie weniger in Anspruch genommen. (Landkarte) Mir ist wie Ihnen bei solchen Gelegenheiten wichtig, dass die Kunden merken, hier wird nicht Geld verprasst, aber viel für sie getan. Das ist ein guter Ansatz, doch über das Buffet war ich nicht glücklich." (Emotion)

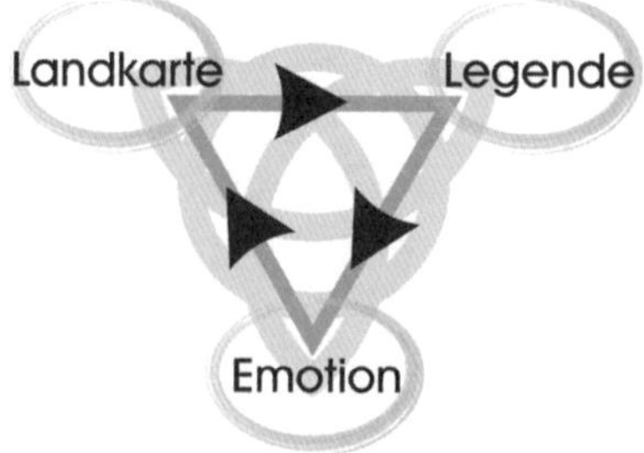

Hermann spricht Klartext, aber auf eine Weise, die kein Drama schürt.

5. ERsinnen

Das nächste Mal soll es besser laufen, also gilt es die Zukunft zu ersinnen:

Hermann: „Theresa, was könnten Sie das nächste Mal tun, damit auch das Buffet ein voller Erfolg wird?" (Macher)

Theresa: „Also auf meinen Bekannten verlasse ich mich nicht mehr. Ich fange mit der Vorbereitung früher an. Eigentlich kann ich jetzt schon ein Catering für den nächsten Event suchen. Ich lasse mir eine Referenzliste geben, rufe die Catering-Kunden an und frage sie, wie sie zufrieden waren."

Hermann: „Denken Sie daran: Jeder hat andere Vorstellungen von einem guten Buffet, Sie sollten auch herausfinden, was ihre Auswahlkriterien sind." (Mentor)

Theresa: „Stimmt, ich frage sie auch, was ihnen beim Buffet wichtig ist und für welche Anlässe sie ein Buffet bestellen." (Muse)

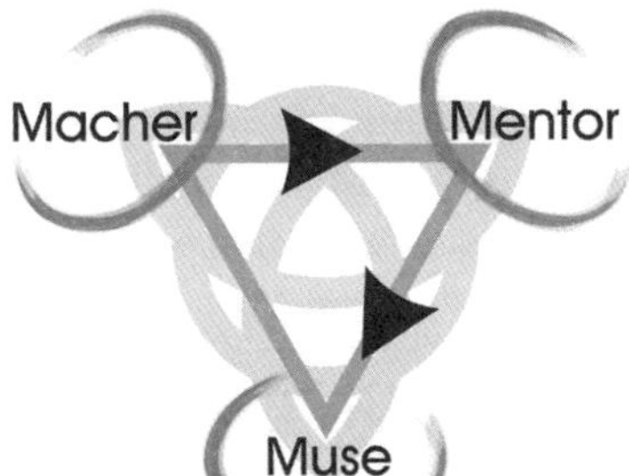

Die Sache kommt ins Laufen, die negativen Emotionen sind verflogen, Lösungen werden erdacht. Das ist der Zweck des 5. Schrittes.

6. ERschaffen

Theresa macht sich – auch ein wenig durch ihr schlechtes Gewissen angetrieben – daran, eine Liste von Catering-Firmen zu erstellen und Angebote einschließlich Referenzlisten einzuholen. Da sie die Aufgabe reizt, hat sie nach zwei Wochen eine Shortlist von drei Catering-Firmen. Eine davon ist ihr Favorit. Mit dem Ergebnis geht sie zu Hermann. (Aktiv) Hermann gibt zu bedenken, dass sie ihre Wahl noch immer auf Basis der Meinungen anderer getroffen hat und keine eigenen Erfahrungen dahinter stehen. (Sensibel) Theresa schlägt vor, den Favoriten mit einem kleinen Auftrag für eine interne Gartenparty zu testen. (Flexibel) Hermann ist einverstanden und Theresa macht sich ans Werk.

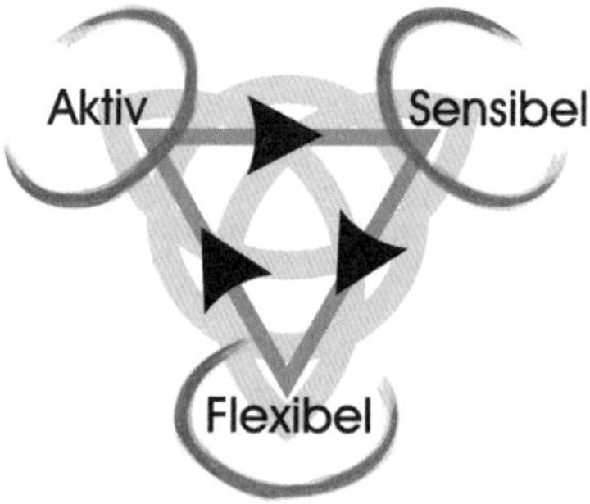

Das Ergebnis. Die entscheidende Frage ist: Halten Sie als Chef die Spannung aus, nicht ins Drama einzusteigen? Wenn Sie der Einladung widerstehen, haben Sie den Kopf frei, tief durchzuatmen und die 6ER-Strategie anzuwenden. Das Ergebnis ist mit hoher Wahrscheinlichkeit nicht nur kein Drama sondern eine Verbesserung der Situation, die sie dramatisch nicht erreicht hätten – zum Wohl des Unternehmens, Ihrer Mitarbeiter und Ihrer eigenen Person. Machen Sie sich zum Chef-Strategen!

Zusammenfassung

Sechs dramatische Szenen und ihre Lösung – raten Sie und geben Sie Ihren Tipp ab!

- Wenn Chefs miteinander reden
- Bloß kein Drama machen
- Ich sag es dem Chef!
- Ach ich armes Schwein!
- Muss ich Ihnen das wirklich erklären?
- Bin ich nicht toll?

6 BÖSE SEIN – VON RÜGEN, BEFEHLEN UND SCHLECHTEN NACHRICHTEN

Sagen Sie es den Leuten rein – und lassen Sie sich feiern!

WAHRES BELEHREN LIEGT DARIN, DEN ANDEREN DIE ERMAHNUNG
GANZ NATÜRLICH SCHLUCKEN ZU LASSEN,
WIE WASSER IN EINER DURSTIGEN KEHLE,
WIE EINE KUR FÜR DIE VERFEHLUNGEN DES ANDEREN,
NACHDEM MAN IHN DURCH LOBEN SEINER STÄRKEN AUFGEBAUT HAT.

YAMAMOTO, TSUNETOMO
SAMURAI UND ZEN-MÖNCH

Ein Junge hatte gestohlen. Er wurde erwischt und man brachte ihn zum alten Weisen im Dorf. Der alte Mann hörte die Leute an und sprach mit dem Jungen. Mit keinem Wort erwähnte er die Tat. Nachdem er dessen Vertrauen gewonnen hatte, gab er ihm eine einzige Forderung mit auf den Weg: Er sollte bei allem, was er künftig tat, wahrhaftig sein. Der Junge war heilfroh, scheinbar ungeschoren davongekommen zu sein, und ging erleichtert nachhause. Als er in der Nacht neue Streifzüge durch fremde Häuser planen wollte, kam ihm der Gedanke: „Wenn ich morgen Früh auf die Straße gehe und jemand fragt mich, was ich mache, was sage ich dann? Meinem Versprechen folgend, wahrhaftig zu sein, muss ich alles zugeben und werde bestraft." Indem er Wahrhaftigkeit übte, fiel es ihm schwer zu stehlen.

Als Chef Ordnung schaffen. Führungskräfte sind in der Regel nicht erleuchtet. Sie stehen am Boden der Unternehmensrealität und sind dazu da, Gewinn zu erwirtschaften. Wenn etwas nicht so läuft wie es sollte, ist es ihre Aufgabe, Ordnung zu schaffen. Selten reichen ein paar salbungsvolle Worte oder langes zögerliches Herumreden. Die direkte Art spart Zeit und Nerven.

Der Chef als Bösewicht. Dass etwas in die falsche Richtung läuft, hat seine Gründe. Menschen haben vorher beschlossen, dass es mit weniger Genauigkeit auch geht, dass es auch später gemacht werden kann, dass man etwas nicht viel Aufmerksamkeit zu schenken braucht oder dass die andere Richtung die bessere ist. Hinter jedem Handeln stehen Werte – auch hinter solchem, das der Chef als nicht zweckdienlich klassifiziert. Menschen funktionieren so und Mitarbeiter sind eben auch nur Menschen. Wenn Sie als Chef die Zügel herumreißen und durch Ihre Anordnung die Richtung ändern, handeln Sie damit gegen Werte Ihrer Mitarbeiter – immer! Und ein Auftrag oder eine Aussage, die Werte Ihrer Mitarbeiter verletzt, ist der klassische Auslöser von Dramen.

Vermeiden oder dramatisieren. Instinktiv spüren das viele Führungskräfte und scheuen sich davor, unangenehme Anordnungen zu treffen, Mitarbeiter zu tadeln oder schlechte Botschaften zu überbringen. Doch Vermeidung ist ebenso schlimm wie die Entscheidung, ein ohnehin schon notwendiges Drama gleich ordentlich auszukosten. Beides sind Taktiken, die sich Mitarbeiter hin und wieder erlauben können – aber nicht der Chef. Er wird dafür bezahlt, gegenzusteuern, wenn es notwendig ist, und zwar mit taktischem Feingefühl.

Steuern ohne Drama. Da das Gegensteuern als eine der Führungsaufgaben hohes Dramapotenzial birgt, widmen wir diesem Thema das aktuelle Kapitel. Es soll Ihnen Taktiken zur Hand geben, auch unangenehme Maßnahmen so durchzusetzen, dass Ihre Mitarbeiter sie gut annehmen können.

In diesem Kapitel lernen Sie, wie Sie

- Ihren Mitarbeitern üble Nachrichten mitteilen können,
- sie rügen und
- ihnen unangenehme Aufträge erteilen können,

ohne dadurch Drama zu produzieren.

Nicht gegensteuern – BEAMen

Wenn Ihre Aussagen für Ihre Mitarbeiter mit großer Wahrscheinlichkeit nicht angenehm sind, brauchen sie eine trinergetische Struktur, um von Ihren Leuten nicht als Drama-Einladung aufgenommen zu werden.

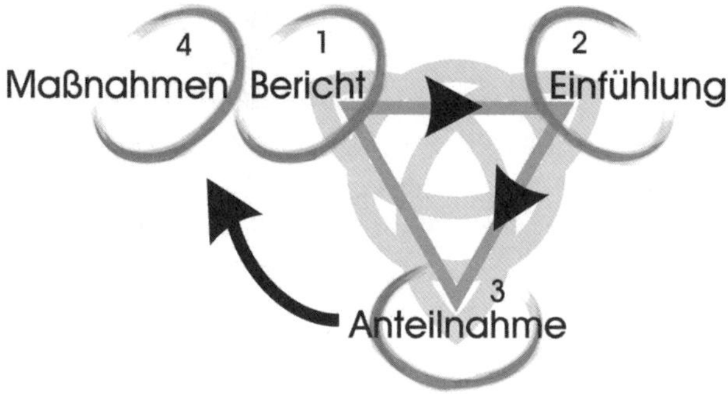

BEAMen im Detail:

1. ***Bericht:*** Berichten Sie vollständig die negativen Fakten und die daraus folgenden oder von Ihnen beschlossenen Konsequenzen ohne Beschönigung oder Bewertung. Sagen Sie alles Unangenehme zuerst!
2. ***Einfühlen:*** Beschreiben Sie, was die negativen Fakten und die Konsequenzen für Ihren Mitarbeiter wahrscheinlich bedeuten.
3. ***Anteilnahme:*** Sprechen Sie Ihre Anteilnahme darüber aus, was Fakten und Konsequenzen für ihn bedeuten.
4. ***Maßnahmen:*** Empfehlen Sie oder schlagen Sie Maßnahmen vor, welche die negativen Auswirkungen in Zukunft mildern oder verhindern können.

Die ganze Botschaft. BEAMen Sie nicht, bevor Ihnen die ganze Botschaft klar ist. Als Chef sollten Sie mehr drauf haben, als Laute rudimentärer Unzufriedenheit von sich zu geben. Überlegen Sie zuerst: Was sind die Fakten und welche Konsequenzen werden Sie ziehen? Was wird Ihre Botschaft für den Mitarbeiter bedeuten und wie stehen Sie dazu? Und welche Maßnahmen könnten die Situation mildern? Sprechen Sie erst mit Ihrem Mitarbeiter, wenn Sie das alles geklärt haben.

Alles Unangenehme zuerst. Der erste Teil der Botschaft umfasst ALLES für den Mitarbeiter Unangenehme: die negativen Fakten und alles, was daraus resultiert (Strafen oder Strafandrohungen, Verschlechterung der Arbeitssituation usw.). Heben Sie nichts davon für später auf (vielleicht beseelt durch den Gedanken, dem Mitarbeiter nicht alles auf einmal zumuten zu können). Das setzt voraus, dass Sie Konsequenzen beschließen, bevor Sie Ihrem Mitarbeiter Ihren Unmut mitteilen.

Die negative Bedeutung vorwegnehmen. Sobald alles Unangenehme gesagt ist, können Sie sich wieder mit ganzem Herzen dem Mitarbeiter als Mensch zuwenden. Die Gedanken des Mitarbeiters beginnen nun um die Nachteile zu kreisen, die aus Ihrer Aussage zu erwarten sind. Wenn Sie diese im gleichen Moment aussprechen, fühlt sich der Mitarbeiter verstanden und wird davon entlastet, diese Gedanken noch ausführlicher zu „wälzen“. Der Mitarbeiter braucht seine Energie nicht mehr in Dramagedanken zu verschwenden. Denn das wurde bereits vom Chef erledigt.

Anteilnahme und Aktivität. Sprechen Sie Ihre Anteilnahme und Ihr Bedauern über die Konsequenzen und Nachteile aus, die der Mitarbeiter in Kauf zu nehmen hat. Reden Sie dann über mögliche Maßnahmen, die den Konsequenzen entgegenwirken könnten. Der Mitarbeiter weiß damit: Mein Chef ist trotz des Schlamassels handlungsfähig und unterstützt mich dabei, die negativen Konsequenzen zu mildern oder gar nicht entstehen zu lassen.

Sehen wir uns diese Struktur anhand von drei häufig auftretenden Szenarien konkret an:

- schlechte Nachrichten mitteilen,
- Mitarbeiter rügen,
- einen unangenehmen Auftrag erteilen.

Schlechte Nachrichten? Scotty: BEAMen

Machen Sie auch schlechte Nachrichten zur Erfolgsstory

Bloß keine schlechten Nachrichten. Nicht immer läuft alles rund im Unternehmen: Personaleinsparungen, Restrukturierungsmaßnahmen, geänderte Aufgabenverteilung, wegen schlechter Geschäftszahlen den Gürtel enger schnallen – irgendwann muss es den Mitarbeitern gesagt werden.

Gerüchteküchen kochen bitter. Führungskräfte rätseln über den besten Zeitpunkt, schlechte Nachrichten mitzuteilen. Sollen wir den Mitarbeitern damit bei der Weihnachtsfeier die Stimmung verderben? Ist es besser, es jedem persönlich zu sagen oder vor versammelter Mannschaft? Da es eine unangenehme Aufgabe ist, tendieren viele dazu, sie vor sich herzuschieben, bis die Gerüchteküche diese Aufgabe übernommen hat. Doch Gerüchteküchen kochen bittere Kost. Geheim geflüstert scheinen schlechte Nachrichten noch viel schlimmer zu sein. Manchmal neigen Führungskräfte auch dazu, sich von den Nachrichten zu distanzieren: „Ich finde das auch nicht in Ordnung, was da mit euch passiert!“ Scheinbar setzt sich die Führungskraft mit dieser Aussage zu den Mitarbeitern ins Boot, doch gleichzeitig distanziert sie sich damit von ihrer Rolle als Chef. Wie also sage ich es meinen „Kindern“?

Die Nachricht der Konzernzentrale lag auf Dietmars Schreibtisch. Seine Leute hatten in mühsamer Kleinarbeit eine Informationsplattform für die Kunden ihres Unternehmens im Internet eingerichtet. Nun war die Zentrale auf den Geschmack gekommen: Sie übernahmen zwar das Ergebnis der Landesorganisation, doch die Plattform sollte nun zentral gewartet werden. Dietmar hatte zur Entwicklung und Wartung dieses Dienstes zwei Mitarbeiter aufgenommen. Mit der Übernahme durch die Konzernzentrale waren diese Leute nun in Kürze beschäftigungslos. Nach langem Überlegen, ob er es kurz und bündig machen sollte oder mit Vorsicht, ließ er die beiden zu sich kommen: „Also ich sage euch gleich, es schaut nicht gut aus. Wenn sich die Zentrale was in den Kopf setzt ... Wahrscheinlich muss ich euch kündigen, vielleicht findet sich noch eine Lösung, ich möchte euch aber großen keine Hoffnungen machen, sonst seid ihr dann enttäuscht.“

Hoffentlich ist Hoffnung. Sehr weise ist das nicht. Jede Lösung braucht Hoffnung: Wenn wir nicht hoffen können, woher sollen Ideen kommen? Dietmar hat Ideen von vornherein verhindert. Ist Enttäuschung wirklich so teuer (schmerzhaft), dass sie nicht mit der Währung „Hoffnung“ bezahlt werden könnte? Lassen Sie Ihre Leute hoffen, motivieren werden sie sich dann schon von selbst, auch in scheinbar ausweglosen Situationen. Ohne Hoffnung nimmt das Drama seinen Lauf und entlädt sich über Kollegen und Unternehmen.

Der Chef weiß es vorher. Chefs sollten wissen, was Mitarbeiter bewegt, wenn sie schlechte Nachrichten hören. Sie sollten einfühlsam genug sein,

Gedanken und Emotionen vorauszudenken. Wenn sie es nicht tun, dann tun es die Mitarbeiter: sie entwickeln Horrorszenarien mit wilden Folgen und sind unsicher, entsetzt, verängstigt oder besorgt. Wenn Sie Glück haben und einen guten Draht zu Ihren Mitarbeitern, werden sie es Ihnen mitteilen. Dann sind all die bösen Unwägbarkeiten aber schon gedacht und Sie müssen darauf reagieren. Als Chef sollten Sie agieren, nicht reagieren: Nehmen Sie Gedanken und Gefühle Ihrer Mitarbeiter vorweg. Entlasten Sie Ihre Mitarbeiter so weit wie möglich von diesen Gedanken. Sie vertiefen damit auch das Vertrauen zu Ihren Leuten, denn sie denken: Er hat alles gesagt, was mich bewegt, er hat Verständnis und kennt sich aus!

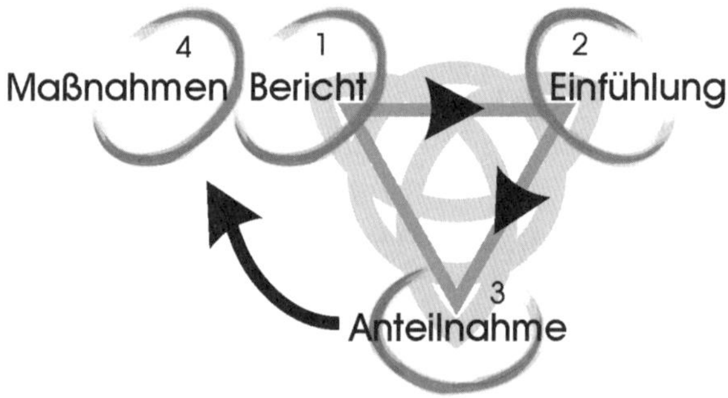

Dietmar wusste: Seine Leute mussten rasch informiert werden, sonst erfuhren sie es über die Gerüchtebörse. Nach einigen Überlegungen rief er die Betroffenen zu sich.

Dietmars Bericht: „Ich habe schlechte Nachrichten. Die Zentrale wird unsere Plattform in spätestens drei Monaten für alle regionalen Organisationen anbieten und betreiben. Ihr habt so gute Arbeit geleistet, dass die Zentrale die Ideen übernommen hat. Doch die Wartung macht künftig die Zentrale. Das heißt: Die Betreuung der Plattform, für die ihr verantwortlich seid, ist in Kürze nicht mehr erforderlich. Wenn ich in der nächsten Zeit keine neue Aufgabe für euch finde, muss ich euch kündigen.“

Dietmars Einfühlung: „Ich weiß, dass euer Herz an der Plattform hängt und es weh tut, wenn sie euch aus der Hand genommen wird. Mir ist auch bewusst, dass ihr euch jetzt Sorgen macht, wie es mit euch hier bei uns weitergeht.“

Dietmars Anteilnahme: „Ich bedauere sehr, dass es so gekommen ist."

Dietmars Maßnahmen: „Glücklicherweise haben wir noch etwas Zeit. Ich werde sie nützen, um ein paar Ideen, die ich habe, weiterzuentwickeln. Ich stelle mir weitere Internet-Dienste für die Kunden vor. Wenn es gut läuft, habt ihr damit weiterhin Aufgaben in unserem Unternehmen, die euch interessieren. Im Idealfall kann ich die Zentrale dann auch davon überzeugen, dass die Wartung konzernweit bei uns bleibt. Sollte das alles nicht klappen, werde ich euch rechtzeitig informieren und euch dabei unterstützen, einen neuen Job zu finden."

Was keiner sagen und hören will. Wenn die Leute die Nachricht an der Gerüchtebörse erfahren hätten, würden sie rasch innerlich kündigen und ihren Frust über die Kollegen ausstreuen. Dietmars offene und nicht beschönigende Erklärung, die Anteilnahme und die Handlungsoptionen stärken das Vertrauen der Mitarbeiter in ihren Chef. Er zeigt sich weiterhin ideenreich und handlungsfähig. Versprechen konnte er seinen Mitarbeitern nichts, aber sie erkannten, dass es ihm wichtig war, etwas für sie zu tun. Das machte ihnen Hoffnung. Sie werden mit hoher Wahrscheinlichkeit in der Zeit, die sie noch im Unternehmen verbringen können, aus ihrem Herzen keine Mördergrube machen, sondern weiter für ihren Chef da sein, solange sie gebraucht werden. Die Energie bleibt erhalten, und wenn Dietmar mit seinen Bemühungen erfolgreich ist, bleiben sie ihm auch treu. BEAMen Sie schlechte Nachrichten – Sie werden die schlechte Nachricht leichter los und gewinnen noch dazu Ihre Mitarbeiter für sich.

Aufträge, die keiner mag

Machen Sie den Bissen schmackhaft, den niemand schlucken will!

Keine Zeit. In jedem Unternehmen gibt es Aufgaben, die keiner gerne übernehmen möchte – langweilige Routine, schmutzige, beschwerliche oder körperlich unangenehme Arbeit, Gespräche mit unangenehmen Kunden oder Partnern, Aufgaben die als „unter meiner Würde" gesehen werden, oder Aufgaben, in denen die Mitarbeiter „keinen Sinn sehen". Alle möglichen und unmöglichen Argumente werden vorgeschoben, hinter denen sich die Leute verstecken. Oft bleiben jene über, die sich aufgrund ihrer Jugend, ihres Ranges oder ihrer kurzen Zugehörigkeit zum Unternehmen am wenigsten zur Wehr setzen können. Da sich diese Konstellation selten ändert, trifft es immer wieder dieselben. „Immer trifft es mich!" ist die dramatische Reaktion, wenn der Zufall oder der Chef einen Unfreiwilligen auserkoren hat. Der Rest der Mannschaft seufzt erleichtert oder ergeht sich in Schadenfreude.

Auftragschance. Es ist unbestreitbar: Nicht alle Aufgaben sind ein Vergnügen und wenn man sich es als Mitarbeiter aussuchen kann, lässt man lieber die Finger davon. Es macht schon Sinn, nicht gerade dem Senior-Consultant unter den Beratern einfache Routineaufgaben aufzutragen, die keiner mag. Denn seine Arbeitszeit ist anderweitig nutzbringender einzusetzen. Allerdings sollte auch ihm kein Zacken aus der Krone brechen, wenn er einmal das Geschirr vom Besprechungstisch räumt, weil gerade sonst niemand da ist – und manche tun es ohnedies, weil sie wissen, dass ihre Identität (oder ihr Image) nicht durch jede einzelne Handlung bestimmt wird. Wer die unangenehme Aufgabe übernehmen soll, bestimmt sich durch Eignung und Zeitpotenzial und sonst nichts. Der Chef entscheidet, wer es tut.

Auf dem Schreibtisch und den benachbarten Schänken türmen sich die Papierberge: Informationsmaterial, Notizen, Memos, Kundenbriefe, Aufträge, Besprechungsprotokolle, Anfragen, Werbematerial. Herbert behauptet, es habe alles eine geheime Ordnung, in Wirklichkeit ist Ordnung nicht sein Thema und er versucht, ohne sie auszukommen. Aber irgendwann wird es auch ihm zu viel – meistens dann, wenn er länger als zehn Minuten braucht, um ein wichtiges Dokument zu finden. Magda, seine Assistentin, hat ihm schon mehrmals geraten, alles gleich abzulegen, sie hat ihm sogar leere Ordner dazu vorbereitet. Angesichts der Papierberge ahnt sie ihr Schicksal.

Herbert: „Magda, es ist furchtbar, ich finde einfach nichts mehr. So kann ich nicht arbeiten. Machen Sie da Ordnung, sonst werde ich noch verrückt mit der Sucherei. Ich bin die nächsten zwei Tage oh-

nedies unterwegs, da können Sie in meinem Büro werken, wie Sie wollen. Aber wenn ich zurückkomme, will ich es sauber haben."

So nicht, lieber Herbert! Dass Magda jetzt denkt: „Machen Sie sich den Kram doch gefälligst selbst, das haben doch Sie verbockt!", ist kein Wunder. Weder die Art der Aufgabe noch der Auftrag des Chefs geben Magda Anreize, das Ganze gerne zu tun. Die Reaktion ist zunächst inneres Drama (sie hält den Mund, kocht aber innerlich) und später äußeres (sie beklagt sich bei Kollegen und ihrem Mann über Herbert). Unwillig, wie sie ist, wird sie nicht wissen, wo sie was ablegen soll, und an der Aufgabe bald scheitern. Herbert hat sein Drama auf die Assistentin übertragen.

Chefgedanken sind nicht nur erwünscht. Dass sich Papierberge anhäufen, mag Herbert schon einmal passieren. Doch dann sollte er sich mehr Gedanken machen als nur solche über sich selbst. Denn jeder Auftrag betrifft immer mindestens zwei: Geber und Nehmer. Als kompetente Führungskraft sollte er nicht nur Papier wahrnehmen und seine eigenen Nöte, sondern auch Magdas Probleme, die er mit seinem Auftrag verursacht. Er sollte schon erkennen, dass sein Auftrag für Magda ganz schlechte Nachrichten sind, die ihr total gegen den Strich gehen. Je mehr er darüber nachdenkt, desto weniger wird es Magda tun. Lassen wir es Herbert noch einmal versuchen – diesmal mit BEAMen.

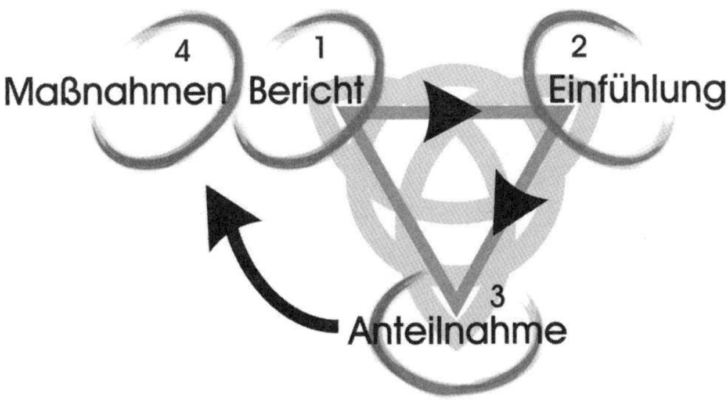

Herberts Bericht: „Magda, es ist wieder mal so weit, ich finde mich in der Unordnung nicht mehr zurecht. Bitte legen Sie die Papiere auf dem Schreibtisch und den Schränken in den entsprechenden Ordnern ab."

Herberts Einfühlung: „Ich verstehe, dass Sie sauer sind, weil sich ein so großer Berg angesammelt hat, den Sie jetzt abzulegen haben."

Herberts Anteilnahme: „Es tut mir Leid, dass ich Ihnen diese Arbeit geben muss."

Herberts Maßnahmen: „Ich glaube, dass es in Zukunft für Sie leichter sein wird, wenn ich die Papiere am Schreibtisch immer gleich vorsortiere und Sie die Stöße dann nur mehr in die entsprechenden Ordner geben. Dann können Sie auch selbst entscheiden, wann Sie die Papiere ablegen."

Besser der Chef macht das Drama als der Mitarbeiter. Magda hat noch immer die Wahl zwischen Drama und Einverständnis, mit Herberts BEAM-Auftrag steigt aber die Chance auf wohlwollende Kooperation ohne Drama. Er hat Magdas Drama vorweggenommen, sie braucht die unangenehmen Gedanken nicht selbst zu denken. Das entlastet. Und Magda weiß nun, dass er sie und ihre Lage versteht. Herberts Vorschlag kommt Magda entgegen. Denn sie erhält den Freiraum, sich die Arbeit einzuteilen. Dann ist sie gleich nicht mehr so unangenehm. Machen Sie aus unangenehmen Aufträgen kein Drama, sondern BEAMen Sie – der Auftrag wird dadurch nicht besser, aber er wird wenig unwillig erledigt.

In der Firma und zuhause. Ein Tipp am Rande: Als Mutter oder Vater sind Sie gegenüber Ihrem Kind in einer ähnlichen Situation. Sie wissen nun, wie Sie den Satz: „Räum doch endlich dein Zimmer auf" so umformulieren können, dass Ihr Kind es vielleicht sogar gerne tut.

Fehler rügen, um bessere zu machen

Schimpfen Sie nicht – BEAMen Sie Fehler weg.

Mensch = Fehler. Jeder Mensch macht Fehler. Fehler an sich sind noch kein Problem, entscheidend ist, wie Mitarbeiter und Chef mit Fehlern umgehen. So mancher Chef sagt sich: „Ich weiß schon: Aus Fehlern soll man lernen. Trotzdem hasse ich es, wenn Fehler passieren, die Leute sind da, um präzise zu arbeiten. Jeder Fehler kostet Geld." Das alles hat seine Berechtigung, doch es ist auch bewiesen, dass solche Gedanken noch keinen Fehler eingespart haben: sie passieren trotzdem.

Fehler der Mitarbeiter = Fehler des Chefs. Wenn Fehler passieren, können Sie zwar behaupten, Sie selbst hätten ohnedies alles getan, damit sie vermieden werden, dennoch können Sie sich als Chef nicht vor der Verantwortung drücken. Fragen Sie sich lieber: Was ist mein Beitrag an diesem Fehler? Ihre Aufgabe als Chef war vor dem Fehler und ist es auch danach, Ihren Mitarbeitern vollziehbare Aufträge zu geben und sie mit Ressourcen zu unterstützen und zu fördern. Also: Was haben Sie verabsäumt? Waren Sie beim Erteilen des Auftrages nachlässig oder haben Sie Ihren Mitarbeiter nicht ausreichend gefördert? Schimpfen Sie nicht über Ihre schlampigen Mitarbeiter. (Dazu braucht ein Unternehmen keinen Chef.) Stellen Sie sich lieber die Frage, was Sie verabsäumt haben, und holen Sie es nach. Unzufriedenheit mit Ihren Mitarbeitern ist eigentlich Unzufriedenheit mit sich selbst. Aber machen Sie kein Drama draus, sondern gehen Sie es an.

Steve hatte wieder einmal vergessen, die Ladung zu sichern, bevor er losfuhr. Nachträglich ist ihm auch klar, warum: Die Staus haben ihn aufgehalten, er war spät dran gewesen und wollte Zeit wettmachen. Darum hatte er in der Hektik darauf vergessen. Der Schaden ist beträchtlich. Vier Kühlschränke sind beschädigt, sie können nur noch verbilligt verkauft werden. Klaus, sein Chef, platzt los: „Wie oft soll ich das noch sagen? SICHERN! Und dann erst fahren. Mann! Das zieh ich dir vom Lohn ab, das sag ich dir. Wie kann man nur so blöd sein?" Steve ist zornig über sich selbst und den Chef. Am Abend beklagt er sich bei seinen Freunden, was für einen widerlichen Job er hat. Am nächsten Morgen denkt er: Was wird heute wieder schief laufen?

Der arme Chef. Die meisten Mitarbeiter akzeptieren ihren Chef als Chef, wie er ist – auch mit seinen Schwächen. Das sollten Sie wissen, wenn Sie Ihre Leute beschimpfen. Die Beschimpften sind nachher meist gar nicht böse auf ihren Chef. Sie denken vielmehr: „Der Chef hat mal wieder einen schlechten Tag, das ist manchmal so, da kann man nichts machen, er wird sich schon wieder beruhigen." Die Konsequenz daraus: Die Mitarbeiter meinen, die Beschimpfung hat gar nichts mit ihnen zu tun (auch wenn der Chef das noch so sehr betont), sondern mit dem aktuellen Gefühlszustand des Chefs – deshalb ist es auch nicht notwendig, angestoßen durch die Beschimpfung aus der Situation zu lernen!

Chef-Flüche sind nicht kostenlos. Zugegeben: Schaden ist entstanden, und das hat Mehrwert-Möglichkeiten reduziert. Doch die Frage ist: Welche Handlung schadet dem Unternehmen mehr? Die Vergesslichkeit des Fahrers oder der Hang des Chefs, seinem Unmut Luft zu machen? Das Vergessen verursachte abgegrenzten Schaden, die Flüche jedoch verursachen Schäden auf allen Ebenen des Unternehmens. Es wurde nichts getan, damit so etwas nicht noch mal passiert, der Fahrer ist verunsichert und sauer und verbreitet seine Stimmung bei den anderen, die mit Fug und Recht annehmen können: Wenn ich mal was vergesse, werde ich auch zur Sau gemacht. Wenn Sie glauben, sich eben mal Luft machen zu müssen, kalkulieren Sie auch ein, was das kostet. Meistens ist es teurer als der Schaden, den der Mitarbeiter verursacht hat.

Chefs werden für kühlen Kopf bezahlt. Was es hier braucht ist eine klare Aussage. Sie sollten nicht verschweigen, dass Ihnen gute und fehlerfreie Arbeit wichtig ist und Sie sollten, wenn Sie das mitteilen, sich die Möglichkeit erhalten, das Fehler verursachende Problem mit dem Mitarbeiter zu lösen. Dampf ablassen erschöpft und lässt darauf leicht vergessen. Und auf verbrannter Erde lässt sich keine Lösung mehr entdecken. Gehen Sie im Gespräch mit dem Mitarbeiter den evolutionären Kreislauf, damit Sie vermitteln können, was Ihnen wichtig ist und Lösungen finden.

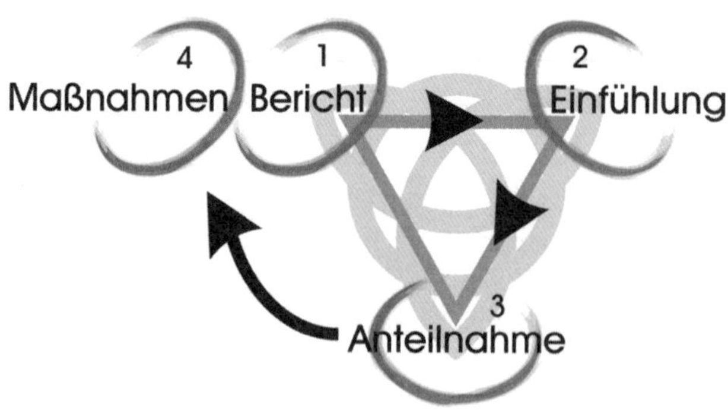

Klaus sieht die Bescherung und atmet kurz durch.

Klaus' Bericht: „Steve, du hast die Ladung nicht gesichert. Vier Kühlschränke sind beschädigt. Ich möchte, dass du ab jetzt immer dafür sorgst, dass die Ladung vor dem Wegfahren gesichert ist, und ich werde dir das nächste Mal eine Geldbuße vom Lohn abziehen, wenn du einen Transportschaden verursachst."

Klaus' Einfühlung: „Ich verstehe, dass du manchmal unter Zeitdruck bist, und wahrscheinlich ist es dir unangenehm, dass das passiert ist. Und jetzt droht dir auch noch eine Geldbuße, was den Druck noch mehr erhöht."

Klaus' Anteilnahme: „Es tut mir Leid, dass ich diese Maßnahme setzen muss."

Klaus' Maßnahmen: „Du kannst dem entgehen, wenn du ein Warnschild über das Lenkrad hängst, das du wegnehmen musst, bevor du losfährst. Dann denkst du immer ans Sichern. Andere Fahrer machen das schon lange. Oder vielleicht hast du selbst eine bessere Idee."

Drama oder Lösung. Klaus hat Steve nichts geschenkt. Alles Unangenehme ist gesagt und die Konsequenzen sind gleich zu Beginn klar ausgesprochen. Steve, der ein böses Donnerwetter erwartete, ist über dessen Ausbleiben überrascht. Sein Chef hat ihm gezeigt, dass er seine Situation versteht, und Steve sieht auch die angedrohte Strafe ein. Er hat auch eine Idee: „Ok Chef, ich klebe ein Bild von meiner Tochter hinten auf die Ladeklappe und schreib drauf: Papa sichern!" (ich bin mir sicher, dann denke ich immer dran. Und danke, dass Sie mich nicht niedergemacht haben." Lösungen finden sich nur, wenn es keinen Konflikt gibt. Klaus hat kühlen Kopf bewahrt und ist Chef geblieben.

Zerstören oder aufbauen. Sie können, wenn Ihre Mitarbeiter Fehler verursachen, noch immer den Wüterich spielen. Wenn Sie allerdings Chef sein und dem Unternehmen helfen wollen, Kosten zu sparen, sollten Sie nicht noch eins draufsetzen, sondern den Vorwurf BEAMen, damit er Lösungen möglich macht.

Zusammenfassung

Sagen Sie es den Leuten rein – und lassen Sie sich feiern!

Nicht gegensteuern – BEAMen

BEAMen:

1. ***Bericht:*** Berichten Sie vollständig die negativen Fakten und Konsequenzen ohne Beschönigung oder Bewertung. Sagen Sie alles Unangenehme zuerst!
2. ***Einfühlen:*** Beschreiben Sie, was die negativen Fakten und die Konsequenzen für Ihren Mitarbeiter wahrscheinlich bedeuten.
3. ***Anteilnahme:*** Sprechen Sie Ihre Anteilnahme darüber aus, was Fakten und Konsequenzen für ihn bedeuten.
4. ***Maßnahmen:*** Empfehlen Sie oder schlagen Sie Maßnahmen vor, welche die negativen Auswirkungen in Zukunft mildern oder verhindern können.

Schlechte Nachrichten? Scotty BEAMen

Was keiner sagen und hören will. BEAMen Sie schlechte Nachrichten – Sie werden die schlechte Nachricht leichter los und gewinnen noch dazu Ihre Mitarbeiter für sich.

Aufträge, die keiner mag

Besser der Chef macht das Drama als der Mitarbeiter. Machen Sie aus unangenehmen Aufträgen kein Drama, sondern BEAMen Sie – der Auftrag wird dadurch nicht besser, aber er wird so weniger ungern erledigt.

Fehler rügen, um bessere zu machen

Zerstören oder aufbauen. Wenn Sie Chef sein und dem Unternehmen helfen wollen, Kosten zu sparen, sollten Sie den Vorwurf BEAMen, damit er Lösungen möglich macht.

7 HUMAN SEIN – DIE VOLLSTÄNDIGEN BOTSCHAFTEN

Lassen Sie die Höflichkeiten – die Begegnung zählt!

Die Art und Weise, mit der das Management
die Mitarbeiter behandelt, ist genau die gleiche wie die,
mit der die Mitarbeiter die Kunden behandeln.
Sam Walton

Der Sohn saß zur Linken des Königs. Der Vater wollte seinen Sohn auf die Regierungsgeschäfte vorbereiten und gebot ihm daher, aufmerksam zu sein, während er als König seine Untertanen empfing, um ihren Zehent zu fordern. Einer nach dem anderen kam herein und bot unterwürfig seinen Zehent an. Der König war einverstanden oder forderte mehr; manchmal sprach er ein paar gütige Worte. Ein Junker war der nächste, doch was er brachte, war dem König zu viel des Guten. Er befahl, ein Drittel davon wieder mitzunehmen. Als der Mann gegangen war, fragte der Sohn, warum er sich bei diesem Mann so zurückgehalten hat. Der König antwortete: „Ich sah in ihm nicht nur den Untertanen, ich sah auch den Vater vieler Kinder, den Sohn kranker Eltern und Herrn vieler Knechte, die er durchzufüttern hat.“ Der Sohn nickte. Schließlich kam ein Mann, der reichen Zehent brachte. Der König jedoch schickte ihn nachhause mit der Forderung, ein Drittel mehr zu bringen. Die Überraschung stand dem Sohn ins Gesicht geschrieben: „Was sahst du in ihm, Vater?“ Der König sprach: „Ich sah in ihm den Untertanen, den Vater, den Sohn – und den Mann, der mir einst mein Mädchen weggenommen hat.“

Achtung Zuwendung! Höflichkeit, den Mitarbeitern als Mensch begegnen, ihre Sorgen und Nöte anhören, sich auch über ihr Privatleben interessieren – dass Zuwendung bei Mitarbeitern gut ankommt, gehört zum Allgemeinwissen. Viele tun es, weil sie tatsächlich interessiert sind zu hören, was ihre Leute in ihrer Freizeit noch tun, weil sie interessiert sind zu wissen, wie andere Menschen leben und wie es ihnen geht. Manche tun es, weil sie gelernt haben, dass das zum Handwerkszeug einer Führungskraft gehört. Die Mitarbeiter spüren das, und es ist immer noch besser als im eigenen Office zu bunkern. Und viele sind vorsichtig mit Zuwendung, weil sie Angst haben, sich damit zu sehr den Mitarbeitern anzubiedern und dann kein Potenzial mehr zu haben, um das nächste Mal mit Donnerwetter dreinzufahren.

Begegnungen. Das mit dem Donnerwetter ist ohnehin so eine Sache – und wir wissen inzwischen auch bereits, wie wir einen anständigen Rüffel BEAMen können. Andererseits hat die Angst, sich anzubiedern, ihre Berechtigung. Wenn Sie auf dem Kalender notieren, zweimal die Woche einen Rundgang zu machen, um Small talk zu führen, ist das eine nette Technik, die von den Mitarbeitern aber auch als Technik erlebt wird (auch wenn es gut gemeint ist). Und hin und wieder beiläufig zu fragen, wie es der Familie, ist eine geflissentliche Geste, aber noch lange keine Begegnung von Mensch zu Mensch. Die Qualität der Begegnung unterscheidet durchschnittliche Führungskräfte von anerkannten Chefs. Doch was heißt das und wie unterscheidet sich ein: „Na wie geht's denn?“ von einer Begegnung und vor allem: Welchen Unterschied macht es?

Der Mensch als Wurmfortsatz. Der Philosoph Martin Buber unterscheidet in seinem Buch „Ich und Du“ zwei Formen von Begegnung: Die reduzierte Form ist die Begegnung des Ich mit dem Es – dem was wir am Gegenüber beobachten können. Der Chirurg sagt: „Als Nächstes habe ich den Blinddarm, 40, weiblich.“ Er reduziert den Menschen am Operationstisch auf den Wurmfortsatz in seinem Bauchraum. Das ist auch gut so, denn wie schwer würde dem Chirurgen die Operation wohl fallen, wenn seine Freundin dort liegt.

Nur alles sehen. Die vollständige Form ist nach Buber die Begegnung mit dem „Du“. In dieser Form der Begegnung zählen keine Details, dann sehen wir den Menschen mit allem, was ihn einzigartig macht – „nur alles“ , wie Buber es formuliert. Den ganzen Menschen sehen bedeutet im Sinne Goethes: „Wer den Menschen sieht wie er ist, macht ihn kleiner. Wer ihn sieht, wie er sein könnte, macht ihn größer.“ Die vollständige Form der Begegnung sieht in dem Menschen alles, was zu seinem Menschsein gehört: das Tun, seine Einstellung, Wünsche, Ideen und seine Rolle in der Welt, seine Vergangenheit und seine Zukunft.

Der ganze Kunde. Ein Immobilienhändler, der in seinem Kunden den Käufer eines Einfamilienhauses sieht, hat Fakten im Fokus: Finanzierung, Familiengröße, rechtliche Aspekte usw. Die undifferenzierten Sorgen des Paares, was mit dem Kauf auf sie zukommen wird, oder die Vorfreude auf wunderbare Stunden in diesem Haus bleiben im Dunkeln. Wer es sieht, kann es auch aussprechen und damit den Kunden im besten Sinn des Wortes gewinnen: „Es kommt mit Ihrer Unterschrift einiges auf Sie zu: Ein Haus zu besitzen heißt sich um mehr kümmern zu müssen, als eine Wohnung zu mieten. Das Dach, die Müllabfuhr, Grundsteuer usw. Aber andererseits haben Sie damit etwas, das ganz Ihres ist: niemand redet Ihnen drein, wenn Sie einmal daran denken, alles umzugestalten ... Sie übernehmen Verantwortung und einen ganzen Berg Glück." Die besten Berater und Verkäufer denken und handeln so.

Ganz und gar. Nicht anders läuft es in der Beziehung zwischen Führungskraft und Mitarbeiter. Diese Beziehung ist ein Geschäft auf mehreren Ebenen: Offensichtlich ist der meist objektiv messbare Ausgleich von Leistung und Bezahlung. Nicht messbar, nur subjektiv und gefühlsmäßig bestimmbar ist das Geschäft: „Zuwendung gegen Zugehörigkeit". Der Mitarbeiter sagt: „Begegne mir mit allem, was ich bin und zu mir gehört, und ich bin und bleibe ganz und gar dabei im Unternehmen." Die weltweit größte Langzeitstudie des Gallup-Instituts (beschrieben in dem Buch „Erfolgreich Führen gegen alle Regeln" von Marcus Buckingham und Curt Coffman) zeigt auf, dass Führungskräfte dann erfolgreich sind (anhand der Geschäftszahlen gemessen), wenn sie sich für ihre Mitarbeiter als Menschen interessieren und die Mitarbeiter das auch so empfinden.

Die Sache mit dem Charisma. Die Qualität der Begegnung zeigt sich unter anderem in der Kommunikation mit dem Mitarbeiter. So wie förderliches Handeln nur mit allen Energien möglich ist, braucht ganzheitliche Kommunikation die Vollständigkeit der Information, Unvollständiges gibt Rätsel auf und reizt dazu, die Lücken mit Dramen zu füllen. Charismatische Chefs haben es „drauf", alles zu sagen, nicht nur dann, wenn es wirklich um etwas geht sondern auch in einfachen Situationen, wenn es etwa gilt, Danke zu sagen, um etwas zu bitten oder wenn man etwas großartig findet.

Die vollständige Botschaft. Der entscheidende Unterschied zwischen durchschnittlichen Vorgesetzten und geachteten Chefs: Letztere sagen alles, wenn sie mit anderen reden. Dann ist ein Dank nicht bloß „Danke", sondern teilt auch mit, wofür gedankt wird, die Bitte kommt nicht einem fordernden „Also bitte" gleich, sondern erklärt auch, warum sie ausgesprochen wird und was sie erreichen soll, und Feedback ist keine Kritik, sondern vollständige Information über Stärken und Schwächen sowie dahinter liegende Werte und Motive. Dann kennen sich Mitarbeiter aus und tappen nicht im Dunkeln, und je mehr sie wissen, desto sicherer fühlen sie sich. Nur mit einem Gefühl der Sicherheit lässt sich auf Dauer gute Arbeit leisten.

In diesem Kapitel lernen Sie, authentisch und charismatisch

- zu danken,
- eine Bitte zu äußern oder
- Feedback zu geben

und nicht nur kein Drama daraus zu machen, sondern Beziehungen zu vertiefen.

Super-Dank mit Verstand

Sagen Sie nicht super – danken Sie super.

Super ist gar nicht super. Danke sagen kann anstrengend sein. Mit Kritik sind wir schnell zur Hand, doch gute Leistungen anzuerkennen oder sich dafür zu bedanken, fällt vielen Menschen schwer. Oft ist ein mühsam herausgepresstes „Super!" das Optimum. Das Ergebnis auf Seiten der Mitarbeiter: Frustration („Er sieht ja doch bloß meine Fehler.") oder das Gefühl, vom Chef zum Narren gehalten zu werden, wenn das „Super!" nicht von Herzen kommt. Wenn Sie meinen, ein „Super" reicht schon, sagen Sie lieber gar nichts. Damit lassen Sie Ihren Mitarbeitern zumindest die Hoffnung, ein guter Chef zu sein.

Lob mal wieder. Die schon erwähnte Langzeitstudie des Gallup-Instituts identifiziert ein Kriterium erfolgreichen Führens: Mindestens einmal in der Woche die guten Leistungen jedes Mitarbeiters anerkennen und loben.

Den Mitarbeitern Orientierung geben heißt nicht nur zu maßregeln, wenn sie vom Weg abweichen, sondern auch den richtigen Weg zu bestätigen. Jede positive Aussage von Ihnen als Führungskraft stärkt das Betriebsklima. Sehen Sie nicht nur die Schwächen und Fehler Ihrer Mitarbeiter, sondern auch deren Stärken und Erfolge.

Kurt war sonst nicht vergesslich. Eigentlich vergaß er nur die Geburtstage. In der Firma war es seit vielen Jahren Usus, dass der Geschäftsführer jedem Mitarbeiter zum Geburtstag gratuliert. Bei fast 100 Leuten war Kurt etwa jeden dritten Tag mit einer Gratulation beschäftigt. Geburtstage waren Kurt nicht wichtig, auch der eigene nicht. Da es aber seit langer Zeit so eingeführt war und die Mitarbeiter darauf warteten, sah er es als lästige Pflicht an und hätte ganz gerne ab und zu darauf vergessen. Doch da war Jutta, seine Sekretärin. Natürlich wusste sie, dass Gratulieren nicht die Lieblingsbeschäftigung ihres Chefs war, doch sie achtete akribisch darauf, dass er keinen Geburtstag ausließ. Als ihn Jutta eines Tages bereits zum dritten Mal erinnern musste, sagte Kurt: „Ach super, vielen Dank."

Bitte Klartext. Jutta kann es sich jetzt aussuchen: War ihr Chef dankbar für den Hinweis, war ihm die Sache egal oder war er gar sauer über die Belästigung mit so Unwesentlichem und hat bloß der Höflichkeit halber gedankt, wie man es als sozialisierter Erwachsener eben tut? Wenn sie nicht nachfragt, wird die Antwort im Dunkeln bleiben und Jutta beim nächsten Geburtstag verunsichern: Will er erinnert werden oder ist es ihm lästig? In ihrem Bemühen, eine gute und nützliche Assistentin zu sein, wird sie eine Zeitlang rätseln und vielleicht innerlich mit ihrem Chef hadern, dass er nicht Klartext redet. Doch was bedeutet Klartext reden oder eine vollständige Information mitteilen? Was gehört dazu, um Vollständigkeit zu erreichen?

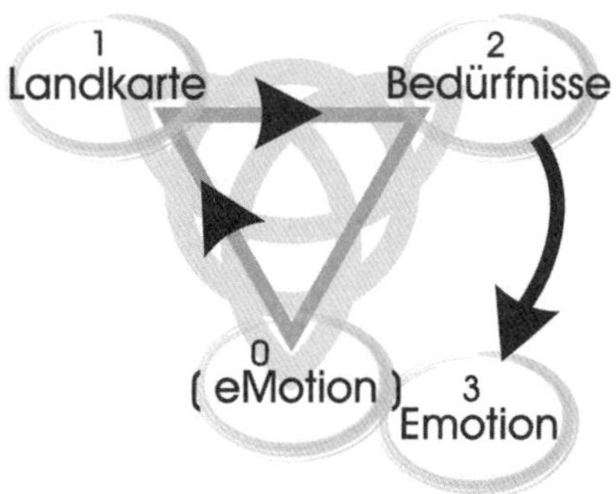

Der Super-Dank im Detail:

0) ***eMotion:*** Seien Sie sich IM STILLEN darüber bewusst, dass Ihnen etwas ausreichend gut gefällt, um Dank und Anerkennung aussprechen zu wollen.
1) ***Landkarte:*** Beschreiben Sie konkret, welche Wahrnehmung (Landkarte) diese positive Emotion in Ihnen erweckt hat.
2) ***Bedürfnisse:*** Beschreiben Sie, warum es Ihnen wichtig ist, diese konkrete Wahrnehmung erlebt zu haben.
3) ***Emotion:*** Sagen Sie etwas über die positive Emotion, die in Ihnen erweckt wurde. Schließen Sie ab mit einem einfachen „Danke!"

Kurt hört Juttas Hinweis und ist dankbar; es ist dieses Gefühl von Wohlbehagen, wenn man umsorgt wird. (eMotion)

Kurt: „Jutta, Sie erinnern mich heute zum dritten Mal daran, Herrn Berger zum Geburtstag zu gratulieren. (Landkarte)

Sie wissen, dass ich mich gerne davor drücken würde. Andererseits weiß ich, dass es den Mitarbeitern zur Gewohnheit geworden ist, und ich möchte sie auch beibehalten. (Bedürfnis)

Ich bin froh darüber, dass Sie hartnäckig bleiben, (Emotion) vielen Dank dafür."

Jutta: „Und ich bin froh, dass Sie das sagen. Ich war mir schon gar nicht mehr sicher, ob ich das Richtige tue, wenn ich Sie erinnere, oder ob ich Ihnen bloß auf die Nerven gehe."

Motivation ist kein Thema mehr. Nur wenige Aktionen von Führungskräften stärken die Beziehung zum Mitarbeiter so wie ein ehrlicher und von Herzen kommender Dank. Sie brauchen über Motivation Ihrer Mitarbeiter nicht mehr nachzudenken, wenn Sie den Mut haben, Ihren Leuten zu danken.

Stärke danken. Wahre Stärke ist den Mut haben, alles zu sagen. „Super" anstatt eines vollständigen Dankes ist nicht einmal supercool, sondern super schwach – gedankenlose Kommunikation. Chefs sollten in der Lage sein, mehr zu leisten. Als Draufgabe zum Dank erhält Jutta Klarheit. Sie weiß nun, was ihr Chef will. Zunächst sprach er an, auf welche Wahrnehmung er seinen Dank gründete. Damit sind sich Kurt und Jutta bereits einig, denn was Kurt ansprach, hatte auch Jutta wahrgenommen. Dann erklärte Kurt, was ihm dabei wichtig war, und gab Jutta damit Orientierung über seine Bedürfnisse. Und er ließ auch nicht offen, wie es ihm persönlich dabei ging; ein brillanter Dank, der von Jutta gerne angenommen wurde und einiges klärte.

Danken, was das Zeug hält. Mit jedem Dank vergrößern Sie Ihre Chancen, dass Ihnen Ihre Umwelt noch mehr als früher Anlass zu Dank gibt, denn diese Art des Dankes hat einen roten Faden für den Empfänger eingewoben, wie man Ihnen Gutes tun kann. Also bedanken Sie sich ruhig. Falls Sie gegenüber Ihrem Partner der Meinung sind: „Wozu loben, ich sag schon, wenn mir was nicht passt", dann finden Sie mit dieser Struktur des Dankes eine Möglichkeit, auch dem Partner nicht nur negative Dinge an den Kopf zu werfen, sondern einmal etwas Nettes zu tun – so als würden Sie Blumen schenken.

Feedback – die Entwicklungs-Chance

Füttern Sie zurück, um nach vorne zu gehen

Feedback-Routine. In vielen Unternehmen werden halbjährlich oder jährlich Mitarbeitergespräche geführt. Oft reduzieren sich diese Gespräche auf Soll-Ist-Vergleiche und Zielvereinbarungen. Doch damit werden nur Fakten ausgetauscht, die ohnedies vorliegen, und der Chef reagiert mit dem erhobenen Zeigefinger oder mit Schulterklopfen. Häufig ist der Ablauf vorgegeben oder durch ein Formular bestimmt.

Routine ist lästig. Von den Mitarbeitern werden vor diesen Gesprächen Unterlagen erstellt, um eigene Leistungen zu betonen und Fehler zu vertuschen. Das Gewissen wird erforscht, Gesprächstrategien werden ausgearbeitet. Aber nicht nur die Mitarbeiter geraten in Unruhe, auch die Führungskräfte, die diese Gespräche führen sollen. Vielleicht muss noch in Erfahrung gebracht werden, wer dieser Mitarbeiter überhaupt ist, mit dem man jetzt zu sprechen hat. Manchmal geraten diese Gespräche zu einem Eingeständnis: „Ich habe auch keine Freude daran, aber die Konzernleitung will es haben. Also tun wir ihnen den Gefallen." Alles das fördert weder das Unternehmensklima noch die Qualität des Feedbacks, das Ihre Mitarbeiter bekommen – und das Sie als Führungskraft von Ihren Mitarbeitern bekommen.

Routine ist nicht alles. Ein möglicher Nutzen dieser Gespräche bleibt oft auf der Strecke: die Chance beider Seiten, zu lernen. Permanentes Lernen ist Voraussetzung, das Potenzial, das in den Mitarbeitern schlummert, in Stärken zu transformieren. Peter Drucker sagt in seinem Buch „Die fünfte Disziplin": „Organisationen lernen nur, wenn die einzelnen Menschen etwas lernen." Was ist zu tun, damit Sie und Ihre Mitarbeiter aneinander lernen und wachsen?

> *Tom ist der Büroleiter einer kleinen Maklerfirma. Ab und zu redet er mit seinen Leuten. Mit seinem Bürolehrling ist er recht zufrieden, und das sagt er ihm auch: „Helmut, das wollte ich dir schon lange sagen: du machst deine Sache wirklich toll." Helmut strahlt und ruft dem entschwindenden Chef ein „Danke" nach.*

Was ist mit Lernen? Was hat Helmut daraus gelernt? Eines vielleicht doch: dass Tom seinen Mitarbeitern sagen möchte, dass sie etwas gut machen, aber lange braucht, bis er sich aufrafft. Helmut weiß nichts darüber, was hinter dem „toll" steckt. Wovon war Tom beeindruckt, von seiner Art, rasch Freundschaften zu schließen, eher informell als formell zu agieren, seiner Neigung, Ordnung in die Dinge zu bringen, oder war es auf dem Faktum begründet, dass Helmut Tom jeden Morgen Kaffee auf den Schreibtisch stellt? Die Freude über das Lob wird von Unsicherheit überlagert, das dumpfes Unbehagen bereitet. Nichts von Toms Aussage schafft Mehrwert-Möglichkeiten.

Feedback als Dienstleistung. Führen ist eine Dienstleistung gegenüber den Mitarbeitern. Ein Dienst ist, dem Mitarbeiter Möglichkeiten zu geben zu lernen. Feedback kann ein mögliches Instrument dafür sein. Der Nutzen für den Mitarbeiter begründet sich dadurch, dass er nach dem Feedback weiß, was er weiterhin tun soll wie bisher oder sogar verstärken kann und was er anders tun soll als bisher und wie. Um das leisten zu können, müssen Sie darüber nachdenken, bevor Sie Feedback geben: Was will ich verstärken und wo wäre etwas anderes nützlicher? Mitarbeiter brauchen Kontrolle darüber, wie ihre Leistung bewertet wird. Der Dienst ist vollständig, wenn der Chef ihn auf eine Art und Weise erbringt, die der Mitarbeiter auch akzeptieren kann. Sehen wir uns die Struktur an, die all das leistet.

Feedback-Sandwich im Detail:

1. Sandwich-Deckel

a) Positive Wahrnehmung: Beschreiben Sie konkret und wahrnehmungsspezifisch, was Sie gut gefunden haben.

b) Werte: Sagen Sie, warum Ihnen das wichtig ist. Welche Ihrer Werte werden durch die vorher beschriebene Wahrnehmung erfüllt?

2. Mittellage

a) Verbesserungsvorschlag. Beschreiben Sie konkret und wahrnehmungsspezifisch, was Sie gerne anders wahrnehmen würden.

b) Werte: Sagen Sie, warum Ihnen das wichtig ist. Welche Ihrer Werte werden durch die vorher beschriebene Wahrnehmung nicht erfüllt?

3. Sandwich-Boden:

Lob: Machen Sie eine allgemein positive Aussage über Ihren Mitarbeiter.

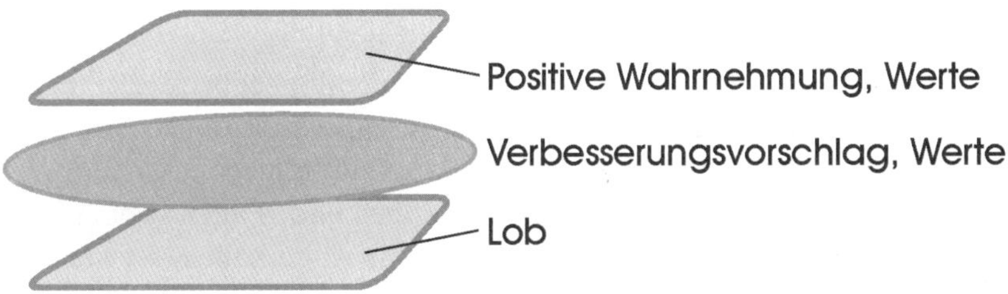

Tom: „Helmut, das neue Ablagesystem ist gut strukturiert; es sind weniger unterschiedliche Ordner mit Hauptthemen, und darin finde ich dann die detaillierte Struktur. (Positive Wahrnehmung)

Ich finde jetzt rascher etwas als früher. Ich mache sowieso alles andere lieber als Suchen. (Wert)

Die einheitliche Beschriftung der Ordner finde ich auch gut. (Positive Wahrnehmung)

Es ist jetzt besser lesbar und außerdem schaut es ordentlicher aus, wenn Kunden ins Büro kommen. (Wert)

Vielleicht könntest du die Ordner auch noch farblich in Hauptthemen unterscheiden. (Verbesserungsvorschlag)

Dann geht das Suchen noch schneller und macht das Büro auch ein wenig bunter und lebendiger. (Wert)

Ich finde, du machst deine Sache wirklich gut.“

Ohne Widerstand. Die erste Lage zeigt Helmut, dass Tom dem, was er tut, Aufmerksamkeit schenkt und die guten Seiten daran wahrnimmt. Tom lässt den Mitarbeiter auch nicht im Dunkeln darüber, nach welchen Kriterien er seine Handlungen positiv bewertet. Jeder Hinweis auf Bewertungskriterien gibt Helmut die Chance, in seinem weiteren Tun darauf zu achten (Ordnung, guter Eindruck bei Kunden, lebendiges Ambiente). Wenn Sie im ersten Affekt meinen, über manche Mitarbeiter könne man nichts Gutes sagen, tut es gut, über deren positiven Seiten nachzudenken. Nutzen Sie das vollständige Feedback, indem Sie – auch wenn es sich um kleine Dinge handelt – Verbesserungsmöglichkeiten aufzeigen. Die generalisierende Lernerfahrung für Ihre Mitarbeiter ist: Es gibt immer Entwicklungspotenzial, Ausruhen gilt nicht. Zum Schluss runden Sie das Feedback noch mit einer allgemeinen positiven Aussage ab. Der Mitarbeiter behält Ihr Statement damit in positiver Erinnerung.

Der Mehrwert-Sandwich. Mitarbeiter, die solches Feedback erhalten, lernen durch Nachahmung, selbst auf diese Art und Weise Feedback zu geben, etwas Besseres kann Ihrer Unternehmenskultur nicht passieren. Wenn Menschen in anderen Menschen das Gute sehen und es auch sagen und dabei auch noch das Entwicklungspotenzial im Auge haben, ist die Basis dafür geschaffen, jedes gemeinsam gesetzte Ziel zu erreichen. Wenn Sie Glück haben, werden Ihnen Ihre Mitarbeiter auch auf diese Art und Weise Feedback geben. Seien Sie dann mutig genug, es auch anzunehmen.

Auch Chefs sollten bitten können

Bitten Sie nur darum, wenn Sie es nicht wollen!

Ablehnung inbegriffen. Sie wollen, dass jemand etwas tut, was er nicht von sich aus tut? Die entscheidende Frage ist: Tat er es ohne Ihre Bitte nicht, weil er es nicht tun möchte (es also etwas wäre, das seine Werte verletzt) oder weil er nicht daran dachte, dass Sie das haben möchten? Für die erste Variante ist das BEAMen die geeignete Strategie. Sie können ganz einfach testen, ob BEAMen die bessere Strategie ist: Fragen Sie sich, ob es auch in Ordnung ist, wenn der Angesprochene Nein sagt – also die Bitte ablehnt. Ist es das nicht, BEAMen Sie.

Also bitte! Doch auch die zweite Variante birgt Drama-Potenzial. Denn auch wenn der ausgesprochene Wunsch für den Angesprochenen angemessen und erfüllbar ist, bedeutet einen Wunsch zu erfüllen dennoch, sich einem anderen zu fügen. Obwohl der Angesprochene noch immer die Wahl hat, die Bitte anzunehmen, abzulehnen oder zu ignorieren, könnte Wunscherfüllung dennoch als Fremdbestimmung gesehen werden. Beispiele dafür sind die Gedanken: „O.K., ich mach das, dann will ich aber auch irgendwann eine Gegenleistung sehen.“ Oder: „Ich bin ja so gutmütig, zu allem lasse ich mich überreden, und für mich tut keiner was.“ Oder: „Das könnte er doch wirklich selber machen, aber ich mach das schon für ihn.“ Verhindern werden wir das Entstehen solcher dramatischen Gedanken nie, aber wir können durch unser Wort die Wahrscheinlichkeit reduzieren.

Dieter: „Mensch, Herbert, mach mir doch mal bitte die Kopien, ja. Ich komm einfach nicht dazu!“ Dieter ist, wie er selbst sagt, „im Stress“. Bis zuletzt hat er an der Kunden-Präsentation getüftelt, jetzt läuft ihm die Zeit davon. Dringend müssen noch die Folien für die Kunden kopiert und geheftet werden. Da hat Dieter die Idee, Herbert, den eigenen Chef, darum zu bitten. Warum nicht, Herbert liest ohnehin gerade eine Wirtschaftszeitung, die kann er später auch durchblättern.

Doch Herbert antwortet: „Sag mal, bin ich dein Bürojunge?“

Sagen Sie alles. Kein Wunder, dass Herbert so reagiert. Woher soll er auch wissen, was los ist, wenn ihm Dieter das nicht sagt. Herbert weiß bloß: Sein Mitarbeiter bittet ihn, Unterlagen zu kopieren, doch das ist keine seiner Aufgaben. Warum Dieter ihn bittet, kann er bestenfalls ahnen. Das ist der entscheidende Punkt: Auch wenn es in Ordnung ist, dass der Empfänger der Bitte Nein sagt, hätten Sie doch gerne, dass der Empfänger Ja sagt. Die vollständige Botschaft erhöht die Wahrscheinlichkeit für ein Ja.

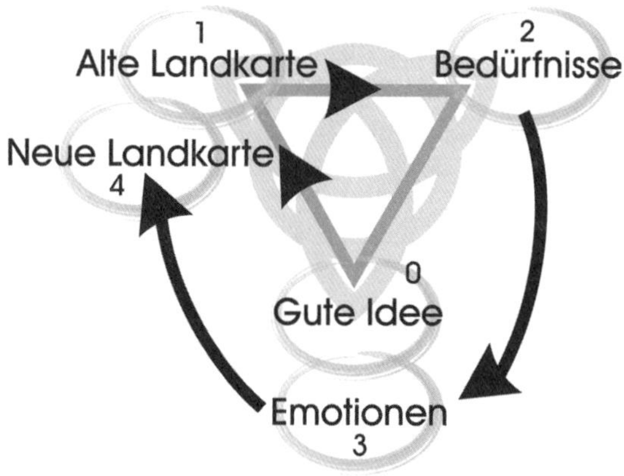

0. ***Gute Idee:*** Sie haben eine gute Idee, die zu realisieren es jemand anderen braucht? Dann beginnen Sie mit: *„Ich habe eine Bitte, ...“*

1. **A**lte Landkarte: Beschreiben Sie konkret den aktuellen Zustand, den Sie ändern möchten.

2. **B**edürfnis: Nennen Sie den Wert, der durch die alte Landkarte betroffen ist.

3. **E**motionen: Sagen Sie etwas über das positive Gefühl, das Sie bei Erfüllung des Wertes hätten.

4. ***Neue L***andkarte: Beschreiben Sie konkret, durch welche Veränderung der genannte Wert erfüllt wäre.

Dieter schaut sich um, ob ihn jemand unterstützen kann, sieht Herbert und denkt: Warum nicht? Wenn er gerade Zeit hat, macht er es vielleicht. (Gute Idee)

Dieter: „Herbert, ich habe eine Bitte. Ich habe in einer halben Stunde eine wichtige Kunden-Präsentation und habe die Unterlagen noch nicht fertig. (Alte Landkarte)

Ich möchte alles vollständig fertig haben, wenn die Kunden da sind, damit das Ganze professionell wirkt. (Bedürfnis)

Ich wäre sehr froh darüber (Emotion), wenn du die Unterlagen kopierst und heftest. Würdest du das tun?“ (Neue Landkarte)

Die große Chance. Dieter hat die Fakten auf den Tisch gelegt, ausgesprochen, warum ihm das wichtig ist, und beschrieben, wie er sich lieber fühlen würde als jetzt. Herbert kann noch immer Nein sagen (weil er selbst gerade viel Wichtigeres und Dringenderes zu tun hat oder weil er als Chef die Idee vertritt, keinesfalls Tätigkeiten eines Mitarbeiters übernehmen zu dürfen, weil seine Reputation als Chef daran hängt); aber die Chance ist größer, dass er Ja sagt, ohne dabei selbst Drama zu beginnen. Die Bitte als vollständige Botschaft gebracht (mit Fakten, Bedürfnissen und Emotionen) stärkt die Chance, dass sie erfüllt wird, also sagen Sie am besten alles.

Die volle Botschaft zahlt sich aus. Unsere Welt ist faktenorientiert. Das geht so weit, dass viele meinen, alles ließe sich an Fakten festmachen. Doch so funktionieren wir Menschen eben nicht: Neben Erfahrungen haben wir auch Bedürfnisse und Emotionen. Als Chef sollte Ihnen daher klar Folgendes sein: zwei Drittel der Informationen wegzulassen kann nur Probleme verursachen. Die volle Botschaft hält uns frei von Dramen und lässt uns vom anderen lernen – und das ist eines der Ziele lernender Organisationen.

Zusammenfassung

Lassen Sie die Höflichkeiten – die Begegnung zählt!

Super-Dank mit Verstand

Danken, was das Zeug hält. Mit jedem Dank vergrößern Sie Ihre Chancen, dass Ihnen Ihre Umwelt noch mehr Anlass zu Dank gibt, denn diese Art des Dankes hat einen Leitfaden für den Empfänger eingewoben, wie man Ihnen Gutes tun kann.

Der Super-Dank:

0) eMotion: Seien Sie sich IM STILLEN darüber bewusst, dass Ihnen etwas ausreichend gut gefällt, um Dank und Anerkennung auszusprechen.

1) ***Landkarte:*** Beschreiben Sie konkret, welche Wahrnehmung (Landkarte) in Ihnen diese positive Emotion erweckt hat.

2) ***Bedürfnisse:*** Beschreiben Sie, warum es Ihnen wichtig ist, diese konkrete Wahrnehmung erlebt zu haben.

3) ***Emotion:*** Sagen Sie etwas über die positive Emotion, die in Ihnen erweckt wurde. Schließen Sie ab mit einem „Danke!"

Feedback – die Entwicklungs-Chance

Feedback als Dienstleistung. Der Mitarbeiter weiß nach dem Feedback, was er weiterhin tun soll wie bisher oder sogar verstärken kann und was er anders tun soll als bisher und wie.

Feedback-Sandwich:

1. Sandwich-Deckel

a) ***Positive Wahrnehmung:*** Beschreiben Sie konkret und wahrnehmungsspezifisch, was Sie gut gefunden haben.

b) ***Werte:*** Sagen Sie, warum Ihnen das wichtig ist. Welche Ihrer Werte werden durch die vorher beschriebene Wahrnehmung erfüllt?

2. Mittellage

c) ***Verbesserungsvorschlag:*** Beschreiben Sie konkret und wahrnehmungsspezifisch, was Sie gerne anders wahrnehmen würden.

d) ***Werte:*** Sagen Sie, warum Ihnen das wichtig ist. Welche Ihrer Werte werden durch die vorher beschriebene Wahrnehmung nicht erfüllt?

3. Sandwich-Boden:

Lob: Machen Sie eine allgemein positive Aussage über Ihren Mitarbeiter.

Auch Chefs sollten bitten können

Die große Chance. Die Bitte als vollständige Botschaft gebracht (mit Fakten, Bedürfnissen und Emotionen) stärkt die Chance, dass sie erfüllt wird, also sagen Sie am besten alles.

Die Bitte:

0. ***Gute Idee:*** Sie haben eine gute Idee, die zu realisieren es jemand anderen braucht? Dann beginnen Sie mit: *„Ich habe eine Bitte, ...“*

1. ***A***lte Landkarte: Beschreiben Sie konkret den aktuellen Zustand, den Sie ändern möchten.

2. **B**edürfnis: Nennen Sie den Wert, der durch die alte Landkarte betroffen ist.

3. **E**motionen: Sagen Sie etwas über das positive Gefühl, das Sie bei Erfüllung des Wertes hätten.

4. ***Neue L***andkarte: Beschreiben Sie konkret, durch welche Veränderung der genannte Wert erfüllt wäre.

8 DEN CLAN LENKEN – WIE CHEFS GRUPPEN FÜHREN

Erfahrungen aller Generationen von Adam und Eva im Blut – nutzen Sie das Know-how Ihre Blutes.

EINSTMALS WAR DAS ICH IN DER HERDE VERSTECKT:
UND JETZT IST IM ICH NOCH DIE HERDE VERSTECKT.
FRIEDRICH WILHELM NIETZSCHE

Oberhäuptling Seneca. Es war einmal eine Zeit, als alle Indianerstämme mit der großen Seneca-Nation Krieg führten, deren Jagdgründe die Wälder um den Ontariosee waren. So sehr mussten die Senecas ihre vielen Feinde fürchten, dass sogar die tapfersten Krieger den Wigwam niemals ohne gespannten Bogen verließen. Und kleinen Kindern wurde nicht erlaubt, Beeren oder Hickory-Nüsse zu sammeln, nicht einmal in den Wäldern ganz nahe bei den Hütten. Der Oberhäuptling der Senecas hieß zu dieser Zeit „Immer-Wachsam". Er war ein guter Mann, der seinem Volk treu diente. Sehr bekümmert über des Volkes Unglück und Not überlegte und überlegte er, wie man Abhilfe schaffen könnte. Er wusste, sein Vater war ein grausamer Häuptling gewesen, gefürchtet und gehasst von seinem Volk. Doch war er auch der Ansicht, es sei nicht Recht, wenn seine Generation und die noch Jüngeren wegen der von anderen begangenen Verbrechen leiden müssten. Schließlich kam ihm ein Gedanke: Er wollte mit allen feindlichen Stämmen einen immerwährenden Frieden schließen.

Von Mammuts und Hunnen. Vom einsamen Höhlenmenschen über den Boss der Mammutkiller-Gang, über Attila den Hunnenkönig bis zu den Managern der Gegenwart: Seit Jahrtausenden leben Menschen in Familien, Horden, Clans und zivilisierten Gemeinschaften zusammen und haben Konzepte für den Umgang miteinander entwickelt, die tief in uns verwurzelt sind. Menschen agieren und reagieren geprägt von Dynamiken, die Vorfahren lange vor uns entwickelten. Begegnungen im Autoverkehr, bei Besprechungen, im Freundeskreis oder der Familie lassen Saiten in uns erklingen, die über die Jahrtausende aufgespannt wurden. Sie geben in jedem von uns den Rhythmus vor, in dem das Blut durch die Adern pulsiert, wenn eine neu gebildete Gruppe ihre Arbeit aufnimmt, ein Problem auftaucht, ein neuer Chef seine Führungsrolle übernimmt oder Meinungen sich unterscheiden. Niemand kann diesem Rhythmus entrinnen (auch die nicht, die meinen, über den Dingen zu stehen), wir können ihn bestenfalls für unsere Zwecke nutzbar machen.

Von Massen und Singles. Der französische Arzt und Soziologe Gustave Le Bon schrieb in seinem Buch „Psychologie der Massen“: „Unter bestimmten Umständen besitzt eine Versammlung von Menschen neue, von den Eigenschaften der Einzelnen, die diese Gesellschaft bilden, ganz verschiedene Eigentümlichkeiten. Die bewusste Persönlichkeit schwindet, die Gefühle und Gedanken aller Einzelnen sind nach derselben Richtung orientiert.“

Verhalten der anderen Art. Wir verhalten uns in einer großen Menge anders als in einer Arbeitsgruppe, in intimem Kreis oder ganz alleine. Der Geschäftsmann mit anthrazitfarbenem Anzug und dezenter Krawatte gibt sich nach Feierabend mit ein paar tausend anderen den geilen Rhythmen eines Pop-Konzerts hin oder brüllt im Fußballstadion im Chor der Fans die Hymne seiner Mannschaft. Der im abgelaufenen Projekt engagiert und zielstrebig arbeitende Mitarbeiter verhält sich, in eine neue Arbeitsgruppe versetzt, plötzlich merkwürdig ruhig und vorsichtig. Der als Einzelkämpfer bekannte Kollege taut, eingebunden in ein großes Team, plötzlich auf und entwickelt sich zum idealen Stellvertreter des Chefs. Der Rhythmus der Saiten, der uns Menschen bewegt, ist nicht zu hören; aber wir können die Resonanz wahrnehmen, die er in den Begegnungen mit anderen auslöst.

Hinhören. Als wahrer Chef sollten Sie ein feines Gehör entwickeln für die Resonanzen in Ihrer Umgebung, um die eigenen Rhythmen und die der Mitarbeiter und Kollegen interpretieren und daraus Ihre Schlüsse für die Zukunft ziehen zu können. Wir reden hier vom Gleichen, wenn wir sagen, jemand habe ein Gespür für Menschen. Hören wir aufmerksam zu, wenn tausende Vorfahren in uns ihr Lied der Menschen-Gemeinschaften singen.

Vier Dynamiken prägen uns, abhängig von der Zahl der Menschen, mit denen wir beisammen sind:

- ***Psychodynamik:*** Der Mensch als Individuum, auf sich alleine gestellt.
- ***Dramadynamik:*** Der Mensch in kleinem Kreis (Lebensgemeinschaft, kleine Arbeitsgruppe)
- ***Rangdynamik:*** Der Mensch in der Gruppe (Arbeitsgemeinschaft, Abteilung)
- ***Systemdynamik:*** Der Mensch in der Großgruppe (Familien-Clan, Organisation, Unternehmen)

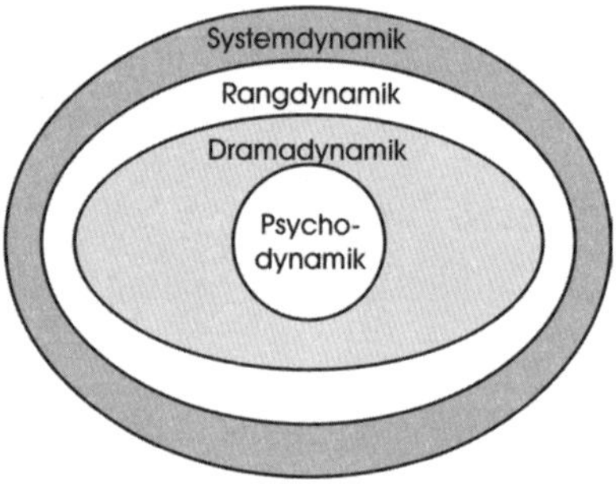

Russische Puppe. Jede dieser vier Dynamiken trifft im Zusammenleben andere Unterscheidungen und folgt anderen Prinzipien. Denn in jeder dieser Gemeinschaftsformen standen und stehen andere Aufgaben an, die erfolgreich zu bewältigen unterschiedliche Formen des Zusammenseins braucht. Ähnlich einer Russischen Puppe wirken in der Umfassendsten der vier, der Systemdynamik, alle anderen Dynamiken mit, so wie ein großes Unternehmen als solches funktioniert und gleichzeitig Abteilungen und Arbeitsgruppen und einzelne Mitarbeiter darin tätig sind. Lassen Sie uns daher beginnend bei der kleinsten Zelle – der Psychodynamik – die Unterscheidungen und Prinzipien der menschlichen Dynamiken betrachten und ihre Relevanz für Ihre Arbeit als Chef. Die Dramadynamik als Schlüsselthema dieses Buches ist ausführlich in Kapitel 4 beschrieben.

In diesem Kapitel lernen Sie die menschlichen Dynamiken der Herde, die wir nach wie vor in uns tragen, zu erkennen und

- daraus abzuleiten, warum Mitarbeiter sind, wie sie gerade sind,
- die Wirkungsweisen der Dynamiken zu nutzen und
- damit Führungsprobleme zu vermeiden und dynamischen Mehrwert-Möglichkeiten zu generieren.

Psychodynamik

Zwei Seelen ach in meiner Brust. Der Psychologe Friedemann Schulz von Thun prägte in seinem Buch „Miteinander Reden – Das Innere Team und situationsgerechte Kommunikation“ den von Wilhelm Busch abgeleiteten Merksatz: „Willst du ein guter Lehrer sein, dann schau auch in dich selbst hinein.“ Er sagt: „Jeder Vorgesetzte hat es mit zwei Teams zu tun – dem Team, dem er vorsteht, und dem Inneren Team“. Insbesondere wenn wir meinen, zwei oder mehr Seelen in der Brust zu tragen, die widerstreiten und innere Konflikte austragen, schlägt Schulz von Thun eine Konferenz des „Inneren Teams“ vor, ähnlich wie wir sie von gut funktionierenden Meinungsbildungsprozessen innerhalb einer Arbeitsgruppe kennen.

Menschen-Bühne. Auf Schulz von Thuns Bühne des Menschen treten unter anderem auf: Der Strenge Moralist, der Ehrgeizige, der Einfühlsame Berater, der Kleine Junge, der Kalkulierende Stratege, der Schuldbewusste, der Racheengel usw. Sie alle haben im Kopf eines einzigen Menschen etwas zu einem bestimmten Thema zu sagen und leben manchmal im Widerstreit.

Innerer Widerstreit. Stellen Sie sich vor, Sie haben viel zu tun und wollen heute noch einen Bericht fertig machen. Der Perfektionist in Ihnen meldet sich zu Wort: „Die Ergebnisse sind noch nicht ausreichend abgesichert. Da ist noch einiges zu recherchieren!“ Aus dem anderen Ohr klingt die Stimme des Familienmenschen: „Aber ich würde schon gerne nach Hause gehen.“ Mister Karriere mahnt: „Damit wirst du beim Chef nicht gut ankommen.“ Der Genießer brummt: „Aber zu Hause wartet ein leckeres Abendmahl.“ Der Machtmensch in Ihnen gibt dem Genießer recht: „Ich bin doch wohl selbst Herr meiner Zeit und lasse mich vom Chef nicht unter Druck setzen.“ Ein dissonanter Choral der Meinungen tobt im Ohr dieses bedauernswerten Menschen – und solange er tobt, versteht der Mensch sein eigenes Wort nicht mehr, das gerne eine Entscheidung ausdrücken würde statt stressiger Diskussionen.

Nicht „entweder-oder“, sondern „und“. So könnte eine Konferenz zwischen dem Perfektionisten in uns und dem Teil, der eher trachtet, dass was weiter geht, zu Ergebnissen führen, die den Werten beider gerecht werden (Perfektion und Schnelligkeit). Ein Dialog zwischen dem Familienmensch und dem Manager könnte dazu führen, dass der Drang, noch vieles im

Büro zu erledigen, und der Wunsch, mehr Zeit mit der Familie zu verbringen, unter einen Hut zu bringen sind.

Wert erfüllt und doch nicht. Die Dynamik in uns ist abhängig vom Thema und den Persönlichkeitsanteilen, die davon berührt werden. Mit anderen Worten: Wenn das Erlebte manche Werte erfüllt und andere verletzt, neigen wir dazu, uns in Gedanken zu verhalten wie eine Horde Affen, die sich um eine Banane streitet. Schulz von Thuns Ansatz des „Inneren Teams" ist eine Möglichkeit, die Banane zu teilen.

Problem oder Lösung, das ist hier die Frage. Eine der im Geschäftsleben wesentlichen Unterscheidungen des „Inneren Teams" ist die zwischen Problem- und Lösungsorientierung. Sollen wir als Vorgesetzte eher auf Probleme, Fehler und Schwächen fokussieren – also der Chef als Trouble shouter? Oder macht es mehr Sinn, Ideen zu entwickeln und neue Methoden, Organisationsformen, Techniken oder Verfahren auszuprobieren, ungeachtet der Fehler die dabei auftreten könnten? Der Perfektionist in uns sagt: „Bloß keine Fehler! Die kosten nur Geld." Der Innovator hingegen sagt: „Wir müssen uns weiterentwickeln, nach Ideen und Lösungen streben, um erfolgreich zu sein. Fehlervermeidung ist Stagnation. Aus Fehlern können wir lernen!"

Erfolglose Extremisten. Bei manchen Menschen hat der eine oder andere Teil der Persönlichkeit längst gewonnen und der andere darbt vergessen im tiefen Verlies. Diese Menschen ersparen sich den inneren Streit, doch wie alle Extremisten sind sie mit dieser Strategie auf Dauer nicht erfolgreich. So wie es immer bei derartigen Polaritäten Anhänger für das eine und das andere gibt, treten auch immer wieder Menschen auf die sagen: Warum ODER und nicht UND? Um sowohl den Perfektionisten als auch den Innovator in uns ohne inneren Streit wirken zu lassen, bedarf es einiger Überlegungen über Sinn und Nutzen von Problem- und Lösungsorientierung.

Problemorientierung vs. Lösungsorientierung

Sie haben die Wahl. Welche Situation würden Sie bevorzugen?

Diese:

> *Hubert hat es satt – ständig gibt es Probleme in seiner Abteilung! Nicht nur, dass die Mitarbeiter unfähig sind, seinen Anweisungen zu*

folgen, sie machen auch noch Fehler. Jeden Abend kommt Hubert frustriert und gestresst nach Hause. „Ich glaube, ich gebe es bald auf und suche mir einen neuen Job. Jeden Tag der Ärger und die Probleme. Niemand unterstützt mich. Und Lob bekomme ich auch keines – ganz im Gegenteil. Dabei versuche ich doch mit aller Kraft, die Probleme zu lösen. Ich schlafe schon kaum mehr in der Nacht, weil sie mir auch da durch den Kopf gehen." Wenn Hubert schlafen geht, ist er sicher, dass morgen zu seinen Problemen noch einige andere dazukommen werden.

Oder vielleicht doch diese?

Hubert geht täglich gerne zur Arbeit: Er leitet ein tolles Team. Natürlich machen die Mitarbeiter auch Fehler, aber sie lernen auch daraus und besprechen nach jedem Fehler mit ihm neue Möglichkeiten, die Zielvorgaben der Unternehmensleitung trotzdem zu erreichen. In diesen Gesprächen wird auch gemeinsam die weitere Vorgangsweise festgelegt. Sicher, Hubert ist als Abteilungsleiter von seinen Mitarbeitern anerkannt – muss sich aber trotzdem so manchen Einwänden stellen. Wichtig ist ihm die gemeinsame Vorgangsweise, um die Ziele zu erreichen. Wichtig ist ihm auch die gemeinsame Suche nach Lösungen, wenn es doch einmal Probleme gibt. Wenn er am Abend schlafen geht, ist er sicher, dass er und seine Abteilung am nächsten Tag dem gemeinsamen Ziel wieder einen Schritt näher kommen werden.

Die Praxis. Die Wahl ist Ihnen vermutlich leicht gefallen. Aber wie sieht es in der Praxis aus? Wie oft werden in Besprechungen stundenlang Probleme gewälzt, Maßnahmen diskutiert, wie man diese Probleme beseitigen kann, wie man erreichen kann, dass keine neuen Probleme entstehen? Wie oft werden genau diese möglichen Probleme bei der Projektplanung übersehen? Wie oft werden Schuldige statt Lösungen gesucht? Wie oft wird ein Ziel so definiert, dass es sicher nicht erreicht werden kann – um Mitarbeiter „anzuspornen"?

Bäume fällen statt den Wald durchqueren. Vergessen Sie eines nicht. Jedes Problem am Weg zur Zielerreichung ist eine Lern-Erfahrung. Wichtig ist das – richtig definierte – Ziel, nicht die Hindernisse auf dem Weg dorthin. Trotzdem: Hindernisse, Verzögerungen tauchen auf, Fehler werden gemacht. Der Weg zum Ziel gehört sorgfältig geplant. Wird das eigentliche Ziel aber wegen zu intensiver Beschäftigung mit möglichen Problemen aus den Augen verloren, dann wird es wohl kaum erreicht werden. Stellen Sie sich einen Boten vor, der durch einen Wald laufen muss, um seine Botschaft ans Ziel zu bringen: Wenn er jeden Baum zur Sicherheit fällt, damit ihm keiner versehentlich auf den Kopf fallen kann, dann wird er sein Ziel zu spät erreichen, also nicht erfolgreich sein.

Den Kopf anschlagen. Ein Projekt kann aber auch daran scheitern, dass zwar das Ziel genau definiert wird, der Projektplan aber keinerlei Pufferzeiten und Pufferressourcen vorsieht, wenn es einmal Fehler, Störungen, also Probleme gibt. Stellen Sie sich wieder einen Boten vor: Läuft er mit geschlossenen Augen durch den Wald, weil er sein Ziel sowieso vor seinem geistige Auge sieht, wird er bald gegen einen Baum laufen.

Problemorientierung in der Führungsarbeit

Das negative Beispiel:

Jutta ist Bereichsleiterin eines Handelunternehmens. Sie beruft jeden Montag eine Bereichsbesprechung ein, in der Verkaufsinnen- und Außendienstmitarbeiter von den Problemen der Vorwoche berichten. Damit ihre Mitarbeiter ja nicht übermütig werden, darf einmal im Monat der Leiter der Marketingabteilung über die problematische Marktentwicklung und die Erfolge der Konkurrenz berichten.

Angst vor möglichen Problemen ist kein guter Start für ein Projekt. Probleme werden dadurch, dass man sie größer und gefährlich macht, nicht vermieden.

Jutta kennt natürlich die Ergebnisvorgaben des Unternehmens. Sie hat selbst einen Plan für jeden Mitarbeiter ihres Bereiches erarbeitet. Zur Sicherheit hat sie die zu erreichenden Ergebnisse deutlich höher angesetzt, als sie zur Erreichung der Unternehmensvorgaben nötig wären. So meint sie, ihre Mitarbeiter besonders anspornen zu können. Informationen über die Bereichs- oder Unternehmensziele gehen ihre Mitarbeiter nichts an – diese würde sie nur ablenken.

Mangelnde Information und erhöhter Druck erhöhen diese Angst und steigern gewiss nicht die Leistung der Mitarbeiter.

Fehler darf es in dem Bereich, den Jutta leitet, natürlich keine geben, denn sie würden die Erreichung des vorgegebenen Zieles erschweren oder sogar unmöglich machen. Jeder Fehler eines Mitarbeiters wird bestraft – sei es durch Kürzung der Monatsprämie oder durch Kündigung. Jutta ist perfekt und verlangt diese Perfektion auch von ihren Mitarbeitern. Abgesehen davon: Für gemachte Fehler ist jeder Mitarbeiter selbst verantwortlich, er muss auch dafür sorgen, dass die Folgen behoben werden.

Scheinbare Perfektion schützt nicht vor Fehlern, Angst vor Strafe auch nicht, im Gegenteil.

Juttas Mitarbeiter sind meist schon zur Mitte jedes Quartals verzweifelt, denn natürlich sind unerwartete Dinge geschehen, die das Erreichen des – sowieso hoch angesetzten Ergebnisses – unmöglich machen. Die Arbeitsleistung sinkt und die Angst steigt.

Das positive Beispiel:

Roland ist Bereichsleiter in einem Handelsunternehmen. Er ist nicht nur über die Zielvorgaben für das nächste Jahr genau informiert, er hat auch daran mitgearbeitet. Er weiß, wie wichtig es ist, gerade in diesem Jahr das Ziel zu erreichen.

Ziele und Lösungen müssen wichtig genommen werden.

In der Planung für das Jahr wurden auch alle externen Faktoren berücksichtigt, die Einfluss auf das Unternehmen und dessen Ergebnis haben werden. Entsprechende Ressourcen wurden bereitgestellt, entsprechende Zeitpolster berücksichtigt. Roland wurde vom Vorstand und von der Marketingabteilung aber auch darüber informiert, dass diese Faktoren natürlich auch für alle Mitbewerber zutreffen.

Trotzdem gibt es auch Hindernisse am Weg dorthin. Je früher man diese möglichen Hindernisse kennt, desto früher kann man reagieren, wenn sie eintreten.

Da Martin weiß, wie wichtig es ist, Fehler rechtzeitig zu erkennen und darauf zu reagieren, hat er seinen Mitarbeitern deutlich gemacht, dass es keine Sanktionen für Fehler geben wird, sofern die-

se erkannt und gemeldet werden. Martin setzt sich dann mit dem betreffenden Mitarbeiter zusammen, um einerseits Korrekturmaßnahmen zu besprechen und andererseits darüber nachzudenken, wie genau dieser Fehler in Zukunft vermieden werden kann. Über das Ergebnis dieser Besprechungen werden alle anderen Mitarbeiter informiert.

Bei dieser Vorgangsweise gibt es keine Schuldigen, die Chance eine Lösung zu finden ist hoch.

Ziel- und Lösungsorientierung in der Führungsarbeit

Das negative Beispiel:

Martin ist Bereichsleiter eines Handelsunternehmens. Er hat klare Vorgaben über die zu erreichenden Ergebnisse seines Bereiches in den nächsten Quartalen, wobei die Erreichung des Jahresziels im Vordergrund steht. Martin war zwar in die Ausarbeitung dieser Zielvorgaben nicht einbezogen – das ist allein Sache des Vorstandes –, aber er weiß genau, dass nur dann, wenn dieses Ergebnis erreicht wird, der geplante Börsegang des Unternehmens sichergestellt ist. Der Vorstandsvorsitzende wörtlich: „Probleme in der Erreichung der Ihnen vorgegebenen Ergebnisse darf es nicht geben, Fehler werden nicht akzeptiert."

Werden Probleme ignoriert und Perfektion gefordert, so steigert das die Wahrscheinlichkeit, dass Fehler geschehen.

Natürlich kennen die Mitarbeiter von Martin die Wichtigkeit der Unternehmensziele. Auch wenn sie über Details nicht informiert sind – das zu erreichende Unternehmensergebnis hängt in jeder Abteilung an der Wand. Auch wenn die Mitarbeiter und auch Martin mangels genauerer Information keine Ahnung haben, was das für ihren Arbeitsbereich bedeutet, sie wissen: Die Chance zu scheitern ist groß.

Zielvorgaben, die als Drohung dienen, erhöhen keinesfalls die Wahrscheinlichkeit, dass dieses Ziel erreicht wird.

Fehler dürfen natürlich keine gemacht werden, das sehen sie ein. Jeder hat den Zwang, perfekt sein zu müssen – und macht gerade deswegen Fehler. Diese Fehler werden natürlich nach Möglichkeit vertuscht und geleugnet. Denn da alle sicher sind, dass dieses Ziel nie erreicht werden kann, will keiner schuld daran sein.

Jede Suche nach Schuldigen ist vergeudete Zeit, die dann bei der Suche nach Lösungen fehlt.

Das positive Beispiel:

Maria ist Bereichsleiterin eines Handelunternehmens. Sie hat klare Vorgaben über die zu erreichenden Ergebnisse ihres Bereiches in den nächsten Quartalen, wobei die Erreichung des Jahresziels im Vordergrund steht. Da sie bei der Erstellung der Ergebnispläne mitgearbeitet hat und in die Entscheidungen mit einbezogen war, steht sie auch hinter diesen Vorgaben.

Gemeinsam erarbeitete Ziele und Lösungen werden von einer weit größeren Basis getragen als autoritär vorgegebene.

Maria hat ihre Mitarbeiter natürlich über den Jahresplan des Bereiches informiert. Zusätzlich hat sie von der Marketingabteilung noch Informationen über Kunden und Mitbewerber eingeholt und im Aktionsplan des Bereiches Reserven vorgesehen, falls es unerwartete Hindernisse geben sollte. Ihre Mitarbeiter wurden in diese Bereichsplanung mit einbezogen.

Information ist wichtig – auch über mögliche Probleme. Ignoranz führt nicht zum Erfolg.

Maria weiß, dass natürlich immer wieder unerwartete Ereignisse eintreffen können. Krankheit eines Mitarbeiters, Ausfall eines wichtigen Kunden, unerwartet erfolgreiche Marketingaktionen des Mitbewerbs. Sie weiß aber auch, dass ihre Mitarbeiter trotzdem imstande sind, das gesetzte Ziel zu erreichen. Und ihre Mitarbeiter wissen, dass sie auch bei plötzlichen Schwierigkeiten mit der Unterstützung ihrer Chefin rechnen können – sogar dann, wenn sie diese Schwierigkeiten selbst verursacht haben. Sie sind sicher, dass sie Lösungen finden und das gesetzte Ziel erreichen werden.

Eine Führungskraft muss imstande sein, die Mitarbeiter auch in schwierigen Situationen und bei Problemen zu Lösungen zu führen.

Die richtigen Fragen stellen

Chef-Fragen. Fragen lenken die Aufmerksamkeit und regen zum Denken an. Stellen Sie als Chef Fragen, die sinnvolle und nützliche Nach- und Vordenkprozesse starten.

Absolute No-Fragen. Auch wenn Sie die folgenden Fragen in Ihrem Leben oft genug gehört haben, stellen Sie sie nicht. Diese Fragen sollten Sie weder Ihren Mitarbeitern noch sich selber stellen. Das Problem wird dadurch nicht kleiner, der Fehler nicht gelöst, aber wertvolle Energien werden blockiert.

- Wie konnte Ihnen dieser Fehler unterlaufen?
- Wieso haben Sie dieses Problem nicht früher erkannt?
- Wer trägt die Schuld an diesem Fehler?
- Warum musste das gerade uns passieren?

Go-Fragen. Einige Beispiele für Fragen, die Sie als Führungskraft sich selbst oder Ihren Mitarbeitern stellen können:

- Welche Auswirkungen hat der Fehler, das aufgetretene Problem?
- Welche für die Zielerreichung wichtigen Faktoren wurden beeinflusst?
- Durch welche Maßnahmen kann das Ziel trotzdem erreicht werden?
- Welche Ressourcen haben wir/brauchen wir, um diese Maßnahmen zu setzen?
- Wie können wir aus diesem Fehler/Problem lernen?
- Durch welche Maßnahmen kann das Problem beim nächsten Mal früher erkannt werden?
- Wurden im Projektplan/bei der Zieldefinition mögliche auftretende Probleme berücksichtigt?

Steve de Shazar, der Entwickler und Meister der lösungsfokussierten Psychotherapie, empfiehlt folgende Vorgangsweise, die – etwas verändert – auch auf Probleme außerhalb des therapeutischen Kontextes anwendbar ist:

- Die 1. Frage – Problembewusstsein:

  „Sehr gut, dass Sie das Problem erkannt haben. Können Sie es mir nochmals genau beschreiben?“

- Die 2. Frage – Hin zur Lösung:

  „Durch welche Maßnahmen können wir unser Ziel trotzdem erreichen?"
- Die 3. Frage – Was lernen wir für das nächste Mal?

  „Wie können wir das Problem beim nächsten Projekt vermeiden?

Nicht „entweder - oder", sondern „und". Problem- oder Lösungsorientierung – es ist immer eine Frage der Nützlichkeit. Weder das eine noch das andere ist alleine sinnvoll. Die Augen für Probleme offen zu halten und gleichzeitig Ziele und Lösungen im Blick zu haben, ist die Kunst der Ausgewogenheit, die Sie als Chef beherrschen sollten.

Rangdynamik

Auf Nahrungssuche. Der Bär erkennt die Falle: hinter ihm die Steilwand, rechts der todbringende Steilabbruch und vor ihm wild gestikulierende und schreiende Menschen in Tierfellen und mit Steinen und Speeren bewaffnet. Er stellt sich zur ganzen Größe auf die Hinterbeine und zeigt brüllend seine Zähne und trabt auf die Mensch los. Ein weißbärtiger kleiner Mann grunzt ein paar Kommandos; die Jäger geben dem Tier scheinbar den Weg frei und bilden ein Spalier, in dem der Bär von zahlreichen Speeren getroffen wird. Das Tier ist erlegt, die Nahrung eine Zeit lang gesichert.

Die Gesetze des Clans. Jahrtausende jagten, arbeiteten und feierten Menschen gemeinsam. Der Erfolg lehrte sie, einen Häuptling anzuerkennen. Die einen übernahmen Aufgaben für die Gemeinschaft, die anderen übernahmen das Sagen. Die Symbiose von Führern und Geführten reifte, das Modell bildete Prinzipien: Der Führer hat besondere Fähigkeiten und nützt sie im Dienst der Gemeinschaft. Sein Wort ist Gesetz. Er ist der Garant für den Schutz der Gruppe vor äußeren Unbilden. Die Geführten folgen seinem Wort und achten und ehren ihn. Nur wenn ein anderer zeigt, dass er in mehrfacher Hinsicht mehr drauf hat als der jetzige, wird er als der neue Führer akzeptiert. Das ist der Rhythmus, der unser Herz schlagen lässt.

Die Prinzipien kennen. Der Vater der Rangdynamik, der Familientherapeut und Soziologe Raoul Schindler, hat genau hingesehen und die Gesetze des Clans in uns erkannt und beschrieben. Als Chef sollten Sie wissen, was den Chef zum Chef macht und Mitarbeiter zu Mitarbeitern, die loyal und aktiv ihren Beitrag leisten. Und Sie sollten wissen, welche urzeitlichen Rhythmen Menschen dazu bewegen, sich von der Gruppe zu distanzieren oder dem Chef Konkurrenz zu machen. Denn nur wenn wir genau hinsehen wie Raoul Schindler, können wir die Anzeichen früh erkennen und vorbeugen. Nur wenn wir die Prinzipien kennen, könne wir als Chef das leisten, worauf die Gruppe Anspruch hat, denn Chefsein ist eine Dienstleistung an der Gruppe.

Auf den Rang kommt es an

Zwölf Freunde treffen einander in der Kneipe. Sie haben schon vieles gemeinsam unternommen, Ausstellungen und Theaterstücke besucht und Reisen gemacht. Diesmal wollen sie ein neues Vorhaben besprechen. Bis auf Georg sind schon alle da, eine Idee, was sie unternehmen sollen, hatte noch keiner. Da kommt Georg bei der Tür herein, und während er sich setzt, sagt er: „Ich habe da eine Idee, schaut euch einmal die Bilder in diesem Buch an, ist das nicht ein toller Berg? Wir wollten doch schon lange in diese Gegend fahren. Ich schlage vor, dass wir den Zug nehmen und dann von Norden aufsteigen. Das können wir problemlos an einem Wochenende bewältigen, wenn das Wetter hält.“ Hans widerspricht zwar, denn er wäre lieber zu einem Weinfest gefahren, und Monika murmelt etwas von „zu wenig Kondition“, aber eigentlich ist es sehr schnell klar: Die Gruppe wird gemeinsam diesen Berg besteigen, und Georg wird sie führen.

Konfrontation mit dem Gegner. Georg hat die Idee und übernimmt damit eine Rolle in der Gruppe. Raoul Schindler sagt: Das Gruppenmitglied, das der Gruppe die attraktivste Konfrontation mit einem äußeren Gegner bietet, wird zum ***Alpha*** der Gruppe. In diesem Fall ist der Berg Gegner, und da Georg eine gute Route ausgewählt hat, ihn zu bezwingen, wird er von der Gruppe als Alpha anerkannt – ganz ohne formelle Wahl.

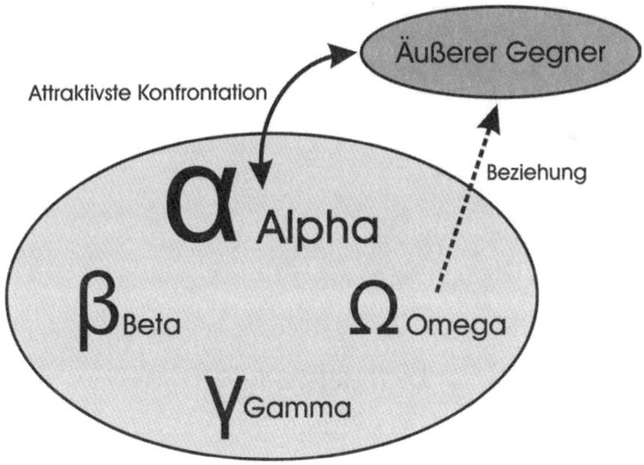

Von Höhlenbären zu Quartalszahlen. Überlegen Sie mal selbst: Was ist Ihre Idee eines äußeren Gegners? Ist es die Konkurrenz, gegen die Sie als Abteilung oder Unternehmen auftreten, sind es Produktions- oder Servicemängel, die Quartalszahlen, die Sie „bezwingen" wollen, oder das Marktpotenzial, das Sie erobern möchten? Die urzeitlichen Rhythmen schlagen nach wie vor in Ihren Mitarbeitern; Höhlenbären sind inzwischen ausgestorben, doch das Prinzip ist geblieben. Wenn Ihre Mitarbeiter die Konfrontation, die Sie anbieten, spannend und für sie bedeutend finden, werden Sie von ihnen als Alpha akzeptiert.

Die Idee zählt. Zum Leidwesen all jener, die von ihrem Gottobersten mit den Insignien der Macht versehen wurden und meinen, damit sei es schon getan: Das reicht bei weitem nicht aus, um Chef zu sein. Ihre Mitarbeiter wollen wissen, gegen welchen Höhlenbären es geht, wenn sie sich Ihnen anschließen und Sie auf den Häuptlingschild heben.

Der Geschäftsführer einer Firma, die Internetlösungen zur Weiterbildung anbot, war zutiefst enttäuscht von seinen Abteilungsleitern. Seine Idee war, wie er selbst sagte: „To be on the leading edge of developement." Das sollten die Kunden von ihnen wahrnehmen. Daher investierte er viel Geld in Innovation. Seine Leute wollten jedoch nur gute Geschäfte machen. Die Innovationsidee begeisterte sie nicht. Das Ergebnis waren tägliche Grabenkämpfe und Versuche, die Geschäftsleitung zu übernehmen.

Und womit begeistern Sie Ihre Mitarbeiter?

Das Alpha-Dreigestirn. Die Alpha-Ausprägungen sind

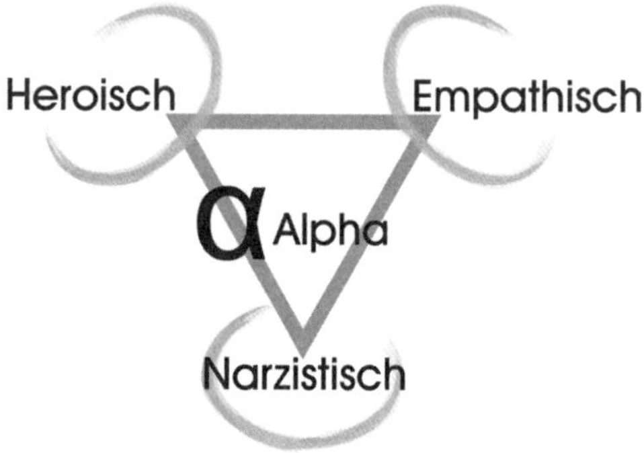

- Narzistisches Alpha: stellt seine Fähigkeiten und seine Virtuosität als Alpha heraus und bestärkt damit seine Mitarbeiter, eine gute Entscheidung getroffen zu haben, umgibt sich mit den Insignien der Macht, um nach innen und außen stark zu wirken.
- Heroisches Alpha: zeigt sich als Beschützer der Gruppe, kämpft für die Gruppe auch auf Kosten eigener Nachteile.
- Empathisches Alpha: spürt die Emotionen Einzelner und der Gruppe und kümmert sich um ihr Wohlergehen.

Am besten alles. Diese Dreiteilung lässt vielleicht die Idee aufkommen, eine dieser Ausprägungen sein nützlicher als die anderen (je nach persönlichen Tendenzen des geneigten Lesers). Doch die Besten haben alles drauf – immer zur rechten Zeit.

Zwei Tage vor der Abfahrt treffen sich Georg, Helmut, Fritz und Maria, um noch Details der Bergtour zu besprechen. Helmut bringt einen Kompass mit und erhält von Georg die Landkarten und die Routenbeschreibung, denn er kann damit am besten umgehen und war auch schon einmal auf einem Berg in dieser Gegend. Außerdem ist er sehr genau und zuverlässig. Fritz wird sich um die Verpflegung kümmern, er ist dafür der Spezialist, was man auch unschwer an seinem runden Bäuchlein erkennen kann. Maria wird gleich am nächsten Tag die Wetterwarte anrufen und sich die letzten Wetterkarten aus dem Internet herunterladen, sie hat einmal im Fernsehen die Wettervorschau moderiert und kennt sich da gut aus. So vorbereitet kann nichts mehr schief gehen.

Die Fachleute. Helmut, Fritz und Maria sind die Fachleute der Gruppe, Schindler nennt sie die ***Gammas***. Jeder von ihnen hat Erfahrung genug, um seinen nützlichen Beitrag in der Gruppe zu leisten. Einige von ihnen haben sogar mehr Bergerfahrung als Georg – trotzdem ist Georg der Anführer. Gammas sind die Arbeiter im Team, jeder erfüllt seine ihm zugewiesene Aufgabe.

Das Gamma-Dreigestirn. Die Gamma-Ausprägungen sind

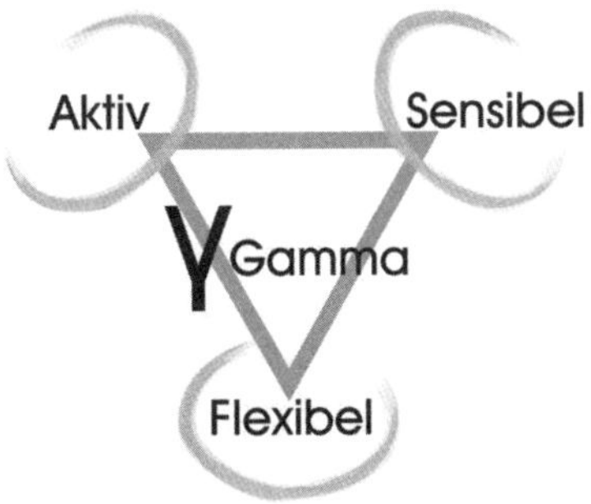

- Flexibles Gamma: ist kreativ, ideenreich, findet bei auftauchenden Problemen rasch Lösungsansätze.
- Aktives Gamma: packt die Dinge an, handelt im Sinne der Ziele.
- Sensibles Gamma: nimmt wahr, was das Tun bewirkt, zeigt auf, wenn Dinge in die falsche Richtung laufen, erkennt Probleme früh.

Auch hier gilt: Am besten ist, wenn Gammas alles gleich gut können und dann auch noch in der richtigen Reihenfolge: Flexibel – aktiv – sensibel. Denn nur so erschaffen sie Mehrwert-Möglichkeiten.

Die Gruppe fährt los, erreicht ihren Zielort und steigt zur Hütte auf. Am nächsten Morgen geht es los, eine schwierige Strecke ist zu bewältigen. Eine Weile geht es problemlos voran, bis Monika zu murren beginnt: „Ich habe Hunger, wir hatten ja nicht einmal Zeit für das Frühstück!“ Fritz hört das, geht zu Georg vor, berichtet ihm von Monikas Wunsch und schlägt eine kurze Rast vor.

Die Co-Chefs. Fritz hat innerhalb der Gruppe – ohne sich das bewusst gemacht zu haben – eine besondere Rolle übernommen. Er ist mehr als die Anderen um das Wohl der Gruppe besorgt. Dass er das nicht gegen Georg als Alpha tut (sondern ihn voll und ganz als Alpha akzeptiert), beweist das Faktum, dass er Georg darüber berichtet und Vorschläge macht. Die Entscheidung bleibt bei Georg. Schindler nennt diese Rolle ***Betas***. Sie stellen sich gerne an den Rand der Gruppe, um deren Wohlergehen beobachten zu können, und haben auch Kontakt mit der Außenwelt, um drohende Unbilden früh zu erkennen.

Das Beta-Dreigestirn. Die Beta-Ausprägungen sind

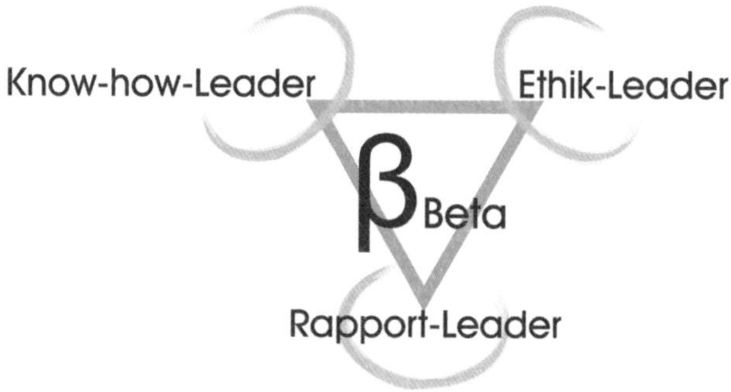

- Rapport-Leader: hat den Kontakt zur Gruppe und sorgt für den Zusammenhalt, betont die Gemeinsamkeit und gibt in der Gruppe den Ton an.
- Know-how-Leader: ist im Allgemeinen oder in einem Spezialthema der Wissensspezialist und stellt der Gruppe das Wissen zur Verfügung.
- Ethik-Leader: stellt implizit oder explizit ethische Prinzipien für die Gruppe auf und sorgt dafür, dass alle sie beachten.

Georg lehnt die Rast ab; der Zeitplan muss eingehalten werden. Nach einiger Zeit beginnt Wolfgang zu klagen, dass seine Schuhe drücken und ihm die Füße wehtun. Er setzt er sich einfach auf einen Felsen und sagt: „Sorry, Leute, ich muss eine Rast machen, ich kann nicht mehr weiter!“, und Monika setzt sich sofort neben ihn und packt ein Käsebrot aus.

Der Gegner ist willkommen. Monika und Wolfgang haben sich – zumindest aus der Sicht der restlichen Gruppe – mit dem „Gegner“ Berg verbündet und verzögern den Aufstieg. Schindler nennt sie ***Omegas***. Omegas bilden sich durch Über- oder Unterforderung. Das heißt die Idee der Konfrontation mit einem äußeren Gegner bringt für das Gruppenmitglied eine zu große Aufgabe oder eine, die nicht spannend genug ist. Die Omegas repräsentieren den äußeren Gegner innerhalb der Gruppe, das macht sie nicht gerade beliebt. Die Gammas sehen das gemeinsame Ziel gefährdet und tendieren dazu, lieber die Omegas zu opfern als das Ziel.

Erste Stimmen werden laut: „Ich habe doch gleich gesagt: Nehmen wir nur die mit, die das auch konditionell bewältigen. Jetzt schon Rast zu machen ist doch Unsinn ...“

Die Gruppe beobachten. Es tauchen erste Gedanken auf, die Omegas aus der Gruppe auszuschließen. Der Zusammenhalt der Gruppe ist gefährdet. Wenn Georg nicht rasch handelt, fällt die gut geplante Bergtour ins Wasser.

Monika und Wolfgang tuscheln mit Fritz. Sie versuchen ihn zu überzeugen, jetzt eine längere Rast einzulegen und dann eine verkürzte Route zu gehen. Denn schließlich soll die Bergtour nicht zur Qual werden, sondern Spaß machen.

Anarchie. Jetzt wird es noch dramatischer: Die Omegas versuchen Fritz als Beta zu gewinnen, ihm eine neue Idee eines äußeren Gegners unterzujubeln, die sie als attraktiver halten als die von Georg. Wenn er das akzeptiert, erheben sie ihn zu ihrem Alpha und trennen sich von der übrigen Gruppe oder versuchen noch mehr von der besseren Idee zu überzeugen. Hätte Georg rechtzeitig seine Aufgabe als Chef wahrgenommen, wäre es nicht dazu gekommen.

Das Omega-Dreigestirn. Die Omega-Ausprägungen sind

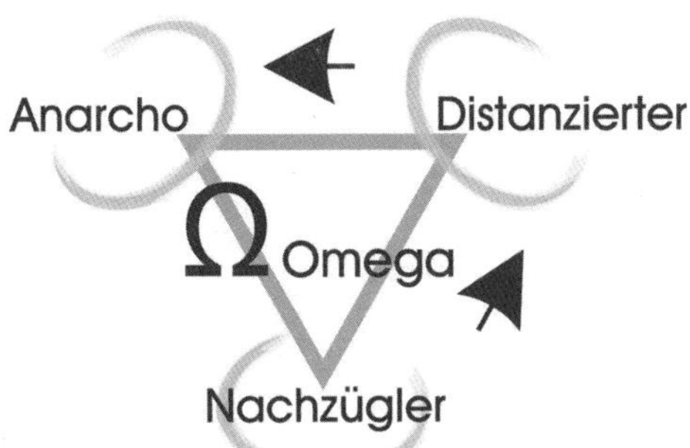

- Nachzügler: ist von seiner Aufgabe in der Gruppe über- oder unterfordert. Egal ob ihn die Aufgabe langweilt oder er von der Größe der Aufgabe überwältigt ist: er wird still und zieht sich vom Gruppengeschehen zurück. Unsicherheit oder Langeweile machen ihn zum Opfer des Systems.

- Distanzierter: er rettet sich selbst aus der Phase des Nachzüglers, indem er die Idee von Alpha in Frage stellt, äußert sich negativ über die Aufgabe, macht sie gegenüber den Gammas schlecht.
- Anarcho: tritt offen gegen Alpha auf und versucht Verbündete zu finden, um mit ihnen gemeinsam selbst Alpha zu werden oder ein Beta dazu zu machen.

Die drei Ausprägungen beschreiben in dieser Reihenfolge die dramatische Entwicklung, die Omegas nehmen können, wenn Alpha nicht rechtzeitig vorsorgt und aus ihnen wieder Gammas macht.

Rangdynamisch führen

Die Rolle der Führungskraft. Diese Beschreibung der Rangdynamik könnte zum Schluss führen, dass Alpha- und Chefsein gleichzusetzen ist; tatsächlich ist Führen mit allen rangdynamischen Rollen möglich, allerdings mit unterschiedlichen Ergebnissen: Jede Rolle hat Konsequenzen für den Führungsstil und die Gruppe.

- Führen als Alpha: Der Führungsstil ist ausgewogen, die Mitarbeiter sind mit ihrem Chef zufrieden.
- Führen als Beta: Der Stil ist technokratisch. Die Atmosphäre ist kühl und sachlich.
- Führen als Gamma: Der Stil ist konsensorientiert, die Mitarbeiter sind verunsichert und haltlos.
- Führen als Omega: Der Stil ist diktatorisch, die Gruppe ist zerrissen.

Was tun mit Omegas? Was hätte Georg als Alpha in obigem Beispiel tun können, um die Omega-Entwicklung zu verhindern? Als empathisches Alpha hätte Georg auf die Nachricht von Fritz hören und sie wichtig nehmen können. Monikas Wunsch nach Pause war die erste Omega-Botschaft. Er weiß damit: ein Mensch in seiner Gruppe ist überfordert und wenn nichts getan wird, startet eine dramatische Entwicklung vielleicht bis zum Anarcho. Georg hat zwei Möglichkeiten damit umzugehen:

- Omega zu Gamma machen
- Sich selbst zum Omega machen

Omegas zu Gammas. Sehen wir uns die erste Möglichkeit an. Georg kann Lösungen finden, wie Monika zu ihrem Frühstück kommt, ohne dass der Zeitplan wesentlich verzögert wird oder er bringt sie in Kontakt mit den Gammas, die sie bis zum nächsten Halt moralisch stärken. In beiden Fällen bleibt sie in der Gruppe eingebunden, die Wahrscheinlichkeit einer dramatischen Entwicklung sinkt.

Aus Alpha wird Omega. Die zweite Möglichkeit ist, die Omega-Entwicklung selbst vorweg zu nehmen.

> *Georg schart die Gruppe um sich und sagt: „Leute, mir tun schon die Füße weh und ich habe Hunger. Wir sollten eine kurze Rast einlegen."*

oder

> *Georg: „Leute, mir tun schon die Füße weh und ich habe Hunger. Wir sollten eigentlich eine Rast einlegen. Doch ich glaube, wir sollten alle miteinander noch eine halbe Stunde durchhalten, dann haben wir nicht nur eine Etappe der Tour erreicht, sondern auch einen schönen Platz für die Rast."*

Unabhängig davon, ob Georg als Alpha die Rast zulässt oder nicht, er hat sich als Omega geoutet und damit Klagen seiner Gefährten vorweggenommen. Er hat die negativen Gedanken selbst ausgesprochen und sie davon entlastet.

> *Birgit denkt: „Wenn Georg das jetzt nicht gesagt hätte, wäre ich die Nächste gewesen, die jammert!", und Hans denkt ebenso. Einige Stunden später ist der Gipfel erreicht. Die Gruppe freut sich über den Ausblick.*

Omegas wird es immer geben. Ziel von Alpha kann es nicht sein, keine Omegas zu haben. Denn Omegas entstehen an der oft schmalen Kante zwischen Über- und Unterforderung. Was für manche Mitarbeiter eine große Herausforderung darstellt, ist für andere mit mehr Erfahrung ein Klacks. Als Alpha haben Sie die Aufgabe, jedem Mitarbeiter sein noch schaffbares Maß an Herausforderung anzubieten, erst dann ist die Arbeit interessant und spannend; erst dann sagen Mitarbeiter, Selbstverwirklichung ist möglich. Da wird es immer wieder geschehen, dass Sie jemandem mal zu viel oder zu wenig zumuten. Entscheidend ist, das rechtzeitig zu erkennen und die Herausforderung zu erhöhen oder das überforderte Omega wieder zu einem Gamma zu machen.

Die Praxis. Wenn Sie die Metapher von der Bergsteigergruppe in die tägliche Praxis Ihres Unternehmens übertragen, kann das viele Konfliktsituationen erklären – und klären: Rangdynamik läuft in jeder Gruppe ab – offen oder versteckt. Stellen Sie sich als Chef stets die Fragen: Bin ich Alpha der Gruppe und ist die Idee reizvoll genug? Und wie steht es mit meinen Omegas?

Systemdynamik

Das Unternehmen als Familie. Reinhard Mohn, der Gründer der Bertelsmann AG, schrieb in seinem Buch „Menschlichkeit gewinnt": „Die Teilnahme an der Gemeinschaft entspricht der Wesensart des Menschen. Gemeinschaft erfreut, hilft und gibt Sicherheit. Selbstverwirklichung ohne Anerkennung der Rechte der Gemeinschaft ist ein Irrglaube." Seit Adam und Eva – oder wenn sie so wollen, seit Anbeginn der evolutionären Entwicklung des Menschen – entstehen wir aus der Begegnung von Frau und Mann. Egal wie wir zu unseren Eltern und unsere Eltern zu uns stehen – wir haben Eltern. Das Leben im Kreis der Familie entwickelt sich seit Jahrtausenden. Das Familiensystem ist uns am nächsten. Noch nachhaltiger als im Kreis der Mitstreiter durch die Rangdynamik haben sich im Familienkreis Dynamiken entwickelt, die uns in keinem Kontext loslassen – auch nicht im Unternehmen, in dem wir tätig sind.

Zu Hause und im Büro der gleiche Mensch. Die Psychologin und Psychotherapeutin Insa Sparrer sagt in einem Artikel, auf Basis der Betrachtung von Entstehung, Wachstum und Replikation von Systemen gelingt es, Strukturen und Prinzipien zu entdecken, die Familien- und Organisationssystemen gemeinsam sind. Der Mitarbeiter, der sich schwer tut, seinem Chef in die Augen zu schauen und offen mit ihm zu reden, verhielt sich mit einiger Wahrscheinlichkeit seinem Vater gegenüber ähnlich. Der Kollege, der trotz Karrierechancen im Unternehmen den Drang verspürt, wieder mal den Arbeitgeber zu wechseln, verhält sich in der Partnerschaft oft auch so. Wie könnten wir auch aus unserer Haut schlüpfen, wenn wir unsere Haustür schließen und die Bürotür öffnen. Viele Verhaltensweisen, die uns logisch betrachtet unverständlich erscheinen, erklären sich aus den Prinzipien der Systemdynamik. Zoomen wir also etwas näher hinein und betrachten die daraus resultierenden Konsequenzen für die Führungsarbeit.

Die systemischen Faktoren. Die Dynamik eines Organisations-Systems verlangt nach der Würdigung von drei Faktoren: Loyalität, Ordnung und Ausgleich.

- Loyalität: Sie hat zwei Seiten, die Loyalität des Unternehmens zu seinen Mitarbeitern und des einzelnen Mitarbeiters zum Unternehmen.
- Ordnung: Das Firmensystem ist geordnet. Das Organigramm beschreibt die Hierarchien und die Aufgabenverteilung bestimmt Verantwortungen nach innen und außen
- Ausgleich: Auch er hat zwei Seiten, den Beitrag, den die Mitarbeiter für das Unternehmen leisten, und den Beitrag des Unternehmens für seine Leute.

Für jeden dieser Faktoren gelten Prinzipien, die, wenn sie eingehalten werden, reibungslose Zusammenarbeit möglich machen und wenn sie nicht eingehalten werden, hinlänglich Gründe für Dramen bergen.

Loyalität zwischen Chef und Mitarbeiter

Bindungen. Jan Zeien, CEO von Gilette, sagte: „Die Mitarbeiter müssen wissen, was Fehler bedeuten, aber sie müssen auch wissen, dass sie vom Unternehmen aufgefangen werden." Ohne eine Form der Bindung wäre ein Unternehmen oder eine Organisation nicht denkbar. Loyalität bedeutet, trotz Lageschwankungen die Beziehung stabil aufrechtzuerhalten, das heißt auch wenn es dem Unternehmen mal nicht ganz so gut geht, dabei zu bleiben. Das trifft – vor allem angesichts einer schlechteren wirtschaftlichen Lage – weniger die Mitarbeiter unterer Hierarchiestufen als die des Managements. Generell gilt: je höher die Hierarchiestufe, umso geringer ist die Bindung zum Unternehmen. Steve Jobs sagte es etwas salopp: „Man muss sich Pferde aussuchen, auf denen man fünf oder zehn Jahre reiten kann, weil man nicht ständig alles umkrempeln kann." Ein gewisses Maß an Bindung auch in schlechteren Zeiten erwartet sich jeder Personalchef. Doch Mitarbeiter, deren Lebenslauf sich liest wie das Branchenverzeichnis des Telefonbuches, sind ohnedies nicht gerne gesehen.

Seien Sie konsequent. Das Unternehmen muss, wenn es einen Mitarbeiter anstellt, davon ausgehen, dass er für die Zeit, die er darin tätig ist, zu ihm steht. Über das Unternehmen, seine Ziele, Produkte, Aktivitäten oder Services nach außen hin schlecht zu reden ist eine Loyalitätsverletzung. Berechtigte Kritik sollte nach innen gerichtet sein. Wenn ein Mitarbeiter – egal in welcher Hierarchiestufe er sich befindet – meint, er könne doch nicht die Unzulänglichkeiten des Unternehmens nach außen totschweigen, hat er damit seine Zugehörigkeit zum Unternehmen stillschweigend aufgegeben. Ihn weiter im Unternehmen zu belassen, belastet das Unternehmen mit einem, der nicht dazugehört. Wenn Sie meinen: „Ich habe solche Leute im Unternehmen, aber so hart würde ich das nicht sehen", dann sollten Sie zumindest die Beziehung zu diesen Mitarbeitern neu beginnen und eine Basis bauen, auf der klar ist, welche Konsequenzen Illoyalität hat.

Die Mission kennen. Das Unternehmen und seine Chefs müssen dem Mitarbeiter aber auch die Möglichkeit der Loyalität einräumen. Dazu gehört Wissen: Der Mitarbeiter sollte über das Mission Statement, die Ziele und Werte, die das Unternehmen gebildet hat, zumindest im Groben Bescheid wissen. Wozu sonst könnte sich der Mitarbeiter loyal verhalten, wenn er nichts davon kennt? Einem undefinierten Organisationskonstrukt gegenüber kann man sich bestenfalls so loyal verhalten wie gegenüber einem Büromöbel (bei dem ist immerhin Ziel und Zweck klar).

Und was ist mit Kündigungen? Die Bindung zu einem Unternehmen ist grundsätzlich begrenzt. Vor ein paar Jahrzehnten war noch die Idee des lebenslangen Arbeitsplatzes populär, inzwischen wird weit häufiger gewechselt. Es gibt viele Gründe für Kündigungen und das entspricht auch – was Unternehmen betrifft – systemischen Prinzipien. Die Frage ist, wie mit dem Gekündigten umgegangen wird. Die Loyalität wird vom Unternehmen dann verletzt, wenn der Mitarbeiter ohne Würdigung seiner Leistungen rausgeschmissen wird.

> *Die Leiterin der Marketingabteilung fand, als sie am Morgen ihre Arbeit beginnen wollte, drei große Kartons mit ihren Bürosachen auf ihrem Parkplatz. Als sie ihr Büro betreten wollte, bemerkte sie, dass das Türschild mit ihrem Namen abmontiert war. Der Personalchef, den sie sofort aufsuchte, sprach verlegen ihre Kündigung und sofortige Freistellung aus und gebot ihr, den Parkplatz rasch zu räumen.*

Konsequenzen. Sie meinen, das sei ein extremer Einzelfall? Möglich, doch abgemilderte Versionen finden täglich statt. Die Konsequenzen hat nicht nur der gekündigte Mitarbeiter, sondern auch das Unternehmen zu tragen.

Die Neubesetzung nahm tags darauf ihre Arbeit auf und hielt sich sechs Monate. Dann kündigte sie selbst. Sie sagte: „Ich habe alles versucht, es war, als würde ich gegen alle im Unternehmen ankämpfen müssen. Ich hatte keinen Platz hier.“ Ähnlich erging es der zweiten und dritten Nachbesetzung.

Multiple Dramen. Alles, was Sie als Chef tun, ist eine Metapher für etwas. Welche Botschaft vermitteln Sie als Vorgesetzter mit einer derartigen Handlung gegenüber denen, die im Unternehmen bleiben? Natürlich stellt sich fast jeder die Frage: „Und wer ist der nächste, der auf diese Art und Weise das Unternehmen verlässt? Und wozu ist der Chef noch imstande?“ Das Vertrauen sinkt drastisch, über sinkende Loyalität der Mitarbeiter darf man sich da nicht wundern. Die Nachfolger mussten alle damit zusammenhängenden Drama-Dynamiken ertragen: Das Getuschel („Die macht's auch nicht lange“), das Jammern über die schlechte Behandlung, das Vorurteil, dass die Neue wahrscheinlich viel besser behandelt wird als „die Unsrige“ usw. Wie das Beispiel zeigt, hält das kaum jemand auf die Dauer aus.

Der Personalchef und der ehemalige Chef der gekündigten Mitarbeiterin luden sie auf Anraten nach eineinhalb Jahren in das Unternehmen, sagten vor ihren ehemaligen Kollegen, dass es ihnen Leid tue, was sie getan hätten, und bedankten sich für ihre langjährige Aufbauarbeit, die sie geleistet hatte. Den angebotenen Arbeitsplatz lehnte sie ab. Danach war ab diesem Zeitpunkt Ruhe in der Marketingabteilung.

Nicht an den Worten, an den Taten wirst du erkannt. Ausschlaggebend für das Gelingen dieser Aktion war nicht so sehr das gesprochene Wort sondern die veränderte Haltung gegenüber der ehemaligen Marketingleiterin. Worte sind rasch gesprochen, doch die Mitarbeiter, die geblieben sind, spüren deutlich, ob es nur Worte waren oder sich die Einstellung der Unternehmensleitung zu Mitarbeitern generell geändert hat. Also machen Sie sich keine Hoffnungen: ein Schauspiel abzuziehen würde das Ganze nur noch schlimmer machen.

Ein Gehen und Kommen. Wenn Sie Mitarbeiter kündigen, dann tun Sie es mit Wertschätzung. Auch wenn die Kündigung auf einem Versagen oder einer Verfehlungen des Mitarbeiters basiert: Jeder Mensch, der eine Zeit lang für ein Unternehmen tätig war, hat auch Beiträge für das Unternehmen geleistet. Trennen Sie sich von Mitarbeiter nicht im Zorn. Lassen Sie sie nicht im Unklaren über die Gründe der Kündigung (BEAMen leistet dafür exzellente Dienste) und sprechen Sie Ihren Dank aus für die erbrachten Leistungen. Machen Sie gekündigte Mitarbeiter gegenüber denen, die bleiben, nicht schlecht. Sie hatten Ihre Gründe für die Kündigung, alles andere geht die Mitarbeiter nichts an. Im Idealfall bleibt jeder gekündigte Mitarbeiter der ganzen Belegschaft in guter Erinnerung. Dann ist die Chance groß, dass neue Mitarbeiter von allen gut aufgenommen und integriert werden.

Raus und rein. Besonders schwierig ist es, Kündigungen im Rahmen eines konjunkturspezifischen Beschäftigungsmodells zu handhaben. Der Top-Manager Kenneth Iverson, sagt: „Gute Mitarbeiter gewinnt man nicht, wenn man die halbe Belegschaft entlässt, bloß weil in einem Jahr die Konjunktur nicht so gut ist, und sie dann wieder einstellt." Unternehmen die Mitarbeiter kündigen, wenn die Auftragslage geringer ist, mit dem Versprechen, sie wieder anzustellen, wenn es besser läuft, müssen schon sehr viel tun, um den Mitarbeitern die Loyalität des Unternehmens glaubhaft zu machen.

Lose Bindung bringt lose Ergebnisse. Klar, dass Mitarbeiter oft froh sind, zumindest bei guter Konjunktur den Job wieder zu bekommen, doch die Bindung wird durch wiederkehrende Trennung stark irritiert. Die Konsequenz ist: die Leute arbeiten zwar, doch ohne Loyalität entsteht keine Engagement, sie arbeiten halt irgendwie ohne besondere Beteiligung. Das geschieht nicht mal böswillig, sondern ist eine systemisch logische Konsequenz, die man als Unternehmen in Kauf nehmen muss, wenn man dieses Modell wählt. Anders ist die Situation bei reiner Saisonarbeit, wo klar ist, dass in der übrigen Zeit nicht zu arbeiten ist. Hier bleiben die Voraussetzungen für Loyalität erhalten.

Die Loyalitäts-Frage. Stellen Sie sich als Chef also wiederkehrend die Frage: Zeige ich mit dem, was ich tue, Loyalität gegenüber meinen Mitarbeitern und gebe ihnen damit die Chance, selbst loyal zum Unternehmen zu sein?

Ordnung zwischen Chef und Mitarbeiter

Ordnung muss sein. Zuerst muss Ordnung eingeführt werden, damit ein Unternehmen funktionieren kann: Hierarchien, Entscheidungsstrukturen,

Kommunikationswege, Zuständigkeiten und Verantwortungen, Aufgabenbündelung und -verteilung, all das muss in irgendeiner Form geklärt sein, damit die Prozesse laufen können. Systemische Prinzipien, die aus dem instinktiven Wissen über die Prinzipien von Familiensystemen wirken, sind in diesen Plänen abgebildet. Es sind die Prinzipien der Rangordnung.

Ordnung in der Familie. Im Familienkreis ist klar, dass die Eltern, die dem Kind das Leben geschenkt und vielleicht auch in der Kindheit bewahrt haben, höher stehen als das Kind. Jeder Mensch, der guten Zugang zu seinen Emotionen hat, spürt sofort, dass dieser wahr ist: Die Eltern sind die Großen, die Kinder die Kleinen (auch wenn sie den Eltern später körperlich über den Kopf wachsen). Gedankenlose Gleichmacherei (Alle Menschen sind gleich, auch Eltern und Kinder) oder die Idee, man wisse und könne doch mehr als die Eltern und sei deswegen „bedeutender", verleugnet die seit Jahrtausenden in uns wirkenden Gesetze des familiären Zusammenlebens und hat auch unangenehme Folgen für jeden, der sich diese Gedanken eingetreten hat: Sie erschweren nicht nur das Zusammenleben in der Familie sondern übertragen sich auch auf die Beziehung zu sich selbst und anderen.

Ordnung im Unternehmen. Ähnlich wirken systemische Prinzipien der Rangordnung in jeder Form von Organisationen. Wenn sie missachtet werden, wenn sich also jemand mit niedererem Rang versucht, über jemanden mit höherem Rang zu stellen (oder wenn jemand mit höherem Rang diesen nicht einnimmt), entwickeln sich systemische Verstrickungen, der Misserfolg und Drama-Dynamik Tür und Tor öffnen. Sehen wir uns diese Rangprinzipien daher genauer an.

Vorrang von Mitarbeitern

Hierarchien. Folgende Rangordnung herrscht unter den Mitarbeitern eines Unternehmens:

- Rang durch die höhere Hierarchiestufe: Je höher im Organigramm der Mitarbeiter angesiedelt ist, umso höher sein Rang im Unternehmen.
- Rang durch die Bedeutung der Tätigkeit für das Unternehmen: Größte Bedeutung haben (auch wenn der Streit zwischen der Wichtigkeit von Produktion und Vertrieb in manchen Unternehmen tobt) Abteilungen,

die für die Basis-Erhaltung des Unternehmens sorgen; und das sind die Finanz- und die Personalabteilung. Ohne Geld und Leute ist weder Vertrieb noch Produktion möglich.

- Rang durch die Dauer der Zugehörigkeit: Mitarbeiter, die schon lange dabei sind, haben allein dadurch ihre Loyalität unter Beweis gestellt und zahllose Erfahrungen gesammelt – ein wertvoller Schatz, der oft ungehoben bleibt.

Die Reihenfolge ist keine Wertung; jeder dieser drei Ränge wirkt gleichzeitig mit den anderen. Rang bedeutet, dass Mitarbeiter mit höherem Rang größere Bedeutung für das Unternehmen haben, dass das Wort von Menschen mit höherem Rang mehr Gewicht hat, dass Achtung von niederen in höhere Ränge zu fließen hat.

Die Alten entsorgen. Die Gepflogenheit, eher die älteren als die jüngeren Mitarbeiter zu kündigen, ist ein Weg, den ein Unternehmen gehen kann. Der Leitung muss allerdings bewusst sein, dass die Kündigung von Mitarbeitern mit längerer Zugehörigkeit mehr Staub im Unternehmen aufwirbelt, als die Kündigung von erst kürzlich Eingestellten. Die Kündigung muss mit besonderer Wertschätzung und Würdigung der Leistungen geschehen.

Geld vor Idee. Das Wort des Finanzchefs hat auch in einem höchst innovativen Unternehmen mehr Gewicht als die guten Ideen der Marketingabteilung. Wird das anders gesehen, lebt das Unternehmen nicht sehr lange, denn es braucht in erster Linie finanzielle Stabilität und dann erst Ideen.

Der neue Chef. Ein Quereinsteiger als Chef steht vor einem systemischen Dilemma: Einerseits hat er als Chef seiner Abteilung einen höheren Rang, andererseits ist er aber der Jüngste in der Abteilung und hat insofern den niedersten Rang. Viele Probleme, denen sich Quereinsteiger anfangs gegenübersehen, resultieren aus dieser Thematik. Die Lösung des scheinbaren Dilemmas ist das so genannte „Führen von hinten“: Der Quereinsteiger ist Chef und würdigt gleichzeitig die Erfahrungen seiner Mitarbeiter, indem er sie in die Entscheidungen einbindet. Die letztgültige Entscheidung bleibt bei ihm, doch davor hat er seine Leute um ihren Rat gefragt und ihn einbezogen.

Der bessere Chef. Mitarbeiter, die von sich behaupten, der bessere Chef zu sein, verletzen das Prinzip der Rangordnung. Es kann sein, dass der

Chef zum Beispiel aufgrund fehlender oder falscher Informationen falsche Entscheidungen trifft. Dann ist der Mitarbeiter dafür verantwortlich, seinen Chef zu informieren. Wenn er allerdings (etwa im Kreis seiner Kollegen) behauptet, er hätte alles besser gemacht, dann ist das ein Thema, das rasch zwischen Chef und Mitarbeiter zu klären ist. Denn abgesehen davon, dass da jemand ist, der am Sessel des Chefs sägt (mit eventuellen Folgen für die Karriere), das böse Blut, das dadurch im Unternehmen entsteht, blockiert und bindet alle Energien. Und denken Sie immer daran: Jeder Chef hat einen Chef. Seien Sie also positives Vorbild im Umgang mit Ihrem Chef; Ihre Mitarbeiter tun es Ihnen gleich.

Das systemische Organigramm. Behalten Sie also stets den Rang im Auge, wenn es um Ihre Mitarbeiter geht. Beschreiben Sie in Ihrer Organisation die systemische Rangordnung nach den drei Kriterien, einige negative Dynamiken werden sich daraus erklären. Und nun wissen Sie ja, wie Sie damit umzugehen haben.

Vorrang von Systemen

Mutterunternehmen vor Tochterunternehmen. Das ältere System hat Vorrang vor dem jüngeren. Dieses Prinzip gilt anders als in der Familie, dort hat das jüngere Vorrang. Das hat evolutionär Sinn. Damit sich weitere Generationen bilden, brauchen die jungen Generationen den größten Schutz. In der Wirtschaft ist das Stammunternehmen die gesunde Basis. Wenn Tochtergesellschaften gebildet werden, sind diese oft noch in irgendeiner Form vom Stammunternehmen abhängig; wenn es dem aber nicht mehr gut geht, weil die Energie zu sehr in die Tochter gesteckt wurde, nehmen schließlich beide wirtschaftlichen Schaden.

Ausgleich zwischen Chef und Mitarbeiter

Geld gegen Arbeit. Unternehmen werden gegründet und geführt, um Nutzen zu schaffen. Der Unternehmer selbst, die Mitarbeiter, Kunden und Partner haben Vorteile. Für alle ist es ein Geben und Nehmen, das im Idealfall als ausgewogen empfunden wird. Der Unternehmer investiert, riskiert und arbeitet und erhält dafür Geld und eine Aufgabe, die ihn (hoffentlich) ausfüllt. Kunden zahlen und erhalten Waren oder Leistungen. Das gleiche gilt für Mitarbeiter: Eines der Ziele ausgewogener Personalwirtschaft ist es, den Ausgleich zwischen Arbeit und Bezahlung so zu gestalten, dass es für Unternehmen und Mitarbeiter akzeptabel ist. Doch jenseits dieses offensichtlichen Ausgleichs spielen noch andere Zahlungsmittel vor allem zwischen Chef und Mitarbeiter eine Rolle, die wir näher betrachten werden.

Wofür der Chef zu sorgen hat:

- Bezahlung, Zulagen, Provisionen. Entweder es steht in Ihrem Verantwortungsbereich, über die Höhe der Zahlung zu bestimmen, oder Sie nehmen Einfluss darauf, dass die Bezahlung der Leistung entspricht.
- Ausrüstung, Ausstattung, Hilfsmittel. Meist braucht der Mitarbeiter Ressourcen, um seine Leistungen zu erbringen. Nicht adäquate Ressourcen behindern und frustrieren den Mitarbeiter.
- Information (Unternehmensziele, Mission Statement, Neuerungen, neue Entwicklungen, Chancen und Risiken)
- Weiterentwicklung. Sie sind dafür verantwortlich, Ihren Mitarbeiter in seiner Entwicklung zu fördern: Sorgen Sie für die passende Herausforderung und geben Sie Gelegenheiten zu lernen.
- Anerkennung. Der Spruch „Ich sage schon, wenn mir was nicht passt" hat schon lange ausgedient. Der Mitarbeiter hat Anspruch auf Anerkennung.

Wofür der Mitarbeiter zu sorgen hat

- Leistung. Der Mitarbeiter tut, wofür er engagiert wurde, nach bestem Wissen und Gewissen.
- Loyalität. Er vertritt das Unternehmen nach außen positiv.

Kontostand. Das ist einer der Gründe, warum Chefs mehr Geld bekommen: Sie tragen mehr Verantwortung in Bezug auf den Ausgleich als ihre Mitarbeiter. Stellen Sie sich zyklisch die Frage: Habe ich meinen Beitrag gegenüber meinen Mitarbeitern geleistet oder ist mein Konto negativ belastet? In diesem Fall gilt: Wenn das Konto der Ein- und Auszahlungen auf null steht, haben Sie ganze Arbeit geleistet. Ihre Mitarbeiter danken es Ihnen.

Zusammenfassung

Erfahrungen aller Generationen von Adam und Eva im Blut – nutzen Sie das Know-how Ihres Blutes.

Vier Dynamiken prägen uns, abhängig von der Zahl der Menschen, mit denen wir beisammen sind:

- ***Psychodynamik:*** Der Mensch als Individuum, auf sich alleine gestellt.
- ***Dramadynamik:*** Der Mensch in kleinem Kreis (Lebensgemeinschaft, kleine Arbeitsgruppe)
- ***Rangdynamik:*** Der Mensch in der Gruppe (Arbeitsgemeinschaft, Abteilung)
- ***Systemdynamik:*** Der Mensch in der Großgruppe (Familien-Clan, Organisation, Unternehmen)

Psychodynamik

Wert erfüllt und doch nicht. Wenn das Erlebte Werte erfüllt und andere verletzt, neigen wir dazu, uns darüber Gedanken zu machen. Eine wesentliche Unterscheidung dabei st die zwischen Problem- und Lösungsorientierung.

Bäume fällen statt den Wald durchqueren. Wird das Ziel wegen zu intensiver Beschäftigung mit möglichen Problemen aus den Augen verloren, dann wird es wohl kaum erreicht werden.

Go-Fragen. Fragen, die Sie als Führungskraft sich selbst oder Ihren Mitarbeitern stellen können:

- Welche Auswirkungen hat der Fehler, das aufgetretene Problem?
- Welche für die Zielerreichung wichtigen Faktoren wurden beeinflusst?
- Durch welche Maßnahmen kann das Ziel trotzdem erreicht werden?
- Welche Ressourcen haben wir/brauchen wir, um diese Maßnahmen zu setzen?

- Wie können wir aus diesem Fehler/Problem lernen?
- Durch welche Maßnahmen kann das Problem beim nächsten Mal früher erkannt werden?
- Wurden im Projektplan/bei der Zieldefinition mögliche auftretende Probleme berücksichtigt?

Rangdynamik

Alpha. Das Gruppenmitglied, das der Gruppe die attraktivste Konfrontation mit einem äußeren Gegner bietet, wird zum ***Alpha*** der Gruppe. Die Ausprägungen sind:

- Narzistisches Alpha: stellt seine Fähigkeiten und seine Virtuosität als Alpha heraus
- Heroisches Alpha: zeigt sich als Beschützer der Gruppe und kämpft für die Gruppe
- Empathisches Alpha: spürt die Emotionen und kümmert sich um das Wohlergehen.

Betas. Sie stellen sich gerne an den Rand der Gruppe und haben auch Kontakt mit der Außenwelt. Die Ausprägungen sind:

- Rapport-Leader: betont die Gemeinsamkeiten und gibt in der Gruppe den Ton an
- Know-how-Leader: ist der Wissensspezialist und stellt der Gruppe das Wissen zur Verfügung.
- Ethik-Leader: stellt ethische Prinzipien für die Gruppe auf und sorgt dafür, dass alle sie beachten.

Gammas. Sie sind die Arbeiter im Team, jeder erfüllt seine ihm zugewiesene Aufgabe. Die Ausprägungen sind:

- Flexibles Gamma: ist kreativ, ideenreich, findet bei Problemen rasch Lösungsansätze.
- Aktives Gamma: packt die Dinge an, handelt im Sinne der Ziele.
- Sensibles Gamma: zeigt auf, wenn Dinge in die falsche Richtung laufen, erkennt Probleme früh.

Omegas. Sie repräsentieren den äußeren Gegner innerhalb der Gruppe. Die Ausprägungen sind:

- Nachzügler: ist von seiner Aufgabe in der Gruppe über- oder unterfordert.
- Distanzierter: stellt die Idee von Alpha in Frage stellt und äußert sich negativ über die Aufgabe.
- Anarcho: tritt offen gegen Alpha auf und versucht dabei Verbündete zu finden.

Die Rolle der Führungskraft. Jede Rolle hat Konsequenzen für den Führungsstil und die Gruppe:

- Führen als Alpha: Der Führungsstil ist ausgewogen, die Mitarbeiter sind mit ihrem Chef zufrieden.
- Führen als Beta: Der Stil ist technokratisch. Die Atmosphäre ist kühl und sachlich.
- Führen als Gamma: Der Stil ist konsensorientiert, die Mitarbeiter sind verunsichert und haltlos.
- Führen als Omega: Der Stil ist diktatorisch, die Gruppe ist zerrissen.

Was tun mit Omegas? Sie haben zwei Möglichkeiten:

- Omega zu Gamma machen. Bringen Sie Omegas in Kontakt mit den Gammas.
- Sich selbst zum Omega machen. Nehmen Sie die Omega-Entwicklung selbst vorweg.

Systemdynamik

Die systemischen Faktoren. Die Dynamik eines Organisations-Systems verlangt nach der Würdigung von drei Faktoren:

- Loyalität: Sie hat zwei Seiten, die Loyalität des Unternehmens zu seinen Mitarbeitern und des einzelnen Mitarbeiters zum Unternehmen.
- Ordnung: Das Firmensystem ist geordnet. Das Organigramm beschreibt die Hierarchien und die Aufgabenverteilung bestimmt Verantwortungen nach innen und außen

- Ausgleich: Auch er hat zwei Seiten, den Beitrag den die Mitarbeiter für das Unternehmen leisten und den Beitrag des Unternehmens für seine Leute.

Loyalität zwischen Chef und Mitarbeiter

Seien Sie konsequent. Wenn ein Mitarbeiter Unzulänglichkeiten des Unternehmens nach außen berichtet, hat damit seine Zugehörigkeit zum Unternehmen stillschweigend aufgegeben.

Die Mission kennen. Zur Loyalität des Unternehmens gehört auch Information: der Mitarbeiter sollte über das Mission Statement, die Ziele und Werte, die das Unternehmen gebildet hat, zumindest im Groben Bescheid wissen.

Ein Gehen und Kommen. Auch wenn die Kündigung auf einem Versagen oder einer Verfehlungen des Mitarbeiters basiert: Wenn Sie Mitarbeiter kündigen, dann tun Sie es mit Wertschätzung.

Die Loyalitäts-Frage. Stellen Sie sich als Chef wiederkehrend die Frage: Zeige ich mit dem was ich tue, Loyalität gegenüber meinen Mitarbeitern und gebe ihnen damit die Chance, selbst loyal zum Unternehmen zu sein?

Ordnung zwischen Chef und Mitarbeiter

Hierarchien. Folgende Rangordnung herrscht unter den Mitarbeitern eines Unternehmens:

- Rang durch die höhere Hierarchiestufe
- Rang durch die Bedeutung der Tätigkeit für das Unternehmen
- Rang durch die Dauer der Zugehörigkeit

Der neue Chef. Die Lösung für Quereinsteiger in Führungspositionen ist das so genannte „Führen von hinten“.

Der bessere Chef. Mitarbeiter, die von sich behaupten, der bessere Chef zu sein, verletzen das Prinzip der Rangordnung.

Mutterunternehmen vor Tochterunternehmen. Das ältere System hat Vorrang vor dem jüngeren.

Ausgleich zwischen Chef und Mitarbeiter

Wofür der Chef zu sorgen hat:

- Bezahlung, Zulagen, Provisionen
- Ausrüstung, Ausstattung, Hilfsmittel
- Information (Unternehmensziele, Mission Statement, Neuerungen, neue Entwicklungen, Chancen und Risiken)
- Weiterentwicklung
- Anerkennung

Wofür der Mitarbeiter zu sorgen hat:

- Leistung. Der Mitarbeiter tut, wofür er engagiert wurde nach bestem Wissen und Gewissen.
- Loyalität. Er vertritt das Unternehmen nach außen positiv.

9 LERNEN VON DEN BESTEN

Lernen Sie Geschichte und führen Sie „State of the Art“

DAS KOPIEREN DER AKTIVITÄTEN ANDERER ORGANISATIONEN
KLINGT FÜR MANCHE WIE INDUSTRIESPIONAGE,
DIE WAHRHEIT IST JEDOCH, DASS BENCHMARKING
ABSOLUT LEGAL UND ETHISCH VERTRETBAR IST.

WARREN BENNIS

Der Orientierungspunkt des Königs. Ein König wollte seinen Untertanen eine Freude bereiten und brachte von einer Reise eine Sonnenuhr mit. Da die Leute Uhren nicht kannten, veränderte das Geschenk ihr Leben: Sie begannen ihre Zeit einzuteilen, planten den Tag und koordinierten einander, sie wurden fleißiger und brachten es zu Reichtum und Wohlstand. Als der König starb, besprachen die Untertanen, wie sie die Verdienste des Verstorbenen würdigen könnten. Da die Sonnenuhr das Symbol für die Gnade des Königs und die Ursache des Erfolges der Bürger war, beschlossen sie, um die Sonnenuhr einen prachtvollen Tempel mit goldenem Kuppeldach zu bauen. Als der Tempel vollendet war und sich die Kuppel über der Sonnenuhr wölbte, erreichten die Sonnenstrahlen die Uhr nicht mehr. Der Schatten, der den Bürgern die Zeit gezeigt hatte, war verschwunden, der gemeinsame Orientierungspunkt, die Sonnenuhr verdeckt. Der eine Bürger war nicht mehr pünktlich, der andere nicht mehr zuverlässig, der dritte nicht mehr fleißig. Jeder ging seinen Weg. Das Königreich zerfiel.

Die Runde der Großen. Es gab sie schon immer, die Großen, die tief in die menschliche Seele blicken konnten und dort ablasen, wie sie zu führen ist. Zu allen Zeiten taten sich Menschen hervor und schafften es, Andere zu großen Leistungen zu bewegen. Keiner tat es dem Anderen gleich, jeder ging dabei seinen einzigartigen Weg. Jeder verpackte in seinem Tun eine Botschaft für uns; wir sollten uns nicht zu schade sein, diese Botschaften zu entdecken, jede aus einer anderen Zeit und damit anderem Nutzen. Gerade wenn es um Menschen geht, ist das Modernste nicht immer das Beste: Denn viel mehr Zeit konnte man früher damit zubringen, über Menschen nachzudenken. Setzen wir uns in die Runde gemeinsam mit den großen Chefs und lauschen wir ihren Botschaften, um da und dort etwas mitzunehmen für unser tägliches Handwerk als Führungskraft.

In diesem Kapital lernen Sie,

- welche Tricks die großen Chefs aller Zeiten beherrschten
- und wie Sie sich diese selbst zunutze machen können.

Niccolò Macchiavelli

Macht und Moral. Niccolò Macchiavelli war Politiker und Geschichtsschreiber in Florenz zu Zeiten der Medici. Er hatte wenig Gelegenheit, seine Führungsqualitäten unter Beweis zu stellen, doch er war ein außergewöhnlicher Beobachter und Denker. Macchiavelli starb 1527, sein Name gilt heute noch als Inbegriff von List, Heuchelei und Unwahrhaftigkeit. Als Henry Kissinger seine Philosophie in einem Interview in „The New Republic“ dargelegt hatte, merkte sein Gesprächspartner nach dem Gespräch an, ob Kissinger nicht von Macchiavelli beeinflusst sei, worauf sich Kissinger wortgewandt bemühte, diese Unterstellung zurückzuweisen. Macchiavellis Ruf scheint ungebrochen schlecht zu sein. Im Gegensatz zu vielen vor ihm lehrte er, dass Politiker bereit sein müssen, unmoralisch zu handeln. Ist das Dogma „Macht geht vor Moral“ Macchiavellis einzige Botschaft oder hat er uns in der Runde der Besten mehr zu sagen?

Führungspolitik. Machiavelli bemühte sich in seinen Schriften „Il Principe“ und „Discorsi“ um eine rationale Sicht der Politik und Geschichte, auf die sich präzise Verhaltensregeln gründen lassen. Der Titel „Il Principe – Der Fürst“ weist darauf hin, dass politisches und Führungsverhalten gleichermaßen Ziel seiner Ausführungen waren. Erlauben wir Macchiavelli den Beweis anzutreten, dass seine Erkenntnisse nicht bloß auf List, Heuchelei und Unwahrhaftigkeit beruhen sondern eine Botschaft sind für Manager unserer Zeit.

Eine führerlose Menge ist zu nichts nütze

Die römische Plebs hatte sich wegen eines bösen Vorfalls bewaffnet auf dem Heiligen Berg verschanzt. Der Senat schickte Gesandte, um zu erkunden, mit wessen Erlaubnis sie ihren Feldherrn verlassen hätten. Im Angesicht des Gesandten fand sich niemand, der hätte antworten wollen. Es fehlte ihnen nicht an Stoff zum Antworten, sondern eine Person, die im Stande gewesen wäre, für die Plebs zu sprechen. Dieser Vorgang zeigt, dass die Menge ohne Führung unfähig ist.

Ohne Chef kein Team. Teams ohne Teamleiter sind besonders in Non Profit Organisationen beliebt, aber auch sonst immer wieder anzutreffen. Indem man auf die Bestimmung eines Teamleiters verzichtet, meint man demokratische Strukturen zu etablieren, in denen jede Stimme gleich viel zählt. Oft ist Demokratie ein Vorwand dafür, sich einzugestehen, dass man es nicht schafft, einen Teamleiter zu nominieren – weil man meint, keinen zu finden, der Chef genug ist, weil die Mitarbeiter für einen Chef zu stark scheinen oder weil man nicht den Mut hat, selbst das Team zu leiten. Die Folge ist: Ein (oder mehrere) informeller Chef entwickelt sich, der versucht, die Gruppe zu führen, dabei von manchen akzeptiert wird, von anderen nicht. Die Mitarbeiter ergehen sich in strukturellen Grabenkämpfen und Positionsscharmützeln. Darüber hinaus sind die Gruppenmitglieder gezwungen, alle Entscheidungen im Konsens zu treffen, was meist endlose Diskussionen ohne Ergebnis zur Folge hat.

Primus und doch nicht. Eine fast noch schlimmere Variante davon ist das Modell des Chefs als „Primus inter Pares". Niemand weiß in diesem Fall, wann der Chef Chef (also Primus) ist und wann nicht (also inter Pares). Der Teamleiter kann jederzeit (bewusst oder unbewusst) entscheiden, ob er aus der Position des Chef oder des Gleichen unter Gleichen agiert. Die Mitarbeiter können das allerdings nicht nachvollziehen und wissen nicht, wie sie sich gegenüber dem Primus verhalten sollen. Daraus ergibt sich eine Vielzahl möglicher Konfliktkonstellationen.

Nicht führen, nur sprechen. Eine recht gebräuchliche und ebenso dramagefährdete Variante ist auch, keinen Chef sondern bloß einen Teamsprecher zu installieren. Dabei ist unklar, woher der Teamsprecher das Recht bezieht, mit der Außenwelt zu kommunizieren. Als Chef wäre es eindeutig, doch als Teamsprecher darf er nur das von sich geben, was vorher abgestimmt wurde. Streng genommen dürfte er nur vorher vereinbarte Sätze sprechen und auf alles darüber hinaus nicht antworten. Dafür braucht man allerdings keinen Teamsprecher, ein Papier oder ein Statement auf der Homepage tut dasselbe. Sobald er aber mehr sagt als vereinbart, gibt es Zwist in der Gruppe.

Ohne Chef ist Chaos. Die Natur des Menschen kann mit unklaren Strukturen schlecht umgehen. Seit Urzeiten sind wir durch Machtstrukturen geprägt. Gruppen haben einen Clanführer, Häuptling, Schamanen, Offizier oder Abteilungsleiter, der die Aktivitäten der Gruppe strukturiert, lenkt und die Gruppe nach außen vertritt. Es mag Führungsrivalitäten geben, doch die werden durch welche Methode immer entschieden und dann ist wieder klar, wer das Sagen hat. Fehlt diese Rolle, entsteht ein Machtvakuum. Wenn keine Prozesse definiert sind, um das Vakuum wieder auszufüllen (wie zum Beispiel die Wahl eines Papstes), entsteht Chaos, aus dem sich nur mehr zufällige und nicht mehr geordnete und auf einen gemeinsamen Zweck ausgerichtete Ergebnisse bilden.

Machen Sie keine Kompromisse. Denken Sie an Macchiavellis Satz: Eine führerlose Menge ist zu nichts nütze. Ein Team, das Sie neu zu bilden haben, braucht keinen Primus oder Kommunikator sondern einen Chef. Achten Sie darauf, dass er sich dabei nicht vor seiner Verantwortung drückt sondern seine Rolle auch ausfüllt. Das Team hat Anspruch darauf und dankt es Ihnen mit bester Performance.

Also sprach Macchiavelli

- An den Sünden der Völker sind deren Führer schuld.

  Es beschwere sich kein Regierender über die Sünden, die sein Volk begeht. Denn diese sind nur die Folgen seiner eigenen Nachlässigkeit oder davon, dass er den gleichen Lastern ergeben ist.

Wie der Chef so seine Mitarbeiter. Den Mitarbeitern vorzuwerfen, dass sie zu wenig teamorientiert sind und sich danach selbst ins stille Kämmerchen zurückzuziehen und die Tür von der Sekretärin bewachen zu lassen – das passt nicht zusammen. Macchiavelli sagte: „Und was der Herr tut, tun dann viele; denn alle Augen sehen auf den Herrn." Mitarbeiter wollen es dem Chef recht machen, er ist schließlich der Brötchengeber. Aus seinen Handlungen schließen sie, was „recht machen" bedeutet, und tun es ihm gleich. So wie Sie als Chef mit Ihren Mitarbeitern umgehen, werden diese mit ihren Kollegen und Mitarbeitern umgehen. Sie werden eine ähnliche Kommunikationskultur pflegen (als Information-Hider sollten Sie sich nicht wundern, wenn auch von anderen die Dinge hinter vorgehaltener Hand kommuniziert werden). Ihr Lob und Tadel transportiert nicht nur Inhalte sondern auch Form. Auch das wird man Ihnen gleich tun. Sie sind Vorbild, wundern Sie sich also nicht über Ihre „Nachbilder".

- So nützlich einer Republik die Anklagen sind, so verderblich sind ihr die Verleumdungen.

  Man darf zur Unterdrückung von Verleumdung kein Mittel scheuen. Zu ihrer Verhütung gibt es keine bessere Einrichtung, als den Anklagen ein weites Feld einzuräumen, da die Anklagen den Staaten ebensoviel nützen, wie Verleumdungen ihnen schaden. Zwischen beiden ist der große Unterschied, dass man bei Verleumdungen keinen Zeugen braucht und es überhaupt keine Möglichkeit zur Nachprüfung ihrer Richtigkeit gibt – sodass jeder von jedem verleumdet werden kann.

Kritik oder Feedback. Verleumdung oder destruktive Kritik ist schnell konstruiert, doch bevor man Feedback gibt, muss man nachdenken. Die Ingredienzien von Kritik sind: Die Handlung eines Kollegen wird herausgestrichen, negativ beurteilt und zu guter Letzt wird die negative Beurteilung verallgemeinernd über die kritisierte Person gestreut: „Also wie der mit seinen Leuten umgeht, ..., das ist doch kein Chef!" Verleumdung und Kritik braucht keinen Beweis, man kann immer behaupten, das Agieren eines Kollegen sei dilettantisch, unprofessionell, ungeschickt, dumm oder gemein. Die Konsequenz ist: Wenn diese Form der Kritik Schule macht, kann – wie Macchiavelli sagt – jeder jeden belasten. Jede destruktive Kritik, die Sie zulassen, stärkt das Drama-Potenzial und reduziert die Wahrscheinlichkeit konstruktiver Kooperation. Ihre Mitarbeiter rechnen damit, dass sie von Ihnen vor interner und externer destruktiver Kritik geschützt werden. Wenn Sie das leisten, erhalten Sie im Gegenzug Vertrauen und operative Leistung.

Alexander der Grosse

Groß und mächtig. Alexander der Große wurde 356 v.Chr. als Sohn des makedonischen Königs Philipp II. geboren. Sein Vater hatte Makedonien aus einem unbedeutenden Bauernstaat zur wichtigsten Militärmacht Griechenlands geführt und alle Stadtstaaten Griechenlands zu einem Bündnis unter seiner Führung gezwungen. Soweit die Fakten – vieles andere rund um Philipp und Alexander ist Legende. Plutarch erzählt, dass der wahre Vater von Alexander niemand geringerer als der Göttervater Zeus war, seine Mutter Olympias stammte angeblich von Achilles ab. Dass einer der Erzieher Alexanders Aristoteles war, gilt allerdings als bewiesen. Sein Vater Philipp soll zu ihm gesagt haben: „Geh, mein Sohn, such dir ein eigenes Königreich, das deiner würdig ist. Makedonien ist nicht groß genug für dich."

Ein würdiges Königreich. Alexander folgte später dem Rat seines Vaters, danach eroberte er das Perserreich – das damals immerhin die größte Territorialmacht der Erde war – und sicherte sich damit auch die Macht in Palästina, Mesopotamien, Ägypten und Anatolien und das ehemals persische Kernland bis Indien. Pläne zur Einnahme der arabischen Halbinsel, Khartagos und Roms scheiterten durch den Tod Alexanders. Er starb 323 v. Chr., offiziell an einem Fieber. Seine Schwächung durch Alkoholexzesse dürfte zu seinem Tod allerdings beigetragen haben.

Genie und Wahnsinn. Das militärische Genie Alexanders ist anerkannt, auch wenn es nach den Erkenntnissen moderner Forschung zum Teil berichtigt werden musste. Im menschlichen Bereichs Alexanders zeigen sich jedoch auch dunkle Seiten: brutale Machtausübung, Massaker an der Zivilbevölkerung, Trunksucht – und sein Hang zur Vergöttlichung seiner eigenen Person und seiner Freunde. Eines bleibt jedoch unbestritten: Alexander öffnete für die Griechen das Tor zur Welt und begründete den Hellenismus, durch den der Weg für das Römische Reich und das Christentum frei wurde.

Über den Horizont schauen

Nach der Schlacht von Issos (333 v.Chr., Entscheidungsschlacht im Krieg gegen Persien) sandte der Perserkönig Dareios einen Boten zu Alexander. Der überbrachte das Angebot, ihm alle Länder westlich des Euphrat zu übertragen, wenn Alexander auf die Weiterführung des Feldzuges verzichten würde. Parmenion, einer seiner Generäle, sagt zu Alexander: „Wäre ich Alexander, würde ich akzeptieren." Alexander antwortete: „Das würde ich auch, wäre ich Parmenion."

Maßlosigkeit. Das ist wohl eines der Geheimnisse großer Feldherren und Eroberer: Sie geben sich nicht mit ersten Erfolgen zufrieden, weil sie wissen, dass Stillstand immer Rückschritt bedeutet. Ihre Pläne gehen weit über das bereits Erreichte hinaus. Dazu braucht der Macher allerdings auch die Qualitäten des Kreativen.

Von Alexander zu modernen Unternehmensführern. Das bringt uns zurück zur Führung von Unternehmen: Ohne Maßlosigkeit im Setzen von Zielen wären viele der heute mächtigsten und reichsten Wirtschaftsbosse nicht so erfolgreich gewesen. Allerdings sind Unternehmen aller Größenordnung auch manchmal an der Maßlosigkeit der Unternehmensführer zu Grunde gegangen. Um die Grenze zwischen der notwendigen Maßlosigkeit zum Erreichen großer Ziele und der zerstörerischen Maßlosigkeit zu erkennen, ist Mentorenqualität notwendig: Die kritische Beobachtung eigener Pläne und eigener Erfolge.

Also sprach Alexander

- Größe braucht Stärke

Alexanders letzte Antwort auf die Frage, wem er sein Reich hinterlassen werde, soll gelautet haben: „Dem Stärksten von euch."

Stärke in der Führung. Alexander hatte gute Gründe für diese Anordnung: Ein großes Reich kann nur von einem starken Führer zusammengehalten und ausgebaut werden. Die Geschichte gab ihm Recht: Das Reich wurde unter mehreren Führern aufgeteilt und zerfiel sehr schnell. Für ein Unternehmen heißt das: Die Führungskraft muss nicht nur die notwendigen Fähigkeiten, sondern auch die notwendige Stärke besitzen, um von den anderen Hierarchieebenen akzeptiert zu werden. Das – und eine lange „Regierungszeit" – sichert Bestand und Ausbau. Ein Beispiel dafür ist der später in diesem Kapitel zu Wort kommende Jack Welch.

- Größe ist relativ

Es wird erzählt: Als Alexander in Korinth war, war Diogenes der Einzige, der nicht zur Begrüßung erschien. Alexander fand ihn in der Sonne liegen. Als er ihn fragte, ob er ihm einen Wunsch erfüllen könne, sagte Diogenes: „Einen kleinen: Geh mir etwas aus der Sonne.“ Alexander soll nachher gesagt haben: „Wenn ich nicht Alexander wäre, möchte ich Diogenes sein.“

Widerspruch. Ein wahrhaft kühner Ausspruch einem Alexander gegenüber, egal, ob Diogenes dabei in seinem Fass gelegen ist oder nicht. Die Reaktion von Alexander ist bedeutsam: Er maßregelt Diogenes nicht, sondern wünscht sich, so frei wie er sein zu können. Umgelegt auf die Hierarchie in Unternehmen heißt das: Wenn Widerspruch gegenüber einem Vorgesetzten angebracht ist, dann soll er auch mutig ausgesprochen werden.

- Den Vater übertreffen

Alexander soll noch zu Lebzeiten seines Vaters gesagt haben: „Mein Vater wird noch die ganze Welt erobern und mir nichts zu tun übrig lassen!“

Ehrgeiz und Maßlosigkeit. Systemisch betrachtet ist es nicht ungefährlich, als Kind seinen Vater übertreffen zu wollen – das stört die Rangordnung. Auf ein Unternehmen bezogen heißt das allerdings: Wenn eine neue Führungskraft nicht von Anfang an mehr und besseres erreichen will, wie der Vorgänger, ist sie fehl am Platz. Ehrgeiz ist notwendig – Maßlosigkeit kann allerdings (siehe oben) auch gefährlich werden.

- Die einfachste Lösung

Kurz vor Alexanders Abmarsch aus Gordion kam ihm Aristandros der Seher entgegen und erzählte ihm von dem Königswagen in der alten Burg, mit dem es eine besondere Bewandtnis habe: Wer den aus Bast der Kornelkirsche geknüpften Knoten, der das Joch mit der Deichsel verbindet, zu lösen vermöge, dem werde die Herrschaft über ganz Phrygien zufallen. Alexander zögerte keinen Augenblick, das Orakel zu erfüllen. Er schlug ihn mit dem Schwert entzwei und sagte: „Es kommt auf eines heraus, wie man ihn löst!“

Heiligt der Zweck die Mittel? Einerseits: Ein Führer muss schnell entschlossen handeln, diese Anweisung finden Sie nicht nur in Kriegsbüchern, sondern auch bei erfolgreichen Topmanagern. Er muss ein effektives und effizientes Mittel wählen, um ein Hindernis zu überwinden. Andererseits: Der Zweck heiligt nicht die Mittel. Manchmal mag es vielleicht genauso schnell gehen, einen Knoten zu lösen, ohne ihn zu zerstören.

■ Das Ende

Als Alexander die Größe seines Reiches erkannte, weinte er – es gab nichts mehr zu erobern.

Stillstand ist Rückschritt. Wenn ein Unternehmen groß geworden ist, darf es in seiner Entwicklung nicht stehen bleiben, denn Stillstand bedeutet immer – und besonders bei Konzernen – Rückschritt. Vermutlich weinen dann die Aktionäre statt Alexander.

Das Hagakure, der Weg des Samurai

Richtlinien und Weisheiten. Das Hagakure (japanisch, wörtlich: „Hinter den Blättern“) entstand zwischen 1710 und 1716 in Japan und ist auch als Ehrenkodex des Samurai bekannt. Autor ist Tsunetomo Yamamoto (*1659), der ein ehemaliger Samurai und späterer Zen-Mönch war. Bei diesem Werk handelt es sich um eine mehr als tausend kurze Abschnitte umfassende Sammlung von Weisheiten, Richtlinien, Verhaltensregeln und anderen Hinweisen, die das Leben eines Samurai betreffen. Erhalten sind nur Abschriften, das Original ist verschollen.

Die Samurai. Die Samurai waren die japanischen Krieger im vorindustriellen Japan. Sie standen an der Spitze der sozialen Hierarchie und genossen viele Privilegien. Andererseits wurde von ihnen erwartet, ein gutes Vorbild für die übrigen Bürger zu sein. Die wichtigsten Prinzipien eines Samurai waren uneingeschränkte Loyalität zu seinem Meister, strenge Selbstdisziplin und selbstloses, mutiges Verhalten.

Wehrhaftigkeit und Güte. Die Ethik der japanischen Kriegskunst beinhaltete Selbstzucht und Wehrhaftigkeit, aber auch Güte und Todesverachtung

– und vor allem unbedingte Treue gegenüber dem Fürsten. So enthielt das Hagakure auch Hinweise darauf, wie das Verhältnis zwischen Gefolgsmann und Fürsten zu regeln war. Auch das Hagakure wurde – wie viele Weisheitsbücher – missbraucht: Es enthält viele Stellen, die den Tod und die traditionelle Selbsttötung verherrlichen und wurde daher im 2. Weltkrieg von den Japanern zur Propagandazwecken und zur Motivation der Kamikaze-Piloten benutzt.

Das Annehmen von Ratschlägen

Wenn jemand dir einen guten Rat erteilt, solltest du diesen in tiefer Dankbarkeit annehmen, selbst wenn er nutzlos ist. Verhältst du dich nämlich nicht so, werden dir die Menschen bald nichts mehr sagen, auch wenn sie etwas über dich hören. Du solltest dich also derart benehmen, dass sie dir ihre Ansichten über dich leichten Herzens mitteilen können.

Zuhören. Diese Regel beinhaltet gleich zwei weise Ratschläge für Führungskräfte aller Hierarchieebenen. Der erste: Wenn ein Mitarbeiter zu Ihnen kommt, um Ihnen etwas zu sagen, dann hören Sie ihm zu. Es liegt bei Ihnen, seine Einwände und Ratschläge zu befolgen. Hören Sie ihm aber nicht zu, wird er nicht mehr kommen – und andere auch nicht. So erklärt sich so manches Stillschweigen bei „angeordneten" Diskussionen im Rahmen von Betriebsveranstaltungen.

Der zweite Rat: Viele Führungskräfte haben Probleme mit kritischen Bemerkungen, besonders wenn diese sie selbst betreffen. Allerdings: Wenn sich niemand mehr seine Meinung zu sagen traut, hat bald niemand mehr eine – und Sie als Führungskraft sind einsam.

Also sprach das Hagakure

- Rasches Handeln ist wichtig

  Sobald das Denken einsetzt, kommt das Zögern.

Aktion vor Analyse. Das Hagakure meint hier sicher nicht, dass man gedankenlos Aktionen setzen soll. Was aber sicher gemeint ist: Zu langes Denken verzögert manche Handlungen und macht sie nutzlos. Angewandt auf das Management: Verschwenden Sie nicht zuviel Zeit mit Analysen der Vergangenheit – setzten Sie Aktionen.

- Aus Fehlern lernen

Einem Mann, der nie einen Fehler machte, kann man nicht trauen.

Fehler nicht vertuschen. Dieser Leitsatz findet sich bei vielen erfolgreichen Unternehmensführern wieder. Nur wenn Fehler zugelassen sind, kann man lernen. Das trifft auf die Führungskräfte genauso zu wie auf die Mitarbeiter. Abgesehen davon: Fehlerfreiheit ist bei menschlichen Aktionen sowieso unmöglich. Mitarbeiter, die Fehler vertuschen – und das meint das Hagakure mit diesem Leitsatz –, sind schlechte Mitarbeiter. Allerdings muss eine offene Unternehmenskultur und Ihr Verhalten als Führungskraft dazu beitragen, dass Fehler zugegeben werden dürfen.

- Es gibt Dinge, die sind zu wichtig, um sie ernst zu nehmen

Dinge von großer Bedeutung soll man mit Leichtigkeit angehen. Dinge von geringerer Bedeutung soll man mit Ernsthaftigkeit angehen.

Der Unterschied. Das ist keine Aufforderung, Aktionen im Unternehmen auf die leichte Schulter zu nehmen. Es muss allerdings zwischen allzu großer und verbissener Ernsthaftigkeit und der notwendigen Leichtfüßigkeit bei der Erledigung wichtiger Dinge unterschieden werden. Fehlt diese Leichtigkeit, gehen gerade wichtige Aktionen schief, werden gerade wichtige Entscheidung falsch getroffen.

- Herausforderungen annehmen

Wenn man auf schwierige Situationen trifft, soll man mit Tapferkeit und Freude vorwärts stürmen. So wie es das Sprichwort sagt: Je mehr Wasser es gibt, desto höher schwimmt das Boot.

Lust und Freude. Das ist eine Aufforderung, Herausforderungen anzunehmen, und das sogar freudig. Sie werden einwenden, dass Sie genug Herausforderungen haben? Einfach zum Nachdenken: Wie oft nehmen Sie diese freudig an? In der Freizeit ist das selbstverständlich – etwa beim Klettern, Surfen, Marathon laufen –, warum nicht auch im Unternehmen? Leben Sie es Ihren Mitarbeitern vor, dass Herausforderungen auch lustvoll gemeistert werden können – und noch dazu mit weniger Energieaufwand.

- Schnelligkeit zählt

  Ein Krieger ist ein Mensch, der rasch handelt.

Macher sind gefragt. Im ersten Zitat haben Sie ja schon gelesen, dass Sie ohne zu zögern handeln sollen. Hier wird das nochmals betont. Das hat auch etwas mit fehlender Angst von Fehlern zu tun. Ein ähnliches Zitat finden Sie später in diesem Kapitel bei Peter Drucker: Es ist wichtiger, das Richtige zu tun, als etwas richtig zu tun.

Carl von Clausewitz

Ein bürgerlicher Adeliger. Carl von Clausewitz wurde 1780 als Sohn bürgerlicher Eltern in der Nähe von Magdeburg geboren. Das „von" in seinem Namen wurde erst sehr spät – 1827, 4 Jahre vor seinem Tod – legalisiert, in dem er geadelt wurde. Er trat bereits als 12-Jähriger in die preußische Armee ein. Im Alter von 38 Jahren wurde er Generalmajor, 1831 starb er in Breslau an der Cholera.

Vom Krieg zur Unternehmensführung. Clausewitz wurde vor allem durch sein unvollendet gebliebenes Hauptwerk „Vom Kriege" weltweit bekannt. Clausewitz unterscheidet zwischen Strategie und Taktik, zwischen Ziel, Zweck und Mitteln. Die darin enthaltenen strategischen und taktischen Grundlagen werden auch heute noch gelehrt und auf andere Anwendungsbereiche wie die Unternehmensführung angewandt. Das Win-Win-Prinzip geht auf seine Bündnistheorie zurück. Auch Henry Kissinger bezog sich oft auf die Ausführungen von Clausewitz und kommentierte sie.

Ein Missverständnis. Clausewitz wurde aber auch missverstanden: Seine Aussage „Der Krieg ist eine bloße Fortsetzung der Politik mit anderen Mitteln" ist keine Aufforderung zur Gewalt, sondern sagt lediglich aus, dass sich – aus der Sicht des frühen 19. Jahrhunderts – das Militär der politischen Führung unterzuordnen hat. Clausewitz war der Erste, der so genannte „Moralische Größen" in die Kriegstheorie eingeführt hat: Das waren „weiche Faktoren" wie der „Geist" des Heeres oder der „Genius", die den Ausgang einer Schlacht mitentscheiden. Parallelen zur modernen „Corporate Identity" eines Unternehmens sind nicht zufällig.

Gewissheit und Ungewissheit

Obgleich sich unser Verstand immer zur Klarheit und Gewissheit hingedrängt fühlt, so fühlt sich doch unser Geist oft von der Ungewissheit angezogen. Statt sich mit dem Verstande auf dem engen Pfade philosophischer Untersuchung und logischer Schlussfolgen durchzuwinden, um – seiner selbst sich kaum bewusst – in Räumen anzukommen, wo er sich fremd fühlt, und wo ihn alle bekannten Gegenstände zu verlassen scheinen, weilt er lieber mit der Einbildungskraft im Reiche der Zufälle und des Glücks. Statt jener dürftigen Notwendigkeit, schwelgt er hier im Reichtum von Möglichkeiten; begeistert davon, beflügelt sich der Mut, und so wird Wagnis und Gefahr das Element, in welches er sich wirft, wie der mutige Schwimmer in den Strom.

Anregung und Erregung. Das Ungewisse, das Fremde regt die Phantasie an und beflügelt. Ein ähnliches Zitat gibt es von Leonardo da Vinci lange vor Clausewitz: „Wenn man fleckige Wände ansieht, macht man die ungewöhnlichsten Entdeckungen, … denn der Geist wird immer durch unbestimmte Dinge angeregt." Der Reichtum der Möglichkeiten regt an und erregt – im positiven Sinn. Außer unser logischer Verstand schlägt zu, dann wollen wir Gewissheit.

Also sprach Clausewitz

- Selbsterfüllende Prophezeiungen

  In der Regel ist jeder geneigt, das Schlimme eher zu glauben als das Gute; jeder ist geneigt, das Schlimme etwas zu vergrößern, und die Gefährlichkeiten, welche auf diese Weise berichtet werden, ob sie gleich wie die Wellen des Meeres in sich selbst zusammensinken, kehren doch wie jene ohne sichtbare Veranlassung immer von neuem zurück.

Die Lust fehlt. Es ist offensichtlich zutiefst menschlich, an das Schlechte zu glauben. Sie kennen das sicher auch aus Ihrem Unternehmen: Gerüchte über negative Dinge – Personalabbau, Einsparungen, steigende Verluste – machen weit schneller die Runde als Jubelnachrichten. Und sie werden auch eher geglaubt. Das hat etwas mit der generellen Angst vor Veränderungen zu tun, aber auch mit dem Fehlen von Lust am Arbeitsplatz. Wenn Sie als Führungskraft ein lustförderndes Unternehmensklima schaffen, wird es auch diese sinnlose Verstärkung des Negativen viel seltener geben.

- Schlüsselfaktoren für den Erfolg

  Die moralischen Hauptkräfte sind: Die Talente des Feldherrn, kriegerische Tugend des Heeres, völkischer Geist desselben.

Einfach zum Erfolg. Eine der Aufgaben einer Führungskraft ist es, die (Arbeits-)Moral im Unternehmen zu verbessern. Hier haben Sie das Rezept eines Kriegsstrategen: Wesentlich sind Ihre Fähigkeiten als Führungskraft, die Qualifikation Ihrer Mitarbeiter und eine dazupassende, gelebte Corporate Identity – so einfach ist das.

- Noch einmal: Handeln

  Wenn wir auch nicht sicher wissen, wie eine Handlung ausgeht, so müssen wir doch handeln, denn sonst kommt es zu keiner Veränderung. Ein Fehlgreifen in der Wahl der Mittel ist besser, als nichts zu tun.

Das Tun. Da haben wir es wieder: Handeln ist wichtig, und Fehler sind Lernerfahrungen, kein Hindernis. Auch wenn das vermutlich der Schrecken aller Qualitätsmanager ist, sollten Sie als Manager dieses Denken fördern. Im Abschnitt über Bill Gates werden wir Ihnen noch deutlich machen, wie erfolgreich man sein kann, obwohl – oder weil – man viele Fehler macht.

- Mitarbeiter wollen gefordert werden

  Je mehr ein General von seinen Truppen zu fordern gewohnt ist, desto besser werden seine Forderungen erfüllt werden.

Lust an Leistung. Felix von Cube, ein deutscher Verhaltensforscher, spricht von „Mitarbeiterführung durch Lust an Leistung“. Was er damit meint: Wenn man es schafft, dass Mitarbeiter Leistung nicht als Anstrengung sehen, sondern lustvoll erleben, steigen Effektivität und Effizienz. Er führt drei Voraussetzungen an, damit an einem Arbeitsplatz diese Lust an der Leistung entstehen kann: Den „Flow“, den er die „Lust des Neugierdetriebs“ nennt, als Mittel gegen Routine, Stress und Angst, die Anerkennung, die er die „Lust des Aggressionstriebes“ nennt, als Mittel gegen den Frust und den

„Dienst nach Vorschrift“, die Zugehörigkeit, die er die „Lust des Bindetriebes“ nennt, als Mittel gegen Misstrauen und für Gemeinsamkeit.

- Mut zur Veränderung

  Ohne Mut und Entschlossenheit kann man in großen Dingen nie etwas tun, denn Gefahren gibt es überall.

Stillstand bedeutet Tod. Die Angst vor Veränderungen geht weit zurück bis in die Urgeschichte des Menschen. Damals war sie noch gerechtfertigt – gab es ein anderes Geräusch, einen anderen Geruch, dann bedeutete das Gefahr. Heute ist sie als Hindernis gegen Veränderungen im Unternehmen geblieben. Gerade Sie als Führungskraft müssen mutig und entschlossen vorausgehen, wenn es gilt, Veränderungen im Unternehmen nicht nur anzuregen, sondern auch zielgerichtet durchzuführen. Ein Unternehmen, das sich nicht verändert, ist tot.

Sunzu

Kunst und Krieg. Sunzu (auch Hsün-Tsu, Sun-Tsu oder Sunzi geschrieben) war ein chinesischer General und Militärstratege des 6. und 5. Jahrhunderts v. Chr. Er wurde ca. 530 v.Chr. als Sohn eines chinesischen Adeligen geboren – viel mehr ist von seinem Leben nicht bekannt. Sein Buch „Die Kunst des Krieges“ gilt jedenfalls als frühestes Buch über Strategie und hat bis heute Bedeutung. Angeblich war Sunzu an einer Reihe von Feldzügen beteiligt, war also auch ein Praktiker. Über die Art seines Todes ist nichts bekannt.

Vorsicht. „Die Kunst des Krieges“ ist im Vergleich zu Clausewitzs „Vom Kriege“ ein schmales Buch – gerade einmal 13 kurze Kapitel. Lange Argumentationsketten und Begründungen werden von ihm durch Postulate und Aphorismen ersetzt. Das Buch ist taoistisch beeinflusst, aus demselben Zeitraum stammt das „Tao Te King“ von Lao Tse, der aber im Gegensatz zu Sunzu vermutlich keine reale Person war. Dieses Buch ist eher eine Anleitung zur Kriegsvermeidung als zur Kriegsführung. Es war chinesische Tradition, jeder kriegerischen Auseinandersetzung vorsichtig gegenüberzutreten.

Abstraktionsvermögen. Wie immer bei chinesischen Texten ist die Übersetzung ein Problem. Trotzdem wurde sie bereits im 18. Jahrhundert – interessanterweise durch einen Jesuiten – versucht und angeblich auch von Napoleon benutzt. Aus heutiger Sicht benötigt der Text gutes Abstraktionsvermögen – dann ist er durchaus zeitlos. Sunzu hat mit Clausewitz eines gemeinsam: Auch heute werden seine Ansätze noch in Militärakademien und Managementschulen gelehrt.

Die fünf Wege zum Sieg

Es gibt also fünf Wege, die erkennen lassen, wer siegen wird: Jene, die wissen, wann sie kämpfen und wann sie nicht kämpfen sollen, werden siegen. Jene, die unterscheiden, wann sie viele und wann sie wenige Truppen einsetzen sollen, werden siegen. Jene, deren obere und untere Ränge die gleichen Ziele verfolgen, werden siegen. Jene, die dem Unvorbereiteten vorbereitet entgegentreten, werden siegen. Jene, deren Generäle fähig sind und nicht von ihrer Regierung behindert werden, werden siegen. Dies sind die fünf Wege, die erkennen lassen, wer siegen wird.

Die fünf Wege zum Unternehmenserfolg. Die Analogien im Unternehmen sind nahe liegend:

- Jene Unternehmen, die ihre Aktionen zur Markterweiterung nach strategischen Überlegungen terminisieren, werden erfolgreich sein.
- Jene Unternehmen, die sorgsam und gezielt mit ihren Ressourcen umgehen, werden erfolgreich sein.
- Jene Unternehmen, deren Mitarbeiter quer durch alle Hierarchien ein gemeinsames Ziel verfolgen, werden erfolgreich sein.
- Jene Unternehmen, die durch Innovation und Ausbildung ihrer Mitarbeiter die notwendigen Vorbereitungen getroffen haben, werden erfolgreich sein.
- Jene Unternehmen, deren Führungskräfte fähig sind und in ihrer Arbeit nicht durch den Unternehmer oder den CEO behindert werden, werden erfolgreich sein.

Also sprach Sunzu

- Drei Wege im Umgang mit Feinden

  Der beste Weg ist es, die Strategie des Feindes zu vereiteln. Der zweitbeste Weg ist es, die Bündnisse des Feindes aufzubrechen. Erst dann soll gekämpft und gesiegt werden.

Konflikte vermeiden. Hier zeigt sich deutlich, dass Sunzu kriegerische Auseinandersetzungen vermeiden will. Auch bei Konflikten im Unternehmen ist das der bessere Weg: Konflikte zu transformieren braucht weit weniger Energie, als einmal ausgebrochene Konflikte zu managen.

- Der Sieg liegt nicht in der Schlacht.

  In all deinen Schlachten zu kämpfen und zu siegen ist nicht die größte Leistung. Die größte Leistung besteht darin, den Widerstand des Feindes ohne einen Kampf zu brechen

Konfliktfreies Klima. Und gleich noch einmal: Wenn Sie als Führungskraft ein konfliktfreies Klima im Unternehmen schaffen, sind sie der wirkliche „Sieger". Manager, die dadurch persönliche Siege erringen, dass sie Konflikte schüren und dann als Gewinner hervorgehen, schaden dem Unternehmen.

- Kein Leben ohne Tod.

  Der Krieg ist ein großes Wagnis, Ausgangspunkt für Leben und Tod, Weg zum Weiterbestehen.

Stagnation. Auch wenn Sunzu vor dem Krieg warnt, macht er trotzdem – im übertragenen Sinn – dessen Bedeutung für Leben und Über-Leben deutlich: Wenn es keinen Tod gäbe, gäbe es auch kein (neues) Leben. Auch Konflikte im Unternehmen haben ähnliche Auswirkungen, wenn sie konstruktiv ausgetragen und zu einem positiven Ende gebracht werden. Ein völlig konfliktloses Unternehmen stagniert.

- Rasch handeln

  Daher habe ich von Unternehmungen gehört, die zwar ungeschickt, aber schnell waren, aber ich habe nie eine gesehen, die geschickt und langwierig gewesen wäre.

Zielgerichtetes Handeln. Hier haben wir es wieder, wie Sie es schon bei Clausewitz gelesen haben und später in diesem Kapitel bei Jack Welch und Peter Drucker lesen werden: Rasches Handeln ist wichtig – langwierige Strategien führen selten zum Ziel.

- Halbe Erfolge gibt es nicht

  Du musst mit einer Strategie, die auf einen vollständigen Sieg ausgerichtet ist, nach der Überlegenheit in der Welt streben.

Exzellenz. Alexander der Große kann diesen Leitsatz von Sunzu nicht gekannt haben – aber er hat sich nach ihm gerichtet: Genauso, wie man keine „Halben Siege" erringen kann, kann man auch nicht „halb erfolgreich sein". Wird eine erfolgreiche Unternehmensstrategie abgebrochen in der Meinung, sowieso schon genug erreicht zu haben, dann schlägt der Mitbewerb zu. Ziel muss immer die Exzellenz auf einem Gebiet sein.

Jack Welch

Profit. Jack (eigentlich John Francis) Welch wurde 1935 in Massachusetts geboren – weltbekannt wurde er als CEO von General Electric. 1981 trat er an die Spitze des damals in Schwierigkeiten geratenen Unternehmens. Sein Konzept war es, verlustbringende Unternehmensteile zu verkaufen oder zu schließen – so machte er den Konzern bis zu seinem Ausscheiden 2002 zu einem profitablen Unternehmen. Die Financial Times nannte ihn den härtesten Manager der Welt.

Shareholder Value und Neutronenbombe. Welch ist einer der erfolgreichsten, aber auch einer der umstrittensten Manager der USA. Er wird „König des Shareholder Values" genannt – der Börsewert von GE stieg während seiner Amtszeit immerhin von 12 Milliarden auf 400 Milliarden Dollar. Weniger schmeichelnd ist sein Spitzname „Neutronen Jack". Eine Neutronenbombe wirkt so: Menschen verschwinden, Gebäude und Maschinen bleiben stehen. Immerhin mussten während seiner Zeit als CEO mehr als 10.000 Mitarbeiter das Unternehmen verlassen.

Das Potential der Mitarbeiter. Dem Gegenüber steht – wie in allen diesen Fällen – der berechtigte Einwand, dass ein bankrott gegangenes Unternehmen in allen Fällen mehr Arbeitsplätze kostet als ein mit diesen Mitteln saniertes. Abgesehen davon, dass über die Bedeutung des Shareholder Values in börsennotierten Unternehmen kaum diskutiert werden kann. Nach Welchs Aussage sind für ihn die Auswahl, die Motivation und die differenzierte Förderung der Mitarbeiter wichtige Faktoren.

Widerstände verringern

... aber wir wissen eins: dass wir Entwicklungen schneller antizipieren müssen und schneller darauf reagieren müssen. Doch wie machen wir das, schneller zu werden? Was hindert ein Unternehmen daran, das Tempo zu erreichen, das es braucht? Um ein Hochleistungsflugzeug zu entwickeln, arbeiten die Ingenieure unablässig daran, Teile, die herausragen und Luftwiderstand produzieren würden, zu beseitigen oder zu glätten. Das Ergebnis ist ein klares Design, womit man rasch vorankommt und reibungslos durch die Luft gleitet. In einem Unternehmen kommen die Luftwiderstände von den Abgrenzungen – von den Barrieren, die zwischen den Funktionen wachsen wie beispielsweise zwischen Finanzen und Marketing und Herstellung, die von der wirklichen Mission abhalten, dem Kundendienst.

Barrieren abbauen. Diesem Text ist eigentlich nichts mehr hinzuzufügen: Barrieren im Unternehmen senken die Effizienz, erhöhen Kosten und Risiko. Der Abbau solcher Barrieren – sei es zwischen den Bereichen, aber auch zwischen der Hierarchieebenen – muss daher die vordringlichste Aufgabe des Management sein, wenn das Unternehmen schnell und flexibel reagieren soll. Ein Mittel zum Abbau solcher Barrieren ist zielgerichtete Kommunikation.

Also sprach Jack Welch

- Spaß statt Bürokratie

  Bekämpft die Bürokratie im Unternehmen! Hasst sie! Tretet sie in den Hintern! Brecht sie! ... Wir werden die Befreiung von den Fesseln der Bürokratie durch alle Hierarchiestufen treiben. Die Leute sollen endlich wieder Spaß an der Arbeit haben.

Wieder die Lust. Hätten Sie das von einem „harten Burschen“ wie Jack Welch gedacht? Er erkannte die Wichtigkeit der Lust als Antriebsfaktor und macht deutlich, dass nur durch radikalen Abbau der Bürokratie dieser notwendige Spaß an der Arbeit erreicht werden kann. Hier ist er mit dem Hagakure, aber auch mit Bill Gates und Felix von Cube einer Meinung.

- Durch Fehler lernen

  Wir haben in unseren Geschäftsfeldern genug kritische Masse, Fehler zu überstehen – ich hab' mir schließlich auch ein paar große Dinger geleistet.

Lernen. Auch diesem Text ist nichts hinzuzufügen – Fehler bestraft man nicht, aus Fehlern lernt man.

- Rasches Handeln ist wichtig

  Wenn du etwas als richtig erachtest, dann tu es – und zwar sofort.

Handeln zählt. Damit ist Jack Welch mit vielen alten und neuen Weisen einer Meinung: Das Handeln zählt.

- Kreativität ermöglichen

  Ich ermutige den Menschen, kühn zu träumen, Visionen zu entwickeln.

Eine Vision ist kein Krankheitssymptom. Diese Aussage mag überraschen. Es soll harte Manager geben, die Visionen zu den Krankheiten zählen. Jack Welch weiß, dass nur durch Träume und Visionen die notwendige Kreativität für Innovationen ermöglicht wird.

- Das Potential der Mitarbeiter

  Gerade in Zeiten des Wettbewerbs ist die Entwicklung des Potentials der Mitarbeiter wichtiger denn je.

Ausbildung. Damit steht Jack Welch im Gegensatz zu so manchem Unternehmen, das zuerst bei der Ausbildung seiner Mitarbeiter spart. Er hat erkannt, dass gute Ausbildung die beste Investition ist. Das gilt ganz besonders in Zeiten des Personalabbaus.

Peter Drucker

Management und Ethik. Peter Drucker wurde 1909 in Wien geboren, er ist 1937 nach Amerika ausgewandert. Er gilt als einer der Pioniere der Managementlehre. Seit den 40er Jahren des 20. Jahrhundert publizierte er in eine Vielzahl von Standardwerken. Viele heute übliche Managementbegriffe wurden von ihm geprägt. Seine Werke sind international anerkannt und waren immer ihrer Zeit voraus. Peter Drucker gilt als Pionier des Wissensmanagements. Er betont die Wichtigkeit der ethisch-sozialen Komponente in Unternehmen.

Die Stärken stärken statt die Schwächen schwächen

Zweck und Ziel der Organisation ist es, die Stärken des Menschen produktiv zu machen und ihre Schwächen unwesentlich.

Unwesentliche Schwächen. Ein wichtiges Ziel bei der Führung eines Unternehmens ist es, die Stärken der Mitarbeiter und damit des Unternehmens zu erkennen und zu stärken. Das klingt logisch – wird aber oft genug missachtet. Anstrengungen werden unternommen, Ressourcen investiert, um eine Schwachstelle im Unternehmen „etwas weniger schwach" zu machen. Es ist ein großer Unterschied zwischen „wie wollen den Verlust vermeiden" und „wie wollen Gewinn machen". Hat ein Unternehmen genug Stärken, werden die Schwächen unwesentlich.

Also sprach Peter Drucker

- Veränderung ist notwendig

  Wirtschaft ist wie ein Fahrrad: Es hält nur die Balance, wenn es fährt.

Erfolg heißt Veränderung. Man kann es gar nicht oft genug wiederholen: Wer im Erfolg stehen bleibt, verliert. Ein Unternehmen, das sich nicht verändert, verliert auch. Auf seinen Erfolgen kann man sich nicht ausruhen, sonst werden es Misserfolge.

- Ohne Übung geht es nicht

  Was man zur Effektivität braucht, ist eine durch Übung gewonnene Kompetenz.

Exzellenz. Ein neuer Faktor kommt ins Spiel: die Übung. Wahre Exzellenz erreicht man zwar durch Lust an der Leistung, aber auch Übung ist notwendig. So wird aus bewusster Kompetenz unbewusste Kompetenz und Exzellenz.

- Funktion

  Nichts Kompliziertes funktioniert. Nur simple Dinge funktionieren.

Simple Maßnahmen. Ein einfaches Prinzip, das Führungskräfte in jeder Art von Unternehmen beherzigen sollten. Komplizierte Strategien sind langwierig und behindernd, simple Maßnahmen fördern des rasche Handeln.

- Zwischen den Worten hören

  Das Wichtigste an einem Gespräch ist zu hören, was nicht gesagt wurde.

Kommunikation. Wie aus einem Lehrbuch für effiziente Kommunikation: Nicht die Worte machen es aus, sondern das, was „zwischen den Worten" steht. Albert Mehrabian hat nachgewiesen, dass die Worte allein nur 7% der Wirkung einer Botschaft ausmachen, der viel größere Rest stammt aus der Wortmelodie und den nonverbalen Anteilen. Wessen Wahrnehmungsvermögen gut genug ist, um „zwischen den Worten zu hören", wird den wahren Inhalt einer Botschaft verstehen.

- Das WAS steht vor dem WIE

  Es ist wichtiger, das Richtige zu tun, als etwas richtig zu tun.

Nichts tun hat keine Wirkung. Auch das hatten wir schon mehrmals: Es ist wichtig, *was* man tut. Geschehen dabei Fehler, kann man daraus lernen. Man kann Fehler ganz einfach dadurch vermeiden, dass man *nichts* tut. Dann erzielt man allerdings keine Wirkung.

BILL GATES

Der reichste Manager. Der 1955 in Seattle geborene Gründer von Microsoft ist der reichste Mann der Welt. Im Alter von 13 Jahren begann er, Computer zu programmieren – das ist zwar heute nichts Außergewöhnliches, 1968 war es das allerdings schon. 1975 gründete er zusammen mit Paul Allen Microsoft – und brach sein Studium in Harvard ab. Bill Gates widmet sich nach wie vor der Entwicklung neuer Produkte.

Erfolgreich Fehler machen. Niemand – auch Gates selbst nicht – kann behaupten, dass Windows in irgendeiner Phase seiner Entwicklung ein fehlerfreies Produkt war. Auch Betriebssysteme mit graphischen Oberflächen gab es bei Apple schon früher. Dass Windows den rasanten Aufstieg von Microsoft möglich machte, liegt vielmehr in der Flexibilität des Konzerns, auch falsche Strategien zu erfolgreichen zu verwandeln – und Macht im Markt der Betriebssysteme und der Software aufzubauen. Wesentlich war und ist auch die Fähigkeit, aus Fehlern zu lernen und auch daraus Vorteile zu erreichen.

Der andere Bill. 2000 gründet er zusammen mit seiner Frau Melinda die „Bill & Melinda Gates Foundation“ mit dem Fokus auf globale Gesundheit und Ausbildung. 2004 wird ihm dafür der „Spirit of Philantropy Award“ der Community Foundation of Silicon Valley verliehen.

Weitblick

> *Als der Pflug erfunden wurde, haben einige gesagt, das ist schlecht, dasselbe war der Fall beim Buch, beim Telefon, beim Auto, beim Fernsehen und bei fast jeder neuen Technologie. Das war immer so und wird immer so sein. Die nächste Generation hat die neue Technologie dann aber jedes Mal fast schon als völlig selbstverständlich betrachtet.*

Missachtung zeichnet aus. Neue technische Entwicklungen wurden und werden immer unterschätzt. Das war nicht nur bei Buchdruck, Telefon und Auto so, sondern auch bei der Eisenbahn, bei der Glühbirne – und vermutlich schon bei der Erfindung des Rades. Auch die Welt der Informatik blieb davon nicht verschont, wie Bill Gates nur zu gut selbst weiß. Je bedeutender eine Erfindung, eine Neuheit ist, desto weiter ist sie vom Vorstellungsvermögen der Menschen entfernt. Diese Missachtung zeichnet also besonders bahnbrechende Erfindungen und deren Schöpfer aus.

Also sprach Bill Gates

- Doch kein Weitblick?

  640 KB (Arbeitsspeicher) sollten eigentlich genug für jeden sein.

Vom Kilobyte zum Megabyte. Diese Aussage, die Bill Gates 1981 gemacht hat, als bereits der PC seinen Siegeszug begonnen hatte, schließt direkt an das obige Zitat an. Auch der Weitblick und die Phantasie eines Top-Managers, der schon damals am Beginn seines Erfolges stand, reichte nicht aus. Heute sind aus der damals prognostizierten Grenze von 640 Kilobyte einige hundert Megabyte geworden, und das bei ganz gewöhnlichen Heim-PCs. Und gerade Windows hat diese Entwicklung beschleunigt. Eines war allerdings an Bill Gates Aussage von 1981 richtig: MS-DOS konnte maximal 640 kb Arbeitsspeicher handhaben.

Zweifel an der Genialität. Bedeutet das, dass Bill Gates gar kein so großer Stratege und Visionär war, wie es scheint? Auch bei der Bedeutung des Internets hat er ja voll danebengeraten. Bill Gares hat dadurch aber eines deutlich gemacht: Wenn man bereit ist, aus Fehlern zu lernen und genügend Flexibilität mitbringt, seine Vorgangsweise gegenüber früheren Überzeugungen zu ändern, ist man auch dann erfolgreich, wenn man Fehler macht. Wie haben wir es schon im Harakure gelesen: „Einem Mann, der nie einen Fehler machte, kann man nicht trauen."

- Das digitale Universum meistern

  Nur Führungskräfte, die das „digitale Universum" meistern, werden Vorteile vor der Konkurrenz erreichen.

Universelle Erfolge. Spät, aber doch, hat Bill Gates die Bedeutung des Internets erkannt, und dieses Medium besser als jeder andere für seine Erfolge benutzt. Diesen Satz sollten jene Führungskräfte über den Schreibtisch hängen, die meinen, sie seien „zu hoch in der Hierarchie" oder „zu alt", um sich um solchen neumodischen Kram zu kümmern. Sie meinen, bei einer Führungskraft gibt es das nicht? Es gibt noch immer Topmanager, die keinen PC am Schreibtisch stehen haben, und deren E-Mails die Sekretärin nach Diktat schreibt. Vermutlich sterben sie bald aus.

■ Der andere Bill Gates

Philantropie hat für mich zwei Komponenten: den Leuten, die dir am Weg zu deinem Erfolg geholfen haben und darüber hinaus der ganzen Welt etwas zurückzugeben.

Spenden. Der andere Bill Gates – das ist der Gründer der „Bill & Melinda Gates Foundation", das ist jener Bill Gates, der Spenden in der Höhe von jeweils mehr als 50 Millionen Dollar für die Erforschung der Malaria oder für bessere Ausbildungsmöglichkeiten stiftet. Sie meinen, das sei bei seinem Vermögen nicht viel? Es gibt genug Manager, die zwar weniger verdienen, aber noch viel weniger spenden.

■ Ausbildung sichert die Zukunft

Die wichtigste Institution der Gesellschaft neben der Familie ist die Schule.

Lehrer. Das sagt einer, der sein Studium in Harvard abgebrochen hat! Die Vermutung liegt allerdings nahe, dass Bill Gates mit „Schule" die Grundschule meint, die wesentlich zur Formung eines Menschen beiträgt. Eine Herausforderung für jeden Lehrer – aber auch eine Herausforderung an jede Führungskraft. Denn auch Sie als Führungskraft sind der Lehrer und das Vorbild Ihrer Mitarbeiter, so altmodisch das auch klingen mag.

■ Auch reiche Menschen haben Träume

Ich beneide Menschen, die mit drei oder vier Stunden Schlaf in der Nacht prächtig zurechtkommen. Sie haben so viel mehr Zeit zu arbeiten, zu lernen und zu spielen.

Wünsche. Ein passendes Zitat zum Schluss dieses Abschnittes. Wer meint, der reichste Mann der Welt hat alles, was er sich wünscht, geht fehl: Er möchte mehr Zeit haben, zu lernen – und noch mehr Zeit, um zu spielen. Auch das ist eine Führungsqualität: noch persönliche Wünsche zu haben.

Zusammenfassung

Lernen Sie Geschichte und führen Sie „State of the Art"

Niccolò Macchiavelli

- Ein Team, das Sie neu zu bilden haben, braucht keinen Primus inter Pares oder Kommunikator sondern einen Chef.
- So wie Sie loben und tadeln, wird man es Ihnen gleich tun. Sie sind Vorbild, wundern Sie sich also nicht über Ihre „Nachbilder".
- Jede destruktive Kritik, die Sie zulassen, stärkt das Drama-Potenzial und reduziert die Wahrscheinlichkeit konstruktiver Kooperation.

Alexander der Große

- Große Feldherren und Eroberer geben sich nicht mit ersten Erfolgen zufrieden, weil sie wissen, dass Stillstand immer Rückschritt bedeutet.
- Die Führungskraft muss nicht nur die notwendigen Fähigkeiten, sondern auch die notwendige Stärke besitzen, um von den anderen Hierarchieebenen akzeptiert zu werden.
- Wenn Widerspruch gegenüber einem Vorgesetzten angebracht ist, dann soll er auch mutig ausgesprochen werden.
- Wenn eine neue Führungskraft nicht von Anfang an mehr und Besseres erreichen will, wie der Vorgänger, ist sie fehl am Platz.
- Ein Führer muss schnell entschlossen handeln. Er muss ein effektives und effizientes Mittel wählen, um ein Hindernis zu überwinden.
- Wenn ein Unternehmen groß geworden ist, darf es in seiner Entwicklung nicht stehen bleiben, denn Stillstand bedeutet immer Rückschritt.

Das Hagakure, der Weg des Samurai

- Wenn sich niemand mehr seine Meinung zu sagen traut, hat bald niemand mehr eine. Wenn ein Mitarbeiter zu Ihnen kommt, um Ihnen etwas zu sagen, dann hören Sie ihm zu.
- Verschwenden Sie nicht zuviel Zeit mit Analysen der Vergangenheit – setzten Sie Aktionen.
- Nur wenn Fehler zugelassen sind, kann man lernen. Das trifft auf die Führungskräfte genauso zu wie auf die Mitarbeiter.
- Fehlt die Leichtigkeit, gehen wichtige Aktionen schief, werden wichtige Entscheidung falsch getroffen.
- Leben Sie es Ihren Mitarbeitern vor, dass Herausforderungen auch lustvoll gemeistert machen können – und noch dazu mit weniger Energieaufwand.

Carl von Clausewitz

- Wenn Sie als Führungskraft ein Lust förderndes Unternehmensklima schaffen, wird es sinnlose Verstärkung des Negativen seltener geben.
- Eine der Aufgaben einer Führungskraft ist es, die (Arbeits-)Moral im Unternehmen zu verbessern.
- Handeln ist wichtig, und Fehler sind Lernerfahrungen, kein Hindernis.
- Wenn man es schafft, dass Mitarbeiter Leistung nicht als Anstrengung sehen, sondern lustvoll erleben, steigen Effektivität und Effizienz.
- Sie als Führungskraft müssen mutig und entschlossen vorausgehen, wenn es gilt, Veränderungen im Unternehmen nicht nur anzuregen, sondern auch zielgerichtet durchzuführen.

Sunzu

- Unternehmen sind erfolgreich, wenn:
  - sie ihre Aktionen zur Markterweiterung nach strategischen Überlegungen terminisieren
  - sie sorgsam und gezielt mit ihren Ressourcen umgehen
  - ihre Mitarbeiter quer durch alle Hierarchien ein gemeinsames Ziel verfolgen
  - sie durch Innovation und Ausbildung ihrer Mitarbeiter die notwendigen Vorbereitungen getroffen haben
  - ihre Führungskräfte in ihrer Arbeit nicht durch den Unternehmer oder den CEO behindert werden
- Konflikte zu transformieren braucht weit weniger Energie, als einmal ausgebrochene Konflikte zu managen.
- Manager, die dadurch persönliche Siege erringen, weil sie Konflikte schüren und dann als Gewinner hervorgehen, schaden dem Unternehmen.
- Ein völlig konfliktloses Unternehmen stagniert.
- Rasches Handeln ist wichtig – langwierige Strategien führen selten zum Ziel.
- Genauso, wie man keine „halben Siege“ erringen kann, kann man auch nicht „halb erfolgreich sein“. Ziel muss immer die Exzellenz auf einem Gebiet sein.

Jack Welch

- Barrieren im Unternehmen senken die Effizienz, erhöhen Kosten und Risiko. Der Abbau solcher Barrieren muss daher die vordringlichste Aufgabe des Managements sein.
- Nur durch radikalen Abbau der Bürokratie kann Spaß an der Arbeit erreicht werden.

- Fehler bestraft man nicht, aus Fehlern lernt man.
- Das Handeln zählt.
- Nur durch Träume und Visionen wird die notwendige Kreativität für Innovationen ermöglicht.
- Gute Ausbildung ist die beste Investition.

Peter Drucker

- Ein Führungsziel ist, die Stärken der Mitarbeiter und damit des Unternehmens zu erkennen und zu stärken. Hat ein Unternehmen genug Stärken, werden die Schwächen unwesentlich.
- Wer im Erfolg stehen bleibt, verliert. Auf seinen Erfolgen kann man sich nicht ausruhen, sonst werden es Misserfolge.
- Wahre Exzellenz erreicht man zwar durch Lust an der Leistung, aber auch Übung ist notwendig. So wird aus bewusster Kompetenz unbewusste Kompetenz und Exzellenz.
- Komplizierte Strategien sind langwierig und behindernd, simple Maßnahmen fördern das rasche Handeln.
- Wessen Wahrnehmungsvermögen gut genug ist, um „zwischen den Worten zu hören", wird den wahren Inhalt einer Botschaft verstehen.
- Es ist wichtig, was man tut. Geschehen dabei Fehler, kann man daraus lernen. Man kann Fehler ganz einfach dadurch vermeiden, dass man nichts tut. Dann erzielt man allerdings keine Wirkung.

Bill Gates

- Je bedeutender eine Erfindung, eine Neuheit ist, desto weiter ist sie vom Vorstellungsvermögen der Menschen entfernt.
- Wenn man genügend Flexibilität mitbringt, seine Vorgangsweise gegenüber früheren Überzeugungen zu ändern, ist man auch dann erfolgreich, wenn man Fehler macht.

- Auch Sie als Führungskraft sind der Lehrer und das Vorbild Ihrer Mitarbeiter, so altmodisch das auch klingen mag.
- Auch das ist eine Führungsqualität: Noch persönliche Wünsche zu haben.
- Ich beneide Menschen, die mit drei oder vier Stunden Schlaf in der Nacht prächtig zurechtkommen. Sie haben so viel mehr Zeit zu arbeiten, zu lernen und zu spielen.

Wer meint, der reichste Mann der Welt hat alles, was er sich wünscht, geht fehl: Er möchte mehr Zeit haben, zu lernen – und noch mehr Zeit, um zu spielen. Auch das ist eine Führungsqualität: Noch persönliche Wünsche zu haben.

Aus der Antrittsrede Nelson Mandelas im Jahr 1994

Unsere größte Angst ist nicht, unzulänglich zu sein.

Unsere größte Angst ist, grenzenlos mächtig zu sein.

Unser Licht, nicht unsere Dunkelheit ängstigt uns am meisten.
Wir fragen uns:
Wer bin ich denn, dass ich so brillant sein soll?

Aber wer bist du, es nicht zu sein?
Du bist ein Kind Gottes.
Es dient der Welt nicht, wenn du dich klein machst.
Sich klein zu machen,
nur damit sich andere um dich nicht unsicher fühlen,
hat nichts Erleuchtetes.

Wir wurden geboren, um die Herrlichkeit Gottes,
der in uns ist, zu manifestieren.
Er ist nicht nur in einigen von uns,
Er ist in jedem Einzelnen.
Und wenn wir unser Licht scheinen lassen,
geben wir anderen unbewusst damit die Erlaubnis,
es auch zu tun.
Wenn wir von unserer eigenen Angst befreit sind,
befreit unsere Gegenwart automatisch die anderen.

ANHANG

Danksagungen

Die Autoren danken allen, die mitgeholfen haben, dass dieses Buch Wirklichkeit geworden ist. Allen voran dem Team von Trinergy International, geführt von Viktoria Wunder, und den Teilnehmern der Seminare von Trinergy International für ihre Anregungen.

Monika Braun, Maria Gawlas, Annika Harmsen, Andreas Obermüller und Christ Tina Maywald für ihre Geduld und Mitarbeit.

Otto Knapp, Renate Wustinger, Steve DeShazer, Wyatt Woodsmall und allen DJs von CHINA für Inspiration, Ermutigung und den kollegialen Austausch.

Dem Steigenberger Golf-Hotel El Gouna für Gastfreundschaft, Unterstützung und angenehme Atmosphäre, in der das Schreiben leicht gefallen ist.

Literaturliste

ARISTOTELES: Hauptwerke. (Alfred Kröner Verlag, Stuttgart 1977)

BATESON, Gregory: Geist und Natur. (Suhrkamp, 1982)

BATESON, Gregory: Ökologie des Geistes. (Suhrkamp, 1980)

BERNE, Eric Dr.med.: Spiele der Erwachsenen (rororo, 1995)

BERNE, Eric: Transaktionsanalyse der Intuition. Ein Beitrag zur Ich-Psychologie. (Junfermann, Paderborn 1999, 3. Auflage)

BRAUN, Roman/GAWLAS Helmut/SCHMALZ Amanda/DAUZ Edgar: Die Coaching Fibel (Linde Verlag Wien 2004)

BRAUN, Roman: Die Macht der Rhetorik. (Ueberreuter, Wien 2001)

BRAUN, Roman: NLP – Eine Einführung. Kommunikation als Führungsinstrument. (Ueberreuter, Wien 1999, 2. Auflage)

BRAUN, Roman: NLP für Chefs und alle, die es werden wollen. (Ueberreuter, Wien 2000, 2.Auflage)

BUBER, Martin: Ich und Du (Reclam, 1995)

CLAUSEWITZ, Karl von: Vom Kriege (rororo, 12. Auflage 2003)

CSIKSZENTMIHALYI, Mihaly: Flow (Klett-Cotta, 1999)

DE SHAZER, Steve: „...Worte waren ursprünglich Zauber". Lösungsorientierte Therapie in Theorie und Praxis. (Verlag Modernes Lernen, Dortmund 1996)

DRUCKER, Peter F.: Was ist Management (Econ, 2002)

FOERSTER, Heinz von: KybernEthik. (Merve Verlag, Berlin 1993)

GATES, Bill: Der Weg nach vorne (Heyne 2002)

GLASERSFELD, Ernst von: Wege des Wissens. Konstruktivistische Erkundungen durch unser Denken. (Carl-Auer, Heidelberg, 1997)

HARRIS, Thomas A.: Ich bin o.k. Du bist o.k. (Wunderlich, 2001)

HÜTHER, Gerald: Biologie der Angst (Vandenhoeck & Ruprecht, 2002)

KANT, Immanuel: Kritik der reinen Vernunft. Philosophische Bibliothek, Bd. 37a. (Verlag von Felix Meiner, Leipzig 1930)

KANT, Immanuel: Kritik der Urteilskraft. Werkausgabe X. (Suhrkamp Taschenbücher, 1968; © Inselverlag, Wiesbaden 1957)

KORZYBSKI, Alfred: Science and Sanity (Institute of General Semantics 2000)

LAOTSE: Tao Te King (Goldmann, 2003)

LE BON, Gustave: Psychologie der Massen (Kröner, 1999)

LINKE, Detlef: Das Gehirn. (Verlag C.H. Beck, München, 1999, 2. Auflage)

LUHMANN, Niklas: Einführung in die Systemtheorie (Carl-Auer-Systeme Verlag, 2002)

MACHIAVELLI, Niccolò: Der Fürst (Insel Verlag, 2001)

MACHIAVELLI, Niccolò: Discorsi (Kröner Verlag, 1977)

RATEY, John J.: Das menschliche Gehirn (Walter, 2001)

ROSENBERG, Marshall B.: Gewaltfreie Kommunikation. (Junfermann, Paderborn, 2001)

SCHIAVA, Manfred della/ KNAPP, Otto/HAILAND, Andreas: Social-Rating (Ueberreuter Wirtschaft, 2002)

SCHOPENHAUER, Arthur: Die Welt als Wille und Vorstellung, I. Band 2. (Mundus Verlag, Deutschland, 1999)

SCHULTZ VON THUN, Friedemann: Miteinander reden (rororo, 1998)

SENGE, Peter M. Die fünfte Disziplin (Klett-Cotta, 7. Auflage, 1999)

SMULLYAN, Raymond: Das Tao ist Stille. (Fischer Taschenbuch Verlag, Frankfurt am Main, 1997)

SPINOZA, Benedictus de: Die Ethik, Lateinisch und Deutsch. (Phillip Reclam jun. GmbH & Co, Stuttgart, 1977)

SUNZI, Die Kunst des Krieges (Knaur, 2001)

WATZLAWICK, Paul: Wie wirklich ist die Wirklichkeit? Wahn, Täuschung, Verstehen. (Piper, 1976)

WELCH, Jack: Was zählt (Ullstein, 2003)

YAMAMOTO, Tsunetomo: Hagakure Der Weg des Samurai (Piper, 2000)

Personen- und Sachregister

KONTAKT

Die Autoren sind für Fragen und Anregungen zu erreichen über

Trinergy® International
Linzer Strasse 77
A-1140 Wien
Österreich

Tel.: (+431) 985 10 60

Homepage: www.trinergy.at

Die Kunst des Coaching – Der Charismafaktor bei Führungskräften

- Praxiserprobte Strategien zur Entwicklung von Coaching-Kompetenz
- Modernste psychologische und neurologische Erkenntnisse
- Sofort umsetzbare Anleitungen und Tipps

2004, 304 Seiten, geb.
ISBN 3-7093-0043-6
EUR 28,-

Herrscht ein Großer, so weiß das Volk kaum, dass er da ist. (Lao-Tse im TaoTeKing) Aber wir wissen, dass er hervorragende Coaching-Qualitäten hat, denn die besten Coaches fallen auf durch Präzision und Ökonomie ihrer Interventionen. Coaching ist eine Fähigkeit, die zunehmend geschätzt wird, eine Kunst, die man erlernen kann, und DER Charismafaktor bei Führungskräften. Lernen Sie von den besten Veränderungs-Coaches der letzten 2500 Jahre, von Lao-Tse bis Steve DeShazer: Wie man die häufigsten Komplikationen im Coaching vermeidet, die fünf Phasen des Coachings, lösungsorientierte Fragetechniken, vertrauensbildende Maßnahmen im Coaching-Prozess, das Aristoteles-Modell als Wahrnehmungsraster für Probleme, das Schopenhauer-Modell für den Umgang mit Werten und Glaubenssätzen.

Die Autoren:
Roman Braun, leitet seit über 10 Jahren Coaching-Ausbildungen. Zu seinen Kunden zählen u.a. IBM, Philips, Beiersdorf, Agip, Mobil, Opel, UNIDO, aber auch Weltcupsieger und Weltmeister.
Helmut Gawlas, langjährige Erfahrung als Business-Coach, Management-Trainer und Vorstand der International Coach Federation Austria, langjähriger Leiter großer IT-Projekte.
Amanda Schmalz, langjährige Erfahrung als Changemanagerin, Mental-Coach und Kommunikationstrainerin sowie als Konsulentin für Changeprozesse bei IT- und Telekommunikationsunternehmen.
Mag. Edgar Dauz, langjährige Erfahrung als Mental-Coach, Kommunikationstrainer sowie Personal- und Organisationsentwickler.

Tel.: +43 (1) 24 630 - 0 office@lindeverlag.at Scheydgasse 24
Fax: +43 (1) 24 630 - 23 www.lindeverlag.at 1210 Wien
Linde